# 环境生态工程导论

张 雯　郭 梁　郭静婕　主编

ZHEJIANG UNIVERSITY PRESS
浙江大学出版社
·杭州·

图书在版编目（CIP）数据

环境生态工程导论 / 张雯，郭梁，郭静婕主编.
杭州：浙江大学出版社，2025. 6. -- ISBN 978-7-308
-26382-5

Ⅰ. X171

中国国家版本馆CIP数据核字第20253NB385号

**环境生态工程导论**

张　雯　郭　梁　郭静婕　　主编

| | |
|---|---|
| **策划编辑** | 潘晶晶 |
| **责任编辑** | 叶思源 |
| **责任校对** | 王怡菊 |
| **封面设计** | 周　灵 |
| **出版发行** | 浙江大学出版社 |
| | （杭州市天目山路148号　邮政编码310007） |
| | （网址：http://www.zjupress.com） |
| **排　　版** | 杭州晨特广告有限公司 |
| **印　　刷** | 浙江全能工艺美术印刷有限公司 |
| **开　　本** | 787mm×1092mm　1/16 |
| **印　　张** | 15.75 |
| **字　　数** | 282千 |
| **版 印 次** | 2025年6月第1版　2025年6月第1次印刷 |
| **书　　号** | ISBN 978-7-308-26382-5 |
| **定　　价** | 68.00元 |

# 前　言

在人类社会快速发展的进程中,气候变化加剧、生物多样性锐减、环境污染频发,这些危机不仅威胁自然生态系统的平衡,更直接关乎人类社会的可持续发展,环境与生态问题已成为21世纪全球性的重大挑战。从大气污染、水污染到土壤退化,从生物多样性锐减到生态系统失衡,诸多环境难题亟待解决。党的二十大报告指出:"中国式现代化是人与自然和谐共生的现代化。"绿色发展是中国式现代化的显著特征,是高质量发展的底色。环境生态工程作为一门新兴的交叉学科,融合了生态学、工程学等多学科知识,旨在运用科学技术手段解决各类环境问题,恢复、修复和重建受损的生态系统,实现人与自然的和谐共生。《环境生态工程导论》教材的编写正是为了满足当下环境生态工程专业知识传播与人才培养的迫切需求。本教材具有以下几个显著特点。

## 1.系统性与全面性

教材从环境生态工程的基本概念、基础理论出发,全面阐述了生态系统结构与功能、生态环境问题的成因与现状等内容。深入探讨了环境生态工程的各类技术方法,如污水处理工程、大气污染控制工程、生态修复工程等,同时涵盖了生态规划与管理等宏观层面的知识,构建了一个完整、系统的知识体系,使读者能够全面了解环境生态工程领域的全貌。

## 2.实用性与案例导向

理论联系实际对环境生态工程的学习至关重要,因此,教材精心选取了大量国内外具有代表性的实际案例,将这些案例贯穿于各个章节,并从案例背景、问题分析及解决方案的实施与效果评估几方面进行了详细剖析。通过对实际案例的学习,读者能够更好地理解和掌握环境生态工程理论在实际中的应用,提升解决实际问题的能力。

### 3.前沿性与创新性

环境生态工程领域发展迅速,新理论、新技术、新方法不断涌现。为了让读者接触到最新的学科动态,教材及时融入了行业内的前沿研究成果与创新实践,如新型生态修复材料的应用、生态大数据在环境管理中的应用等,以拓宽读者的视野,激发其创新思维。

《环境生态工程导论》为浙江树人学院首批"四新"重点教材。编写者在环境生态工程领域有着深厚的学术造诣和丰富的实践经验,在编写过程中秉持严谨认真的态度,多次研讨与修改,同时参考了大量国内外相关文献资料,力求为读者呈现一部高质量的教材。材料总汇编由张雯完成;第1、2、3章由郭梁编写;第4、7、9章由郭静婕编写;第5、6、8章由张雯编写;文字校对由张雯、周鹏飞(学生)、黄子珂(学生)完成。

由于环境生态工程领域知识不断更新,教材中难免存在不足之处。衷心希望广大读者能够提出宝贵意见和建议,以便在今后的修订中不断完善。我们期待通过这本书,为环境保护事业的发展贡献力量。

# 目　录

# 第1章 绪 论

【基于OBE理念①的学习目标】

**基础知识目标**:介绍环境与生态概念,使学生了解生态系统构成、物质和能量流动等基础知识;学生需理解环境定义、组成及其与生态系统的互动,掌握环境保护法等相关知识;这些内容可为后续课程提供理论基础,培养学生分析环境问题的能力。

**理论储备目标**:探讨环境生态工程的背景、概念和应用,加强学生对生态学、环境科学和工程技术等多学科的理解和整合;让学生能够解释环境生态工程的产生和应用,理解其在全球可持续发展中的作用,并分析评估生态工程实践效果;为增强学生分析复杂环境问题的能力做好理论储备,奠定深入研究的基础。

**课程思政目标**:探讨环境与经济社会的关系,培养学生人与自然和谐共生的意识和社会责任感;分析环境事件,让学生理解人类活动对生态系统的影响,认识可持续发展的重要性,树立环保意识和生态修复使命感;讲解环境保护法,增强学生法律意识,培养学生成为有责任感的环保专业人才。

**能力需求目标**:强调跨学科知识整合,提高创新思维,培养学生专业素质以应对环境挑战;提升学生分析和解决问题,特别是复杂环境问题的能力,使学生在面对具体环境问题时,能应用生态系统原理和环保技术,提出解决方案;通过案例分析,锻炼学生自主思考、团队合作和持续学习的能力。

---

① OBE,全称为outcome based education,OBE理念即基于产出的教育理念。

# 1.1　环境与生态

## 1.1.1　环境的概念、组成和性质

### 1.1.1.1　环境的定义和属性

环境是一个广泛而复杂的概念,涉及自然界中一切与生物生存、发展和繁衍相关的外部条件。根据不同的研究领域和角度,环境的定义也有所不同。一般来说,环境可以分为广义的和狭义的两种。广义的环境涵盖了所有与生物,尤其是与人类相关的自然和社会因素,包括自然环境、社会环境、经济环境、文化环境等。而狭义的环境则主要指自然环境,具体包括大气、水体、土壤、生物圈等要素。

根据《中华人民共和国环境保护法》,环境被定义为影响人类生存和发展的各种天然的和经过人工改造的自然因素的总体,包括大气、水、海洋、土地、矿藏、森林、草原、湿地、野生动物、自然遗迹、人文遗迹、自然保护区、风景名胜区、城市和乡村等。在这个定义中,自然环境被视为一个整体,各个要素相互联系、相互作用,形成了人类生存和发展的基础。

环境不仅具有物理、化学和生物属性,还表现出多维度的复杂性。物理属性包括环境的温度、湿度、光照、风速等,这些因素直接影响着生态系统中的生物生存与活动。化学属性则涉及环境中的各种化学成分和元素,如空气中的氧气($O_2$)、二氧化碳($CO_2$),水中的溶解氧(DO)、酸碱度(pH),以及土壤中的矿物质和有机质等。生物属性是指环境中的生物群落及其与环境之间的相互作用,如植物的光合作用、动物的觅食行为以及微生物的分解活动。这些属性并非孤立存在,而是相互交织、相互作用,共同决定了环境的整体状态。例如,温度和湿度(物理属性)可以影响植物的光合速率(生物属性),进而改变大气中二氧化碳的浓度(化学属性)。同样,水体中的化学污染物(化学属性)可能会导致鱼类的死亡(生物属性),并改变水体的温度和透明度(物理属性)。这种复杂的相互作用表明,环境的各个属性构成了一个有机整体,需要从系统的角度进行研究和管理。

在研究环境问题时,理解环境的定义、类型以及多维属性之间的相互作用是关键。自然环境和人为环境的相互作用构成了我们所处的生态系统。为了实现可持续发展,必须协调两者之间的关系,既要保护自然环境,又要合理规划和管理人为环境。这样才能确保人类社会的长期稳定和健康发展。

### 1.1.1.2 环境的组成部分

就目前的科技水平而言,地球仍是人类唯一可长期生存的环境。环境是一个由多种自然因素组成的复杂系统,其主要组成部分包括大气圈、水圈、岩石圈和生物圈(图1.1)。这些圈层不仅是地球生态系统的重要组成部分,也是地球上所有生命得以生存和繁衍的基础。

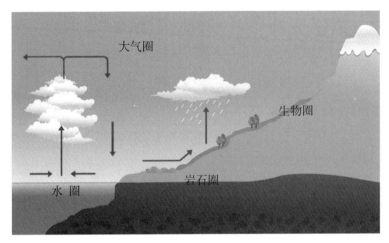

图1.1 环境的主要组成部分

大气圈是包围地球的气体层,主要由氮气($N_2$)、氧气、二氧化碳和其他微量气体组成。大气圈不仅为生物提供呼吸所需的氧气,还通过各种作用调节地球的温度,使其适合生命生存。此外,大气圈中的臭氧层能够吸收太阳的紫外线辐射,保护地球表面的生物免受有害辐射的伤害。大气圈在水循环中也起着重要作用,通过蒸发、降水等过程,水分得以在地球表面和大气之间循环。

水圈包括地球上所有的水体,如海洋、湖泊、河流、地下水及冰川。水圈为生物提供生存所需的水资源,并在调节气候和温度方面发挥关键作用。如海洋吸收了大量的二氧化碳,对全球气候变化具有重要的缓冲作用。水圈与大气圈相互作用,通过蒸发和降水使地球上各个区域的水资源得到不断更新和分配。

岩石圈是地球的固体外壳,包括地壳和上地幔部分。岩石圈不仅构成了地球的地形和结构,还为生物提供了生存的基质,如土壤和矿物质。土壤作为植物生长的基础,富含有机质和矿物质,是生物圈的重要组成部分。岩石圈与水圈、大气圈存在相互作用,如风化作用和侵蚀作用将岩石转化为土壤,并通过河流将矿物质输送到海洋,为水生生物提供营养。

生物圈是指地球上所有生物及其栖息环境的总和,涵盖了从海洋深处到高山之巅的所有生命形式。生物通过光合作用、呼吸作用和分解作用等过程,与大气圈、水圈和岩石圈密切互动。植物通过光合作用将大气中的二氧化碳转化为氧气,动物和微生物则通过呼吸作用消耗氧气,释放二氧化碳,维持着碳循环的平衡。生物圈中的生物还通过食物链(food chain)和食物网(food web),将能量和物质从一个生物体传递到另一个生物体,维持着生态系统的稳定。

这些环境的组成部分并非孤立存在,而是通过复杂的物理、化学和生物过程相互依存和作用,形成了一个动态平衡的系统。这种相互依存和作用的关系,使得地球环境能够在长期的演变中保持相对的稳定,支持生命的持续存在。

### 1.1.1.3 环境的基本性质

环境作为一个复杂的系统,具有多重性质,其中复杂性、多样性和区域性是最为显著的三个特征。这些性质不仅体现为环境的动态变化和多维度结构,也深刻影响了环境管理和政策制定的方式与内容。

环境的复杂性体现在其组成要素的多样性和相互作用的复杂性。环境由大气圈、水圈、岩石圈和生物圈等多个圈层组成,这些圈层通过物理、化学和生物过程相互联系与作用,形成一个动态平衡的整体。比如,气候变化不仅涉及大气圈内的温室气体浓度变化,还与海洋的热量吸收、冰川的融化及生物圈的碳循环等密切相关。这种复杂性也意味着环境问题往往是多因子、多层次的。

环境的多样性反映了不同地理区域、气候条件、生物群落及生态系统的巨大差异。从热带雨林到极地冰原,从干旱沙漠到湿地草原,全球各地的生态系统各具独特的生物多样性和生态功能。环境的多样性不仅表现在物种的丰富性上,还体现在生态系统的结构和功能的差异性上。例如,热带雨林的碳汇功能、湿地的水质净化功能,以及珊瑚礁作为海洋生物栖息地的功能,都是特定环境下产生的独特生态服务功能。

环境的区域性是指环境特征和环境问题在空间上的显著差异。不同的地理区域由于自然条件和人类活动的不同,其环境状况和面临的环境挑战也各不相同。例如,沿海地区可能主要面临海平面上升和台风等气候风险,而内陆干旱地区则可能更关注水资源短缺和土地荒漠化问题。

## 1.1.2 环境与生态的相互关系

环境与生态之间关系密切且相互依存。简单来说,环境指的是包括大气、水体、土壤、生物在内的所有自然和人为因素的总体,它为生物的生存提供了基本条件;而生态则指生物与环境之间通过能量流动、物质循环和生物交互所形成的动态平衡状态,即生态系统。

环境与生态系统之间存在着复杂而紧密的相互作用,这种互动关系深刻影响了物种多样性和生态平衡。环境因素的变化会直接或间接地影响生态系统的结构和功能,而生态系统内部的变化也会反作用于环境,改变环境的状态。

物种多样性是生态系统健康的关键指标,受环境变化影响。适宜的环境条件支持较高的生物多样性,但环境变化(如气候变化)会改变温度和降水模式,影响物种栖息地和生态系统结构,从而可能导致物种多样性减少。生态平衡依赖于生物间的相互作用和物质、能量循环,而环境干扰(如土地退化和污染)会破坏生态平衡,减少物种多样性并影响更大范围的生态系统。

## 1.1.3 环境生态与人类活动

人类活动不仅改变了生态系统的结构和功能,也带来了广泛的生态影响,对全球生物多样性和环境质量构成了严重威胁。人类活动对环境生态系统的影响涵盖了环境污染、资源消耗、土地利用变化等多个方面。

### 1.1.3.1 环境污染

污染是人类活动对生态系统最直接和显著的影响之一。工业化和城市化的迅速发展导致了空气、水和土壤的污染,危及生态系统的健康。

#### (1)空气污染

空气污染是人类活动对生态系统造成的重要影响。化石燃料燃烧、工业生产、交通运输和农业活动释放的污染物,包括臭氧($O_3$)、一氧化碳($CO$)、硫氧化物($SO_x$)、氮氧化物($NO_x$)和悬浮颗粒物,对人类健康和生态系统有害。伦敦烟雾事件是1952年12月发生的一次严重空气污染事件,由于天气寒冷和大量使用煤炭取暖,加上工业排放,二氧化硫、烟尘及其他有害气体在大气中累积,因为扩散缓慢,这些污染物滞留在低空,形成了浓重烟雾。这次事件导致约12000人因呼吸系统疾病死亡,对动植物造成广泛破坏,如影响植物光合作用,导致植物叶片损伤和生长不良。此外,污染物还破坏了土壤和水生生态系统。此事件促使英国政府出台《清洁空气法案》,以减少污染物排放,改善空气质量。此后,伦敦烟雾事件成为全球环境保护的重要警示案例。

图1.2 伦敦烟雾事件中的市民

（2）水污染

水污染是人类活动对生态系统造成的严重威胁之一。水污染通常源自工业排放、农业径流、城市污水及矿业活动，这些污染源将大量有害物质排放到河流、湖泊、海洋等水体中。污染物包括化学品、重金属、农药、肥料、石油及其衍生物、微生物等。这些污染物会严重破坏水生生态系统的结构和功能，威胁水体生物的生存，并可通过食物链对更广泛的生态系统和人类健康产生负面影响。

（3）土壤污染

土壤污染是人类活动对生态系统造成的隐蔽但非常严重的威胁之一。土壤污染主要由工业排放、农业活动、城市垃圾处理不当、采矿活动及化学事故等引起。污染物包括重金属、农药、化肥、工业废弃物、石油及其衍生物等。这些污染物会累积在土壤中，改变土壤的化学性质，破坏土壤的结构和功能，进而影响植物生长、地下水质量以及整个生态系统的健康。

土壤污染对生态系统的影响深远且复杂。首先，重金属污染是土壤污染的主要形式之一。工业排放、矿业活动及废弃物处理不当会释放铅、汞、镉等有毒重金属，这些重金属在土壤中累积，破坏植物生长，影响土壤微生物的活动，并通过食物链对动物和人类健康构成威胁。其次，农业活动中农药和化肥的过量使用会导致土壤中有毒化学物质的积累，降低土壤肥力，并干扰土壤微生物群落，从而破坏生态平衡。农药和化肥的残留还可能渗透到地下水中，进一步污染水体。此外，有机污染物，如石油和工业废弃物中的多环芳烃（PAHs）、多氯联苯（PCBs）等，具有持久性和毒性，对土壤生态系统的健康造成严重威胁。这些污染物不仅对植物和土壤生物有害，还可能通过食物链进入人体，导致严重的健康问题。总之，土壤污染改变了土壤的化学性质和生物特性，对农业生产、生态系统的稳定性以及人类健康产生了广泛而深远的负面影响。

### 1.1.3.2 资源消耗

人类对自然资源的过度消耗也是对生态系统的重大威胁。由于资源的有限性和人类需求的持续增长,这种消耗常常导致不可逆的生态后果。

(1)森林砍伐

森林砍伐是人类活动对环境生态系统产生影响的一个重要方面。砍伐通常是为了满足木材需求、农业用地、矿产资源或基础设施建设,尽管可能促进经济增长,但其对生态环境的破坏深远、复杂,会导致栖息地破坏,生物多样性丧失,物种灭绝风险增加。亚马孙雨林位于南美洲,是全球最大热带雨林,也是约10%地球生物物种的家园,生物多样性和碳储存能力极高。自20世纪中期起,亚马孙雨林因农业扩展、牧场建设、非法采伐和基础设施建设等活动遭受严重砍伐,许多生物的栖息地丧失,物种面临灭绝风险,如金刚鹦鹉和亚马孙豹的数量就因砍伐活动急剧减少。雨林砍伐还减少了全球碳汇,造成二氧化碳大量释放,加速了全球变暖。此外,雨林砍伐导致土壤暴露、侵蚀,河流流量减少、水质下降,水循环受影响,降水量减少,干旱问题加剧,区域气候模式改变,气温升高,从而对森林再生和周边地区农业生产及生态系统造成不利影响。

图1.3 砍伐过后的亚马孙雨林

(2)过度捕捞

过度捕捞是指以超过生态系统可持续承载能力的速度捕捞海洋生物,对环境生态系统造成了重要影响。

健康的鱼类种群对维持海洋生物多样性和生态系统服务至关重要。过度捕捞导致鱼类数量锐减,破坏海洋生态平衡。它不仅影响目标鱼类,还会破坏食物链,导致捕食性生物食物短缺和物种数量减少,威胁生态系统稳定,影响生态系统结构和功能。如过度捕捞会威胁珊瑚礁等生态系统的健康,影响其结构和功能。

作为高经济价值鱼类,北大西洋鳕鱼广泛用于食品加工和市场销售,但曾因过度捕捞出现资源枯竭,种群数量大幅下降。20世纪末,鳕鱼种群数量相较70年代的高峰期减少了90%以上,导致相关渔业经济受损,许多渔民失业。1992年,加拿大政府暂停捕捞以期恢复鳕鱼资源,但恢复工作面临挑战。这一事件强调了实施可持续渔业管理措施的重要性,并呼吁全球合作保护海洋生态系统。

### 1.1.3.3 土地利用变化

土地利用变化,包括农业扩展、城市化和基础设施建设,是人类活动对生态系统造成重大影响的另一重要方面。

为了满足全球不断增长的人口需求,扩大农业用地,大量森林、湿地和草原被转化为农田。这种转变不仅破坏了原有的生态系统,还改变了区域的水文循环和土壤特性。例如,在东非的部分地区,农业扩展导致了广泛的土地退化和荒漠化,破坏了当地的生态系统,削弱了土壤的生产力,进而影响了农业产出。

城市化导致大量土地被用于建筑和基础设施建设,使得自然栖息地的面积大幅减少。随着城市的扩张,生态系统被分割成孤立的部分,无法维持其自然功能。例如,中国的城市化进程导致了沿海湿地的大规模丧失,这些湿地原本是重要的鸟类栖息地和水质净化区,现在则变成了工业区和住宅区,严重影响了区域生态的平衡。

基础设施建设,如道路、水坝和大型能源项目的建设,通常会对生态系统造成持久的破坏。这些项目不仅直接破坏了自然栖息地,还可能改变区域水文条件,导致下游生态系统的退化。例如,中国的三峡大坝虽然为发电和防洪提供了显著的效益,但也改变了长江流域的生态系统,影响了鱼类洄游路径,并造成了某些鱼类物种数量的减少。

# 1.2 环境生态工程的产生与应用

## 1.2.1 环境生态工程的起源和形成背景

工业革命后,技术进步推动了人类社会的快速发展,工业化、城市化和人口增长导致了自然资源的大规模开发,引发了环境问题。20世纪中期,重工业活动和化石燃料的使用加剧了空气污染、水质恶化和土地退化。重大环境事件,如伦敦烟雾事件、日本水俣病和洛杉矶光化学烟雾事件,凸显了工业化对环境的负面影响,引起了全球对环境问题的关注。早期的环境保护措施主要是污染控制,但效果有限。20世

纪 60 年代,环境科学研究的兴起和《寂静的春天》一书的出版推动了环境保护运动,
生态工程的概念随之提出。20 世纪 70 年代,生态工程概念进一步发展,强调经济发
展与自然环境的和谐。到 20 世纪 80 年代后期,生态工程已发展为独立的学科和技
术领域,其核心目标是通过科学设计,在满足人类社会发展需求的同时,维护生态系
统的可持续性。在中国,生态工程的思想也在逐步形成,并被应用于一些早期探索
性的实践。20 世纪 80 年代,中国生态学家马世骏在其著作《中国的农业生态工程》
中指出,生态工程是应用生态系统中物种共生与物质循环再生的原理,结合系统工
程的最优化方法,设计的分层多级利用物质的生产工艺系统。这一思想体现了将生
态学理论与实际工程应用相结合的理念,为中国的生态工程研究奠定了基础。

全球环境问题的日益严重,促使学术界和工程界认识到传统环境治理方法的局
限性。20 世纪末,环境生态工程作为一门结合环境科学、生态学和工程技术的交叉
学科出现了。该学科的理论体系逐渐建立,并得到全球范围内的研究和应用。环境
生态工程综合了生态学的系统理论、环境科学的污染控制技术以及工程学的技术手
段,形成了一套环境治理方法,其关键组成部分包括生态修复、水土保持工程和湿地
建设管理。环境生态工程的兴起体现了人类对环境问题认识的深入和为解决问题
所付出的努力,也显示了科技在环境治理中的重要性。面对日益复杂的环境挑战,
环境生态工程将继续发挥关键作用,为可持续发展提供新思路。

## 1.2.2 环境生态工程的概念和内涵

### 1.2.2.1 环境生态工程的核心概念

环境生态工程作为一种新兴的学科,旨在通过科学的设计和工程技术手段,推
动环境的可持续发展以及生态系统的恢复与维持。它综合了生态学、环境科学和工
程学的原理,力求在解决环境问题的同时,实现经济效益与生态效益的双重目标。
要理解环境生态工程的内涵,首先需要明确其两个核心原则:生态优先和可持续
发展。

生态优先原则强调,在任何工程设计和实施过程中,首先要考虑生态系统的稳
定性与持续性,而非单纯追求短期的经济效益。现代社会的发展往往伴随着自然资
源的过度开发和环境的恶化,这种短视的行为使得环境问题日益突出。环境生态工
程通过应用生态优先的理念,在设计过程中尽量保留和利用自然资源,减少人为干
预的负面影响,确保生态系统的原生功能得以维持。这一原则的核心在于通过合理
的规划与设计,优化生态系统的能量流动和物质循环,实现人与自然的和谐共存。

可持续发展是环境生态工程的另一重要理念。它要求工程项目在满足当前社

会需求的同时,不损害后代满足自身需求的能力。换言之,工程设计与实施必须兼顾长期效益,确保资源的持续可用性。这种发展观要求工程师在规划过程中不仅要着眼于当前的环境问题,还需展望未来,避免环境资源的枯竭与生态系统的进一步退化。

#### 1.2.2.2 环境生态工程的重要内涵

(1)环境生态工程的跨学科特性

环境生态工程是一门综合性学科,其理论和实践来源于生态学、环境科学、土木工程、水利工程、化学工程等多个领域。这种多学科的整合使得环境生态工程在面对复杂环境问题时,能够提供多维度的解决方案。

在污染治理方面,环境生态工程能够结合多种技术手段,如生物处理技术、物理化学处理技术及生态恢复技术。通过这些综合治理技术,环境生态工程能够有效改善水体、土壤和大气等自然资源的质量。例如,在水体治理中,工程师们不仅能使用传统的化学处理方法,还能通过构建人工湿地和引入生物修复手段,使水体自我净化,实现生态系统的长期健康发展。

(2)资源的有效利用与循环

资源的有效利用与循环是环境生态工程的重要内涵之一。生态工程原理的引入,使得废物再利用与资源循环利用得以实现,这大大减少了资源的消耗与环境负荷。例如,生态农业通过系统化设计优化农田生态系统功能,实现了资源循环利用与可持续生产。在稻田养鱼模式中,鱼类取食害虫和杂草,减少农药需求;其排泄物为水稻提供天然养分,降低了化肥依赖;同时,鱼类的活动改善了土壤通气性,进一步提升了土壤肥力。这种协同设计不仅保护了水源(减少农业径流污染),还通过生态系统的自我调节增强了系统稳定性,最终在提高产量的同时维护了农业生态的可持续性。

(3)环境生态工程的区域性与场景适应性

环境生态工程的设计与实施必须因地制宜,应充分考虑不同区域的生态系统类型、气候条件及社会经济背景。区域性与场景适应性是环境生态工程成功的关键。

不同区域的生态系统面临着不同的环境挑战。例如,在干旱和半干旱地区,水资源的短缺是主要问题,因此环境生态工程在这些地区的应用通常侧重于提高水资源的利用效率和增强土壤的保水能力。而在湿地和沿海地区,环境生态工程则更关注湿地的保护与恢复,如利用人工湿地和海岸线保护工程,增强生态系统的抗冲击能力,保护生物多样性。

环境生态工程不仅应具有区域性的设计,还强调实施过程中的场景适应性。这意味着在实施过程中,工程项目必须考虑到当地社区的文化背景和经济条件,确保工程的可持续性与社会接受度。

### （4）公众参与与合作治理

环境生态工程的成功实施不仅依赖于技术手段，还需要公众的广泛参与。生态系统的恢复与保护不仅是科学家和工程师的责任，更是每一个社区成员的责任。社区参与可以提高环境生态工程项目实施过程中的社会接受度，增强当地居民对生态环境的责任感。例如，在生态恢复项目中，结合当地社区的参与式设计与管理模式，能够将现代科学技术与传统知识相结合，实现生态系统的恢复与稳定。

合作治理模式强调多方参与，政府、社区、企业等的多方合作使环境生态工程项目能够更好地应对复杂的环境挑战。这种多方合作模式不仅能够提升项目的执行效果，还能促进不同利益相关者之间的理解与协作，从而实现环境保护与社会经济发展的共赢。

## 1.2.3　环境生态工程的应用和意义

环境生态工程在全球范围内的应用日益广泛，涵盖了污染治理、生态修复、资源再生以及生态系统管理等多个领域。这些应用不仅为解决日益严重的环境问题提供了有效手段，还在实现可持续发展目标方面发挥了重要作用。

污染治理是环境生态工程的重要应用领域之一。随着工业化和城市化的快速推进，水体、空气和土壤污染问题日益严重，环境生态工程可通过构建和优化生态系统的功能，有效减少污染物对环境的影响。例如，人工湿地作为一种自然的水体净化系统，在污水处理和水质改善方面得到了广泛应用。通过构建人工湿地，可以发挥植物、微生物和基质的协同作用，有效去除污水中的污染物，达到水体自我净化的效果。此外，环境生态工程还通过植被恢复、土壤修复等手段，有效减少了农业和工业活动对环境的负面影响，促进了土壤和水资源的可持续利用。

生态修复也是环境生态工程的核心应用之一。由于人类活动的影响，许多生态系统遭到了破坏，生物多样性减少，生态功能退化。环境生态工程通过一系列修复措施，如植被重建、湿地恢复、河流整治等，帮助恢复和保护这些受损的生态系统。例如，在森林砍伐严重的地区，环境生态工程通过种植适应性强的树种，恢复了森林生态系统的结构和功能，提高了森林的碳汇能力和水源涵养能力；湿地恢复项目则可以有效地恢复湿地生态功能，保护生物多样性，改善区域生态环境。

资源再生与循环利用是环境生态工程在资源管理领域的重要应用。随着资源消耗的加剧，环境生态工程在促进资源的再生与循环利用方面发挥了重要作用。例如，通过推广生态农业模式，利用农业废弃物生产有机肥料，可实现农业资源的循环利用,减少对化学肥料的依赖。在城市环境中,环境生态工程通过废物管理和资源回收,促进了废物的再利用和资源的可持续利用。例如,生态化的垃圾处理系统,可以有效地回收城市垃圾中的可再生资源,减少垃圾填埋对环境的影响。

环境生态工程在实际应用中取得了显著成效,对社会、经济和生态系统的可持续发展产生了深远影响,其意义体现在以下几个层面。

环境生态工程在推动生态文明建设和可持续发展方面具有重要意义。随着全球环境问题的加剧,传统的环境治理模式已难以应对复杂的环境挑战。环境生态工程作为一种系统化、综合化的环境管理手段,为实现人与自然和谐共生提供了科学的路径。它强调利用自然规律和生态系统的自我调节能力,通过生态修复、生态治理等手段,改善环境质量,保护自然资源,实现社会经济发展与生态环境保护的双赢。

环境生态工程在应对气候变化方面具有重要的战略意义。气候变化是全球面临的重大环境挑战之一,其影响涉及生态系统、社会经济以及人类健康。环境生态工程通过增强生态系统的碳汇能力、优化土地利用和植被管理,有效降低了气候变化的影响。例如,森林恢复和湿地保护项目可以增加植被的碳吸收能力,减少温室气体排放,缓解气候变暖的趋势。此外,环境生态工程还通过提高生态系统的适应性,增强其应对极端气候事件的能力,从而降低气候变化对社会经济和环境的负面影响。

环境生态工程在促进社会经济发展方面也具有重要的意义。生态工程项目的实施可以创造大量的就业机会,推动绿色经济的发展。例如,湿地恢复、植被重建等生态工程项目需要大量劳动力的投入,为当地居民提供了就业机会,提高了他们的生活水平。此外,环境生态工程还通过改善生态环境,吸引生态旅游和绿色产业的发展,推动了区域经济的可持续发展。

最后,环境生态工程在保护生物多样性方面具有重要的生态意义。随着人类活动范围的扩大,许多物种的栖息地受到破坏,生物多样性面临严重威胁。环境生态工程通过保护和恢复生态系统,为不同物种提供了栖息地和生存空间,维护了生物多样性。如湿地恢复项目可以为鸟类、鱼类等多种生物提供栖息地,促进生物多样性的恢复和保护。

综上所述,环境生态工程的应用和意义体现了其作为解决环境问题、实现可持续发展关键手段的重要性。它不仅在实际操作中为环境治理提供了有效的技术支持,还在理论层面为人类与自然的和谐共生提供了科学依据。随着科技的进步和人们环境意识的提高,环境生态工程将在未来的发展中继续发挥不可替代的作用。

# 1.3 环境生态工程发展趋势与面临的主要问题

## 1.3.1 环境生态工程的国内外研究进展

### 1.3.1.1 国际研究进展

环境生态工程的概念和实践起源于20世纪中期,主要在欧美国家逐渐发展成熟。这一学科的产生是为了应对日益严峻的环境污染、资源枯竭以及生态失衡等全球性问题。尤其是随着工业革命后环境问题的加剧,各国开始认识到传统环境工程方法在解决环境问题时的局限性。因此,科学家们逐步将生态学理论应用于工程实践,用更为综合和可持续的方式解决环境问题,这便促成了环境生态工程的诞生与发展。

在20世纪60年代,美国生态学家赫伯特·奥德姆(H.T.Odum)率先将生态学理论引入工程实践,提出了生态工程的概念。他通过一系列实际工程项目,如得克萨斯州、北卡罗来纳州以及佛罗里达州等地的湿地处理试验,验证了生态学理论在环境治理中的可行性与有效性。特别是在北卡罗来纳州和佛罗里达州的试验中,奥德姆成功利用湿地系统处理城市生活污水,显著降低了水中的污染物浓度,维护了湿地的生态功能。这些早期实验标志着环境生态工程从理论探索走向实践应用,并奠定了该学科在环境治理中的重要地位。

随着时间的推移,美国在环境生态工程领域的研究不断深入。20世纪80年代,生态工程被广泛应用于湿地修复、污染控制、资源再生等多个领域。例如,在加利福尼亚州南部河口区,一系列湿地生态工程项目应运而生,这些项目利用香蒲等湿生植物去除水体中的重金属,改善水质。这些项目不仅提升了当地生态环境质量,还推动了环境生态工程技术的应用与推广。

美国环境生态工程的发展并不仅限于国内应用,还在国际上起到了示范作用。1992年,美国提出了"4R"环保策略,即减少废物产生(reduction)、废物回收(recovery)、废物再利用(reuse)和再循环(recycle)。这一策略为全球环境治理提供了一个综合性的框架,并在多个国家得到了应用与推广。通过将资源循环利用和生态工程有机结合,极大地提高了资源利用效率,减少了环境污染。

除了美国,欧洲国家在环境生态工程的研究与应用方面也取得了显著成果。丹麦哥本哈根大学的生态工程学家斯文·埃里克·约根森(Sven Erik Jørgensen)在其研究中强调,传统的环境保护工程虽然能有效治理局部污染,但却常常容易导致污染转移或二次污染。相比之下,环境生态工程通过综合利用太阳能和自然界中的生物体,能够在降低工程造价的同时,实现环境保护和经济效益的双赢。丹麦在这一领域的实践主要集中在湖泊水体富营养化的防治上。例如,克莱楚普湖生态工程项目采用自然植被去除湖泊水体中的磷,成功降低了90%~98%的磷污染,大幅度改善了湖泊的水质。

在德国,环境生态工程被广泛应用于污水处理和湿地修复等领域。例如,德国工程师在一些工业化城镇中,将芦苇等湿地植物用于多个环境生态工程项目,这些项目不仅有效处理了工业废水,还改善了周边水体的生态环境。此外,德国还在水体生态修复方面进行了大量研究,特别是在利用水生植被恢复湖泊生态系统的过程中,将沉水植物广泛应用于水质净化,通过植物的钙离子分泌机制,成功减少了水体中的磷含量,从而抑制了富营养化的发生。

法国和荷兰等欧洲国家同样在环境生态工程领域取得了重要进展。荷兰在防洪系统设计中引入了生态工程理念,通过湿地和水道的管理,有效减缓了洪水对环境的影响,同时促进了生物多样性的恢复。法国则将生态工程技术应用于城市规划与景观设计中,通过建设城市绿地和人工湿地,显著提高了城市环境质量,并在污染物控制与生物多样性保护方面取得了显著成效。

在亚洲国家中,日本在20世纪70年代开始逐渐引入环境生态工程理念,并应用于水污染治理和城市生态管理中。日本通过构建人工湿地和恢复植被系统,有效处理了城市和工业废水,显著改善了水体质量。此外,日本还在城市规划中广泛采用生态工程技术,以提升城市的环境质量和生态承载力。韩国和新加坡等国家同样在城市化进程中重视环境生态工程的应用,通过湿地修复、城市绿地建设等措施,成功缓解了城市扩张带来的环境压力。

总的来说,国际上环境生态工程的发展经历了从理论到实践的跨越。无论是湿地修复、污水处理,还是资源再生和污染物控制,环境生态工程都展现出了其强大的适应性与可行性,为全球的环境保护事业做出了重要贡献。

### 1.3.1.2　国内研究进展

相较于欧美国家,中国的环境生态工程研究起步较晚,但发展却十分迅速。作为一个历史悠久的农业大国,中国在长期的农业生产中积累了丰富的废物利用和资源再生经验。虽然这些经验在传统意义上并未被归类到现代生态工程中,但它们为中国环境生态工程的理论研究与实践应用提供了宝贵的借鉴。

中国环境生态工程的正式研究始于20世纪50年代。当时,生态学家马世骏等人在调控湿地生态系统以防治蝗虫灾害的研究中,首次将生态学原理应用于实际工程。该研究项目标志着中国环境生态工程研究的开端,为后续的研究工作提供了重要启示。进入20世纪60年代,中国开始在全国范围内推广污水养鱼技术。这一技术不仅有效处理了城市和乡村的污水,还为农业和水产养殖业提供了新的发展模式。

20世纪70年代,中国科学院水生生物研究所等单位对湖北鸭儿湖开展了大规模的生态工程研究,旨在治理该湖泊因工业污染而出现的严重富营养化问题。这一研究不仅成功恢复了该湖泊的生态功能,还为中国其他地区的水体治理提供了可借鉴的范例。同一时期,中国科学院南京地理研究所等单位通过采用凤眼莲处理污水,实现了水体净化和资源再生的双重目标。这些项目不仅展示了中国在环境生态工程领域的技术创新能力,也为未来的研究奠定了坚实基础。

进入20世纪80年代,中国的环境生态工程研究逐渐扩大到更多领域,并取得了显著成效。例如,上海交通大学等单位在崇明岛东风农场实施的奶牛场废物分层多级利用生态工程,通过将奶牛场废物进行分级处理和再利用,成功实现了废物资源化和农业生产中资源的循环利用。此外,北京农业大学等单位自20世纪90年代起,开始引进并推广EM(effective microorganisms,有效微生物)技术,用于处理畜禽粪便、生活垃圾和污水。这些技术不仅提高了废物处理的效率,还减少了环境污染,并为废物再利用提供了新的途径。几十年来,中国在环境生态工程的基础研究和应用推广方面取得了长足进展。特别是在城市化进程加快的背景下,中国在城市环境管理、污染物控制和生态修复等领域取得了显著成果。此外,在农业生态工程领域,中国通过推广生态农业技术,如有机农业和生态养殖,减少了农业生产对环境的负面影响,提升了农业的可持续性。

值得一提的是,中国在水资源管理方面的环境生态工程研究也取得了重要突破。例如,中国科学院沈阳应用生态研究所等单位自20世纪50年代起,开始开展污水灌溉生态工程研究。通过多年的实验与优化,该项目成功解决了污水灌溉过程中存在的污染问题,并为中国北方干旱地区的农业发展提供了重要支持。此外,华东师范大学在光合细菌研究方面取得了显著进展,通过引进与筛选多种光合细菌,并将其应用于城市粪便处理和工业废水净化中,显著提高了污染物的降解效率。

几十年来中国政府对环境生态工程的重视程度不断提高,出台了一系列政策和措施支持该领域的研究与应用。例如,《中共中央 国务院关于全面加强生态环境保护 坚决打好污染防治攻坚战的意见》明确指出:"坚持节约优先,加强源头管控,转变发展方式,培育壮大新兴产业,推动传统产业智能化、清洁化改造,加快发展节能环保产业,全面节约能源资源,协同推动经济高质量发展和生态环境高水平保护。"政府的政策支持不仅为环境生态工程的发展提供了良好的制度保障,还促进了相关技术的广泛应用和推广。

总的来看,中国的环境生态工程研究虽然起步较晚,但经过多年的发展,已经形成了独具特色的研究体系和技术应用模式。在湿地修复、污水处理、生态农业等领域,中国的环境生态工程技术不断创新,并在实践中取得了显著成效。随着科技的不断进步和政策支持的加强,中国的环境生态工程将在未来继续发挥重要作用,为国家乃至全球的环境保护事业贡献更多的智慧和力量。

## 1.3.2 环境生态工程面临的挑战和问题

尽管环境生态工程的研究在全球范围内取得了显著进展,且被广泛应用于生态修复、污染控制和资源再生等领域,但这一学科在实践中依然面临着诸多挑战和问题。这些挑战不仅来自工程技术的局限性,还涉及政策、经济、社会等多方面的因素。

### 1.3.2.1 技术层面的局限性

环境生态工程是一门新兴学科,其技术尚在探索中,这也使得工程项目的设计和实施更具挑战性。以湿地修复为例,当前技术路径面临三重制约:其一,生态过程调控技术缺乏普适性操作标准;其二,污染物迁移路径的定量解析存在误差带,导致生物-地球化学耦合设计常偏离预期目标;其三,生态系统服务功能的恢复存在滞后效应,现有监测技术尚无法实现多营养级响应的实时验证。这种技术不确定性增加了工程难度。此外,环境生态工程技术在不同地区的适用性不同,在实际应用中需考虑地理、气候和生态系统差异,对其进行个性化调整,这增加了工程的复杂性和不确定性。

### 1.3.2.2 经济效益挑战

环境生态工程虽然具有生态和社会效益,但其前期投入成本较高。与传统的工程技术相比,环境生态工程往往需要更长的实施周期和更复杂的管理维护。这不仅增加了工程的资金需求,还对长期的经济回报提出了更高要求。例如,在城市湿地修复项目中,尽管湿地能够提供良好的生态服务,如水质净化、气候调节和生物多样性维护,但其建设和维护成本较高,许多城市在预算有限的情况下难以承担。此外,由于环境生态工程的效益通常是长期且间接的,如碳汇能力的提高和生物栖息地的恢复,这使得其经济效益难以在短期内显现,进而影响了其推广和应用。

在发展中国家和欠发达地区,由于经济发展水平有限,环境生态工程的资金和技术支持更为匮乏。而这些地区往往面临严重的环境问题,如水资源短缺、土壤退化和空气污染等。尽管国际社会可提供一定的援助和技术支持,但一般不足以应对庞大的工程需求。此外,环境生态工程项目的复杂性和长期性,使得这些国家和地区在项目的实施过程中容易遇到资金不足、技术断档等问题,从而影响工程的顺利进行和实施效果。

### 1.3.2.3 社会与政策层面的制约

环境生态工程的成功实施需要社会和政策支持,但社会认知不足、政策不完善和利益冲突常成阻碍。公众对工程理解有限,知识的缺乏会导致疑虑和抵触,尤其是在土地征用和迁移安置项目中。因此,提升公众认识和参与度是关键。同时,政策支持不足也会成为限制,如有些地区尽管有环境保护政策,但执行力度不足、落实方案不完善,城市规划中生态保护要求常被忽视。环境生态工程的设计实施需多部门合作,各部门协调不畅和职责不清也会阻碍实施。

### 1.3.2.4 生态效益的长期性和不确定性

环境生态工程的目标是在尊重自然规律的前提下,实现生态系统的修复与保护。但由于生态系统的复杂性,其修复和恢复过程往往需要较长时间,且存在一定的不确定性。工程实施后,生态效益的显现可能需要数年甚至数十年的时间,这使得项目效果的评估变得复杂。同时,环境生态工程的效益受自然条件和人为干扰等多重因素的影响,其结果可能存在较大变数。例如,一个湿地修复项目在短期内可能见效显著,但随着时间的推移,因气候变化或外来物种入侵等因素,其生态功能可能被削弱或破坏。因此,如何在项目规划和设计阶段,科学预测和评估工程的长期效益,是环境生态工程面临的又一挑战。

此外,由于环境生态工程强调与自然过程的协调与配合,往往需要在不干扰自然生态系统的情况下实施。然而,实际操作中,完全避免人为干预几乎是不可能的,这种干预可能会带来意想不到的后果,如导致新的生态失衡或引发次生环境问题。因此,如何在尽量减少干预的前提下,实现生态系统的修复和可持续发展,仍然是环境生态工程需要解决的核心问题之一。

### 1.3.2.5 全球化与跨境合作的挑战

在全球化背景下,环境问题具有显著的跨境性和全球性,这对环境生态工程提出了更高的要求。例如,气候变化、大气污染和水资源管理等问题都具有跨国界的特性,单一国家或地区难以独自应对。因此,环境生态工程的实施需要加强国际合作与交流,推动技术、经验和资金的共享。然而,全球化与跨境合作同样面临多重挑战。各国在环境保护方面的立场和利益不尽相同,如何在国际层面上达成共识并推动合作,是一个复杂且长期的过程。此外,不同国家和地区在技术水平、经济实力和政策支持方面的差异,也增加了合作的难度。

综上所述,环境生态工程虽然在全球范围内展现出了巨大的潜力,但其面临的挑战和问题依然严峻。只有通过持续的技术创新、政策支持和社会参与,才能在应对这些挑战的同时,推动环境生态工程向更高水平发展,为全球的生态环境保护做出更大的贡献。

## 1.3.3　环境生态工程的未来发展方向和趋势

面对当前环境生态工程领域的诸多挑战和问题,未来的发展方向和趋势将聚焦于突破这些瓶颈,以实现更为广泛和深入的应用。在全球环境日益恶化、资源日益紧缺的背景下,环境生态工程的未来发展不仅需要技术创新和学术突破,还需要政策引导和跨学科合作。以下将详细探讨环境生态工程未来发展的几个关键方向和趋势。

### 1.3.3.1　加强多学科交叉融合

环境生态工程的复杂性要求未来的发展必须依赖多学科交叉融合。传统的单一学科视角已经难以应对当前的环境问题。因此,未来的研究将更加注重将生态学、工程学、环境科学、化学、社会科学等多个领域的知识和方法结合起来,以系统的、综合的方式解决环境问题。例如,通过生态学与工程学的结合,可以在设计上更好地模拟自然生态系统,增强工程的环境适应性和可持续性。同时,社会科学的引入将有助于解决工程实施过程中的社会问题,如公众接受度、政策支持等。

### 1.3.3.2　推动技术创新与生态修复

未来的环境生态工程将更加注重技术创新,特别是在生态修复技术方面的发展。随着人类活动对环境破坏的加剧,传统的修复手段已经无法满足需求,因此,探索和发展新型生态修复技术将成为重要趋势。例如,借助基因工程、纳米技术等前沿科技,可以更有效地修复被污染的土壤和水体。此外,环境生态工程将更加注重生态系统的恢复和重建,通过人工湿地、生态浮岛等技术手段恢复受损的生态环境,达到修复与保护双重目标。

### 1.3.3.3　优化资源利用与循环经济

资源的高效利用和循环经济的发展是环境生态工程未来发展的另一个重要方向。在资源有限的背景下,如何最大限度地利用资源、减少浪费、实现资源的循环利用将成为研究的重点。未来的工程设计将更多地考虑资源的再生利用,如通过废水处理和废物再利用技术,实现资源的循环流动,减少对自然资源的过度依赖。就社会整体而言,通过构建资源循环型社会,可以将工业废物、农业废物等转化为可再利用的资源,推动整个社会向可持续方向发展。

### 1.3.3.4 增强环境工程的适应性与弹性

面对气候变化等不确定因素的影响,环境生态工程需要增强其适应性与弹性,以应对未来可能出现的环境挑战。未来的发展将更加注重工程系统的灵活性和可调整性,通过多元化的工程策略和冗余设计,可确保工程在极端天气、自然灾害等突发事件中的稳定性和功能性。此外,通过实时监控和动态管理技术,可以在工程运行过程中及时调整策略,避免或减少环境风险,提升工程的整体抗风险能力。

### 1.3.3.5 推动智能化与数字化

随着科技的发展,环境生态工程将逐步向智能化与数字化方向转型。大数据、物联网、人工智能等技术手段,可以帮助实现对环境生态系统的精确监测与管理。例如,通过传感器网络和大数据分析,可以实时获取生态系统的状态信息,进而优化工程的设计和运行效果。人工智能的应用将有助于提高工程的自动化水平,减少人为干预,提升工程效率和效果。数字化技术的发展也将使环境生态工程更加智能和高效,为解决复杂环境问题提供有力支持。

### 1.3.3.6 加强政策引导与国际合作

政策支持和国际合作是推动环境生态工程发展的重要保障。未来的发展需要政府在政策层面提供更加有力的支持,如制定相关法规和标准,推动环境生态工程的普及与应用。同时,各国应加强国际合作,共享经验与技术,推动全球范围内的环境治理。尤其是在应对跨国界环境问题时,如气候变化、海洋污染等,国际合作显得尤为重要。通过国际合作,可以形成全球范围内的环境生态工程网络,以共同应对全球环境挑战。

### 1.3.3.7 注重公众参与和教育推广

公众参与和教育推广是环境生态工程可持续发展的关键因素。在环境生态工程的未来发展中,相关部门需要更好地调动公众参与的积极性,提高公众的环保意识。通过教育和宣传,使公众了解环境生态工程的意义和作用,从而增强其对工程项目的支持和配合。公众的积极参与,有助于项目方在工程设计和实施过程中更全面地考虑公众的需求和意见,提升工程的社会适应性和可行性。此外,教育推广可以帮助培养更多的专业人才,为环境生态工程的发展提供智力支持。

总之,环境生态工程作为应对全球环境问题的重要手段,其未来发展将重点围绕技术创新、资源优化、智能化管理、多学科融合等方面。在科技进步和政策支持的推动下,环境生态工程将继续发挥重要作用,推动社会向可持续发展方向迈进。

**【思考题】**

1.如何理解环境的多维属性?请结合具体案例说明不同属性之间的相互作用。

2.解释环境生态工程与传统环境工程的区别,并讨论环境生态工程在实际应用中的优势。

3.分析气候变化对全球生态系统的影响,列举其可能导致的生态失衡现象。

4.在环境生态工程中,如何有效利用生态系统的自我调节能力进行环境修复?

5.请列举并分析环境保护与经济发展之间可能存在的冲突,并讨论如何实现二者之间的平衡。

6.结合实际案例,说明湿地修复在环境生态工程中的重要性和具体实现方式。

7.你认为在实施环境生态工程项目时,公众参与的重要性体现在哪些方面?

8.讨论环境生态工程在城市规划中的作用,特别是在资源管理和污染控制中的应用。

# 第2章　生态系统

【基于OBE理念的学习目标】

**基础知识目标**：学生应掌握生态系统的基本概念，包括其组成、结构和功能，理解生态系统中能量流动和物质循环的原理；通过学习生态系统的不同类型，如草原、森林、湿地等，区分其特点与相互作用的方式；通过了解气候、土壤、水分、光照等非生物因素的影响，理解不同环境条件下生态系统的动态平衡。

**理论储备目标**：学生应建立起生态学核心概念的理论储备体系，掌握生态系统的能量流动、营养级和物质循环等概念；应深刻理解食物链、食物网、能量金字塔等关键概念，能够运用理论知识分析生态系统中的复杂生物关系；通过学习碳循环、氮循环等重要物质循环的相关内容，运用理论知识解释全球气候变化与生态系统变化之间的联系。

**课程思政目标**：学生应认识到人类活动对生态系统的影响，尤其是全球气候变化、环境污染、资源消耗等带来的挑战；通过学习生态系统的平衡与可持续性机制，增强环境保护和可持续发展意识。课程还应引导学生关注国家环境政策及国际环境合作项目，拓宽全球视野，提升社会责任感，成为推动生态环境改善的行动者。

**能力需求目标**：本课程旨在培养学生的生态学分析能力和系统性思维能力，特别是在应对复杂环境问题时，能够综合分析生态系统的组成与运行机制。通过实践教学，学生应具备从生态系统的角度出发，评估人类活动对环境影响并提出解决方案的能力；通过案例分析和项目实践，提升在生态评估、环境管理等领域的实际操作技能。

# 2.1 生态系统概述

## 2.1.1 生态系统的基本概念

生态系统是自然界中具有统一性和整体性的功能单位,由在特定空间中相互依存、彼此作用的所有生物(即生物群落)及其生存环境组成。这些生物与环境之间通过持续的物质循环和能量流动过程,形成一个动态的相互联系的整体。地球上的各种自然景观如森林、草原、荒漠、湿地、海洋、湖泊、河流等,不仅在外观上各有不同,其内部的生物组成也因地理和环境的差异而呈多样化。这些生态系统内的生物与非生物成分通过复杂的相互作用,维持着一个物质循环和能量流动稳定且持续的平衡系统。

"系统"一词广泛用于描述由相互作用、相互依赖的组成部分有序结合形成的整体。一个系统的构成必须具备以下三个基本要素:①系统由多个成分或要素组成;②这些成分不是独立存在的,而是通过各种方式彼此联系并相互作用;③系统具备独特且独立的功能。动物园中的各种动物虽同处一个空间,但它们之间缺乏必要的内部关联,因此不能被视为一个系统。而生态系统则不同,它不仅包含了生物群体,也包含了这些生物与其所处环境之间的密切联系和相互作用,形成了一个功能上的有机整体。

生态系统的概念由英国生态学家坦斯利(Arthur Tansley)于1936年首次提出。他认为,生态系统不仅包括生物复合体,还涵盖了通常被人们称为"环境"的所有物理因素的复合体。他强调,生物群体与其所处的物理环境不可分割地联系在一起,形成了地球表面上自然界的基本单位。这一概念的引入,主要是为了强调在特定地域中生物之间及生物与环境之间功能上的统一性。需要注意的是,生态系统作为一个功能单位,其界定不以生物学分类为基础,而是基于系统内各组分之间的功能联系和相互作用关系。苏联生态学家苏卡切夫(Vladimir Sukachev)在1944年提出的生物地理群落(biogeocoenosis)的概念,与生态系统的核心思想基本一致。

生态系统概念的产生并非偶然,而是基于特定的历史背景,随着科学研究的深入逐渐成形的。学者们在应用生态系统概念时,对于其范围并没有严格限制。微观上,一个动物体内的消化道就可以被视为一个微生态系统;宏观上,整个地球的生物圈,都是生态系统的一种表现形式。所研究的问题决定了生态系统空间尺度和时间尺度的范围。例如,从池塘内的能量流动到全球气候变化对生态系统的影响,这些研究问题对应的空间和时间尺度跨度极大。

生态系统是现代生态学中最为重要的概念之一。回顾生态学的发展历程可以发现,研究的重点从最初的自然历史逐渐转移到动物种群生态学和植物群落生态学,最终集中于生态系统。对生态系统的研究不仅包括生物群落及其无机环境,更强调系统中各成分之间的复杂相互作用。因此,作为生态学研究的基础单元,生态系统通过其层级嵌套特征(如个体–种群–群落–生态系统–景观)构建起多维度的网络结构,能够整合生态学各分支领域的研究范式。

## 2.1.2　生态系统的组成

生态系统作为一个复杂的有机整体,其组成和结构决定了其功能和稳定性。理解生态系统的组成和结构,对于深入认识生态系统的运行机制、评估人类活动对生态系统的影响以及制定有效的生态保护和管理措施具有重要意义。本节将以草地生态系统为例,详细探讨生态系统的组成要素和结构特征。

草地生态系统(图2.1)是地球上分布最广泛、最重要的生态系统之一,覆盖了陆地表面积的近四分之一。它在维持全球生态平衡、支持生物多样性、提供人类生活所需资源等方面发挥着至关重要的作用。理解草地生态系统的组成和结构,有助于我们更好地保护和管理这一宝贵的自然资源。

草地生态系统由生物成分和非生物成分共同构成,两者通过复杂的相互作用维持着生态系统的功能和稳定性。

图2.1　草地生态系统

## 2.1.2.1　非生物成分(无机环境)

非生物成分是草地生态系统的基础,决定了生物成分的分布和生长状况,主要包括气候、土壤、水分、光照和地形等要素。

(1)气候

气候条件是影响草地生态系统分布和特征的首要因素。草地通常分布在降水量适中、温度适宜的地区。例如,温带草原分布于年降水量250～750mm,季节性变化明显,夏季温暖、冬季寒冷的区域。热带草原则分布于全年高温、降水季节性明显的地区。气候条件还影响着植被类型、生物多样性和生态系统功能。

(2)土壤

土壤是草地生态系统中植物生长的基础,为植物提供了必要的营养元素和水分。草原土壤通常富含有机质,结构疏松,通气性和透水性良好。例如,黑钙土是温带草原常见的土壤类型,肥力高,适合草本植物的生长。土壤的pH值、质地和养分含量等特性直接影响着植物群落的组成和生产力。

(3)水分

水分是限制草地生态系统生产力的关键因素。降水量和水的可利用性决定了植被的密度和种类。在半干旱地区,水资源匮乏,植被稀疏,生长的多为耐旱性强的草本植物。而在降水充足的区域,植被茂密,多样性更高。地下水位的深浅也影响着植物根系的生长和水分吸收能力。

(4)光照

光照是植物进行光合作用的必要条件,直接影响着草地生态系统的初级生产力。草地通常位于开阔地带,光照充足,有利于草本植物的生长和繁殖。光照强度和日照时长的季节性变化也会导致植物生长速率和草地的物种组成的变化。

(5)地形

地形作为一个基础性非生物环境因子,影响着整个系统的格局与过程。例如,海拔会影响温度和降水模式,从而决定草地的基本类型(如低地草甸、山地草原或高寒草甸)及其优势物种;坡度和坡向则共同调控着局部的水热条件,包括水土流失速度、土壤厚度、光照强度和时长等。此外,不同的地貌单元(如山谷、平原)和微地形会进一步塑造复杂的小气候,影响土壤水分情况,从而影响草地的生物多样性。因此,地形是构建草地生态系统空间结构、驱动物质能量分配,并最终决定生物群落组成与分布的关键基础框架。

### 2.1.2.2　生物成分(生物群落)

(1)生产者

生产者主要是进行光合作用的自养生物,负责将太阳能转化为化学能,为生态系统提供基础能量。常见的生产者有以下几类。

草本植物。草地生态系统的主要生产者是各种草本植物,包括禾本科和豆科植物,如小麦草、黑麦草、三叶草等。这些植物适应性强,生长迅速,能够在不同的环境条件下生存。

灌木和低矮乔木。在一些草原区域,尤其是接近森林边缘的地带,可能存在少量的灌木和低矮乔木,如荆棘、灌木橡树等,增加了生态系统的多样性。

藻类和苔藓。在湿润的草地环境中,藻类和苔藓也可以作为生产者,特别是在土壤表层和水体中,起到固定氮和保持水土的作用。

（2）消费者

消费者是以其他生物为食的异养生物,根据其食性和在食物链中的位置,可分为初级消费者、次级消费者、三级消费者和四级消费者。但各种动物所处的营养级并非一成不变,具体需考察其所属的食物链。

初级消费者（植食性动物）。在草地生态系统中,初级消费者主要是以植物为食的植食性动物,它们直接从植物中获取能量,并将这些能量传递给更高的营养级。典型的初级消费者包括草原上以草、灌木为主要食物来源的哺乳动物,如羚羊、斑马、野牛等。此外,像兔子、田鼠等小型植食性动物也是草原初级消费者的重要组成部分。昆虫类初级消费者（如蝗虫、蚱蜢）则会以草叶和其他植物为食,它们的存在对维持草原的植物多样性和结构平衡也具有重要作用。

次级消费者（肉食性动物）。次级消费者是捕食初级消费者的动物,如狼、狐狸、鬣狗等。它们通过捕食植食性动物来获取能量。它们的存在可以调控草地生态系统中的种群数量。鹰、隼等猛禽也属于次级消费者,它们捕食小型哺乳动物或昆虫。这些捕食行为对防止植食性动物过度繁殖、保护植物群落至关重要。

三级消费者（高级肉食性动物）。三级消费者是草原中的高级肉食性动物,通常捕食次级消费者,从而可进一步平衡生态系统。常见的三级消费者有大型猫科动物,如狮子和猎豹。它们主要以次级消费者为食。此外,草原雕、金雕等猛禽也可以作为三级消费者,它们捕食狐狸、蛇等小型捕食者。三级消费者的存在限制了次级消费者的数量,可防止它们过度捕食初级消费者,从而维持草原生态的稳定与平衡。

四级消费者（顶级捕食者）。顶级捕食者在草地生态系统中位于食物链顶端,几乎没有天敌。如在有的食物链中,狮子和大型猛禽是四级消费者,这些捕食者不仅捕食次级消费者,还可能捕食三级消费者。四级消费者数量较少,但它们的存在可调控其他级消费者种群,维持草原食物链的健康和稳定,确保生态平衡。

（3）分解者

分解者是异养生物,主要是细菌、真菌等微生物和一些无脊椎动物。分解者把动植物体产生的复杂有机物（如动植物遗体和排泄物中的有机物）分解为生产者能重新利用的简单无机物(如水、氧气、二氧化碳、无机盐等),并释放出能量,其作用正与生产者相反。分解者在生态系统中的作用是极为重要的,如果没有它们,动植物尸体将会堆积成灾,物质不能循环,生态系统将毁灭。有机物分解不是一类生物所能完成的,往往会经历一系列复杂的过程,各个阶段由不同的生物完成。草地生态系统中的分解者有两类,一类是细菌和真菌,另一类是食腐性动物。

细菌和真菌是主要的分解者,能够分解复杂的有机物,如纤维素和木质素,释放出氮、磷、钾等营养元素。

腐食性动物,如蚯蚓、甲虫、螨虫等,通过摄食有机残骸,加速分解过程,同时改善土壤结构和肥力。

生态系统中的生物成分和非生物成分都发挥着重要作用。在草地生态系统中,土壤矿物质支持植物生长,气候波动则调控动植物活动周期。生物成分(生产者、消费者、分解者)产生的有机物(如糖类、蛋白质)既是生物体的结构基础,也是能量传递载体,维系着生态系统的物质循环与能量流动网络。

## 2.1.3 食物链和食物网

在生态系统中,食物链和食物网是描述生物之间能量和物质流动关系的关键概念。生产者所固定的能量和物质,通过一系列取食和被食的关系在生态系统中传递,各种生物按取食和被食关系而排列的链状顺序称为食物链。食物链反映了生态系统中不同生物之间能量传递的线性路径,而食物网则是多个食物链相互交织形成的复杂网络,反映了生态系统中生物相互依赖的复杂关系。

### 2.1.3.1 食物链的基本结构

生产者是食物链中的第一环节,它们大多是通过光合作用将太阳能转化为化学能的植物或藻类,所制造的有机物为其他生物提供了能量来源。随后,初级消费者,如植食性动物会摄食这些生产者,从而将能量向上传递。再之后,次级消费者,如食肉动物通过捕食初级消费者获取能量。食物链的末端通常是顶级捕食者,它们没有天敌,是能量流动的最终受益者。例如,在草地生态系统中,典型的食物链可能由草(生产者)开始,接着是食草的兔子(初级消费者),然后是捕食兔子的狼(次级消费者),最终还有细菌和真菌(分解者)。分解者将动植物残体、排泄物中的有机物分解成无机物,重新回归环境。这一过程不仅展现了能量的逐级传递,也体现了物质的循环利用。

生态系统中的食物链通常可以分为两种类型:捕食食物链(grazing food chain)和碎屑食物链(detrital food chain)。捕食食物链以植食性动物摄食活体植物为起点,而碎屑食物链则始于真菌、细菌和某些土壤动物分解动植物遗骸或排泄物中的有机颗粒。此外,生态系统中还有寄生物和食腐动物,它们构成了辅助性食物链。寄生物往往具有复杂的生活史,与其他生物之间的食物关系更为复杂,有时甚至会出现超寄生的现象,形成寄生性食物链。

### 2.1.3.2 食物网的复杂性

与食物链的简单线性关系相比,食物网更能反映生态系统中生物之间的复杂互动。食物网由多个相互交织的食物链组成,展示了不同生物之间的多重捕食关系和相互依存关系(图2.2)。

➡ 养分由生产者传向初级消费者   ⇨ 养分由次级消费者传向三级消费者
➡ 养分由初级消费者传向次级消费者   ➡ 养分由三级消费者传向四级消费者

**图 2.2  草地生态系统食物网**

在草地生态系统中,草不仅是兔子的食物,可能也是昆虫、鼠类的食物。这些初级消费者又可能成为蛇、狐狸、鹰等次级消费者的食物。一个物种可能参与多个食物链,从而形成一个复杂的食物网。食物网的复杂性也意味着生态系统具有较强的自我调节能力。当某一物种的数量发生剧烈变化时,食物网中的其他物种通过调节捕食行为、繁殖率等,能够在一定程度上维持整体系统的稳定。例如,如果植食性动物的数量突然增加,顶级捕食者的数量也会相应增加,直到新的平衡建立。

### 2.1.3.3　食物链和食物网在生态系统中的意义

食物链和食物网不仅描述了生物之间的能量传递和物质循环,还反映了生态系统的整体健康状况。一个复杂而多样化的食物网通常表明生态系统的多样性较高,具备更强的抵抗干扰的能力。相反,如果食物网过于简单或食物网中的某些关键物种消失,生态系统可能会变得脆弱,容易受到外部环境变化的影响。无论是保护生产者还是顶级捕食者,都有助于维持整个生态系统的稳定和持续发展。对于人类而言,生态系统的健康与否直接关系到我们的生存和发展,因此,理解和保护自然界的食物链和食物网,认识到保护生态系统中每一个物种的重要性,对实现可持续发展至关重要。

## 2.1.4　营养级和生态金字塔

为了便于更清楚地表述生态系统中的能量流动和物质循环,生态学家在食物链和食物网基础上提出了营养级的概念。

营养级是指生物在食物链中的位置,根据其获取能量的方式,通常分为不同的层级。生态系统的营养级通常包括生产者、消费者(包括初级消费者和次级消费者)以及分解者。生态金字塔则是通过图示化方式表示不同营养级之间的关系,通常以能量、数量或生物量的形式展现。

生产者处于生态系统的第一营养级。生产者通常是进行光合作用的植物、藻类或光合细菌,它们利用太阳能将无机物转化为有机物,为整个生态系统提供能量基础。生产者的数量和生物量通常最多,故一般是生态金字塔底部最宽的部分,它们支撑着上层所有的营养级。

接下来是消费者,它们被划分为初级消费者、次级消费者和更高的营养级。在草地生态系统中初级消费者主要是植食性动物,它们直接以生产者为食,是食物链中的第二营养级。次级消费者则是捕食初级消费者的肉食性动物或杂食性动物,它们位于食物链的第三营养级。再往上则是更高级的消费者,它们可能捕食次级消费者。

分解者位于食物链的末端,但它们在物质循环中扮演着关键角色。分解者包括细菌、真菌等,它们以动植物残体、排泄物中的有机物为生命活动能源,将复杂的有机物分解为简单的无机物,供生产者重新利用。虽然分解者不直接位于生态金字塔的某一特定营养级中,但它们贯穿于整个系统,确保特质循环和能量流动在生态系统内持续进行。

生态金字塔有三种主要形式:能量金字塔、生物量金字塔和数量金字塔。能量金字塔展示了每个营养级中能量的流动和损失。能量在沿营养级传递过程中逐步减少,通常只有大约 10% 的能量能够从一个营养级传递到下一个营养级,其余 90% 的能量则以热量形式散失。因此,能量金字塔通常呈现出从下往上逐层减少的形状,底层生产者的能量最多,而顶层捕食者的能量最少。减少的原因有以下几点:首先,各营养级的消费者无法完全利用前一营养级的全部生物量,总有一部分会自然死亡或被分解者利用;其次,各营养级的同化率也并非完全高效,一部分物质会以排泄物的形式留在环境中,并被分解者吸收;再者,各营养级的生物为了维持自身的生命活动,必然会消耗一部分能量,这些能量最终会以热量形式散失,这一点至关重要,因为生物群落及其中的各类生物能够保持有序状态,正是依赖于这种能量的消耗。生态系统要维持其正常功能,必须依靠持续的太阳能输入,以平衡各营养级生物在维持生命活动过程中所消耗的能量。一旦这种能量输入中断,生态系统便会失去其功能。

生物量金字塔表示每个营养级的总生物量,即所有生物体的总质量。通常情况下,生产者的生物量最大,因为它们要支持整个食物链。随着营养级的提升,生物量逐渐减少。不过,在一些特殊的生态系统中,如海洋生态系统,生物量金字塔可能会倒置,即消费者的生物量可能超过生产者。这是因为海洋中的生产者,如浮游植物,具有非常高的生产率和更新速度,尽管它们的瞬时生物量可能较低,但仍可以维持更高营养级的生物需求。

数量金字塔反映了每个营养级中的个体数量。通常情况下,生产者的个体数量最多,而顶层捕食者的个体数量最少。但在某些情况下,这种数量关系可能会有例外。例如,一棵树作为生产者可能支持大量的昆虫初级消费者,因此数量金字塔在这种情况下呈现出倒置的形状。

通过理解营养级和生态金字塔,可以更清楚地认识生态系统中能量和物质的流动,以及能量的传递效率和物质的循环对维持生态系统平衡的重要性。这种认识不仅有助于我们保护和管理自然生态系统,也为农业、渔业等领域的发展提供了科学基础,更有助于指导我们在可持续的前提下利用自然资源。

# 2.2 生态系统中的能量流动和物质循环

## 2.2.1 生态系统的初级生产

### 2.2.1.1 初级生产的基本概念

光合作用对太阳能的固定和转化是生态系统中第一次能量固定,也是生态系统中能量流动的开始,这一过程被称为初级生产,这一过程所固定的太阳能或所制造的有机物被称为初级生产量或第一性生产量(primary production)。这一过程是生态系统能量流动和物质被循环的起点,也是整个生态系统维持生命活动的重要基础。初级生产作为生态系统能量流动的基础,不仅决定了生物量的积累效率,还通过食物链层级影响能量的传递效率,最终影响整个生态系统的生产力和功能。

在探讨初级生产时,理解总初级生产量(gross primary production)、呼吸作用消耗的能量(respiration)以及净初级生产量(net primary production)之间的关系至关重要。这些概念有助于全面理解初级生产在生态系统中的运作机制及其影响。

总初级生产量指生态系统中生产者通过光合作用或化学合成所固定的全部能量或有机物的总量。总初级生产量代表了生态系统自养生物所吸收和储存的总能量,这是生态系统内能量流动的起点。总初级生产量的大小取决于光合效率、光照条件、温度、水分和营养物质等因素。总初级生产量越高,生态系统潜在的生物量积累能力和能量供给能力就越强。

然而,并非所有总初级生产量都能用于生物量的积累。自养生物在其生命过程中会通过呼吸作用消耗一部分固定的能量。呼吸作用是生物体将储存于有机物中的化学能通过氧化分解转化为三磷酸腺苷(ATP)的过程,该过程释放的二氧化碳和水作为代谢终产物排出。这些ATP所携带的能量优先保障细胞基本生命活动(如物质运输、酶促反应),其次驱动生长繁殖等耗能过程,最终未利用部分以热能形式散失。这意味着总初级生产量中的一部分能量会在系统内部被消耗掉,而无法转化为生物量。

净初级生产量是总初级生产量减去呼吸作用消耗的能量后的剩余部分。换句话说,净初级生产量是指在一定时间内,生态系统中生产者积累的有机物的净量。这部分有机物既可以用于生产者的生长和繁殖,也可以通过食物链传递给消费者和分解者。净初级生产量通常被认为是生态系统生产力的核心指标,因为它代表了实际可以被生态系统其他成员利用的能量和物质的总量。

数学上,净初级生产量可以表示为:

$$NPP=GPP-R \tag{2.1}$$

其中,NPP为净初级生产量,GPP为总初级生产量,$R$为呼吸作用消耗的能量。

净初级生产量的重要性在于,它决定了一个生态系统所能支持的消费者的数量及多样性。高净初级生产量的生态系统通常能够维持较高的生物多样性和生物量,例如热带雨林和珊瑚礁。而低净初级生产量的生态系统则可能具有较低的生物生产力和物种丰富度,例如沙漠和极地地区。

### 2.2.1.2　初级生产的生产效率

初级生产的生产效率可衡量生态系统中生产者将捕获的能量转化为有机物的能力。它不仅反映了生态系统的生产潜力,还揭示了不同环境条件下,生产者如何利用资源进行生长和繁殖。

初级生产的生产效率通常被定义为净初级生产量与总初级生产量之比。它表示的是生产者所固定的能量中,实际能够用于生物量积累部分的比例。换句话说,生产效率反映了生产者在捕获能量后,如何有效地利用这些能量进行生长和繁殖,而不是通过呼吸作用将其消耗掉。

数学上,初级生产的生产效率可以表示为:

$$生产效率 = NPP/GPP \tag{2.2}$$

### 2.2.1.3　初级生产的限制因素

初级生产通常受多种因素的影响,包括光照、水分、温度、营养物质的供给,以及生产者自身的生理特性等。在理想的环境条件下,初级生产的生产效率较高,意味着更多的能量被用于生物量积累。而在恶劣的环境条件下,初级生产的生产效率则较低,因为生产者需要消耗更多的能量来维持生存。

初级生产的生产效率和总量受多种因素的影响,这些因素可大致分为光照、水分、温度、营养物质供给、生物特性及人为干扰等方面。

**(1)光照强度与日照时长**

光照是初级生产的最基本驱动力,光合作用直接依赖于光能的输入。在光照强度充足的情况下,植物能够更有效地捕获光能,进行光合作用,从而增加有机物的积累。然而,光照强度过高也可能引发光抑制效应,导致光合效率的下降。此外,日照时长也是一个重要因素,白昼时间越长,生产者能够进行光合作用的时间就越长,初级生产量就越多。

在不同的生态系统中,光照条件差异显著。比如,热带雨林全年光照充足且日照时长稳定,因此初级生产力较高。而在高纬度地区的一些生态系统中,冬季日照时间短,光照强度低,这些条件限制了初级生产的进行。

**(2)水分供给与土壤湿度**

水分是光合作用的必要条件之一,它不仅参与了光合作用的化学反应,还在维持植物细胞膨压和物质运输中起重要作用。在水分充足的环境中,植物的气孔可以保持开放状态,有利于二氧化碳的吸收,从而提高光合效率。然而,在干旱条件下,植物会关闭气孔以减少水分蒸腾损失,这同时也减少了二氧化碳的吸收量,进而限制了光合作用的进行和初级生产的产出。

不同生态系统中水分供给的差异往往会导致初级生产水平的差异。例如,热带雨林和湿地生态系统由于水分充足,初级生产水平较高;而沙漠和半干旱草原由于水分匮乏,初级生产水平通常较低。

**(3)温度对初级生产的影响**

温度对初级生产的影响体现在两个方面:一是影响光合速率,二是影响呼吸作用的强度。光合作用和呼吸作用都是酶促反应,因此它们的速率受温度影响显著。在适宜的温度范围内,光合效率较高,初级生产力随之增加。然而,极端的高温或低温会抑制光合效率,甚至可能导致植物的热损伤或冻害,影响初级生产。当温度低于5℃时,呼吸酶活性显著降低,但部分耐寒植物可通过增加线粒体膜流动性维持基础代谢;而温度超过45℃则可能会导致线粒体结构破坏、酶变性失活,呼吸作用急剧下降,甚至引发细胞程序性死亡。

不同生态系统对温度的敏感度各异。例如,温带森林生态系统的初级生产随季节性温度变化而波动较大,夏季温暖时生产力较高,而冬季寒冷时生产力大幅下降。相比之下,热带雨林的温度较为稳定,因而初级生产的季节性变化不明显。

**(4)营养物质的供给**

营养物质,尤其是氮、磷、钾等主要元素的供给,是影响初级生产的重要因素。营养物质是植物进行生长和繁殖的必要物质,它们参与了光合作用的多种生理过程和结构组成。在营养物质丰富的土壤中,植物初级生产力较高,能够快速生长并积累更多的生物量。相反,营养物质缺乏会降低初级生产力,限制植物的生长。

例如,在富营养化的湖泊中,由于氮和磷含量丰富,浮游植物的初级生产力往往较高。而在贫瘠的荒漠或山地土壤中,营养物质匮乏导致植物初级生产力较低,生长缓慢。

**(5)生物特性对初级生产的影响**

不同类型的生产者具有不同的光合作用机制和适应策略,这些生物特性直接影响初级生产。例如,C3植物和C4植物的光合作用途径不同,C3植物如水稻、小麦、大豆等农作物,更适应湿润或温带气候,其光合途径对光呼吸较敏感。C4植物在高温和强光条件下表现出更高的光合效率,从而具有较高的初级生产力。此外,植物的叶面积指数(leaf area index, LAI)、根系发达程度以及抗逆性等生理特性也对初级生产有重要影响。

在草地生态系统中,一些耐旱植物由于具有深根系,可以在干旱条件下保持较高的初级生产力。而在森林生态系统中,冠层植物往往通过增加叶面积指数来最大化光能捕获,提高初级生产力。

(6)人为干扰与初级生产

人类活动对初级生产的影响不可忽视。农业生产、森林砍伐、城市化、污染物排放和人类活动导致的气候变化等人为干扰因素都可能影响生态系统的初级生产力。例如,过度的农业耕作可能导致土壤养分流失,初级生产量减少;工业排放的污染物则可能抑制植物的光合作用,降低其初级生产力。此外,气候变化导致的极端天气事件,如干旱、洪水和高温热浪等,均可能破坏生态系统的平衡,影响初级生产。

在农业生态系统中,科学的管理和适度的人为干预可以显著提高初级生产。例如,通过合理施肥、灌溉和选种,可以优化作物的生长环境,提高生产效率和产量。同时,保护和恢复自然生态系统,减少人为干扰,也有助于维持和提升初级生产。

### 2.2.1.4 初级生产量的测定方法

对于不同生态系统和研究目的,测定初级生产量的方法各有不同。常用方法有氧气法、二氧化碳法、叶面积指数法、遥感(remote sensing, RS)技术以及同位素法等。

(1)氧气法

氧气法是测定水生生态系统初级生产量的传统方法之一。这种方法基于光合作用和呼吸作用对氧气浓度的影响,测量氧气在光照和黑暗条件下的浓度变化,以推算总初级生产量和净初级生产量。具体操作步骤如下。

①在研究区域内采集水样,将水样分别置于透明瓶(光照条件)和黑暗瓶(无光条件)中。

②透明瓶水样中的光合生物在光照下进行光合作用和呼吸作用,氧气浓度可能增加或减少;而黑暗瓶中仅发生呼吸作用,氧气浓度只会减少。

③通过氧气传感器或化学方法(如碘量法)测量两个瓶子中的氧气浓度变化,计算光合作用产生的氧气量和呼吸作用消耗的氧气量。

透明瓶中的氧气净增加量代表净初级生产量,黑暗瓶中的氧气减少量则代表呼吸作用消耗的氧气量。将这两者相加,即可得到总初级生产量。

氧气法具有操作简便、成本较低的优点,适用于湖泊、河流等水生生态系统。然而,它对实验条件如温度、光照强度等较为敏感,通常仅适用于局部区域的初级生产量测定,难以推广至大尺度研究。

(2)二氧化碳法

二氧化碳法是一种常用于测定陆地和水生生态系统初级生产量的方法。植物在光合作用过程中固定二氧化碳,因此通过测量二氧化碳的吸收速率,可以推算初级生产量。

在陆地生态系统中,二氧化碳法通常通过气体交换系统(如开路或闭路气体交换系统)测量植物群落的二氧化碳交换速率。具体方法是在特定的植被覆盖区或实验地块上设置气室或遮蔽系统,测量空气中二氧化碳浓度的变化。根据测量的二氧化碳净吸收量,结合实验地块的面积和实验时间,可以计算出该区域的净初级生产量。

在水生生态系统中,二氧化碳法的原理类似——通过测定水体中二氧化碳浓度的变化来计算初级生产量。实验中,透明瓶和黑暗瓶的设置与氧气法相同,区别在于本方法是通过测量二氧化碳浓度的变化来估算光合作用和呼吸作用的量。

二氧化碳法适用于多种生态系统,测量结果相对准确,且可以直接反映植物光合作用的强度。然而,这种方法操作过程复杂,受环境条件影响较大,且测量设备较为昂贵,适合较为精细的生态研究。

### (3)叶面积指数法

叶面积指数是衡量植物群落光合作用能力的重要参数,指单位地表面积上植物叶片的总面积。叶面积指数法通过测量植物叶片的面积来间接估算初级生产量,包括直接测量和间接测量两种方法。

直接测量法通常适用于小范围研究。研究人员在采集叶片后测量全部叶片面积,并将其换算成单位面积的叶面积指数。这种方法尽管精确,但操作烦琐且费时费力,适用于较小区域或实验室条件下的测定。

间接测量法利用光学仪器(如 LAI-2000 或 Ceptometer 型植物冠层分析仪)测量植被冠层上、下的光照强度差异,通过计算光照强度衰减情况来估算叶面积指数。叶面积指数越大,表示植被冠层越稠密,光合效率越高,初级生产量也越大。

叶面积指数法虽然不直接测量初级生产量,但结合光合作用模型,可以为初级生产量的估算提供重要参考。尤其是在森林、草地等植被覆盖度较高的区域,叶面积指数法广泛应用于生态系统能量流动的研究。

### (4)遥感技术

随着科技的发展,遥感技术成为测定初级生产量的一种先进方法。遥感技术利用卫星或无人机上的传感器,从远距离测量地球表面的光谱反射信息,进而推算植被的光合效率和初级生产量。

遥感技术不仅依赖光谱信息,还需结合气象数据(如光照、温度、降水量等)来进行初级生产量的估算。例如,光合作用模型可以根据归一化植被指数(normalized difference vegetation index, NDVI)和光合有效辐射(photosynthetically active radiation，PAR)计算区域初级生产量。归一化植被指数是反映植被生长状况和光合作用强度的指标,可通过测量红光和近红外光的反射比率计算获得。高归一化植被指数通常意味着植被生长旺盛、初级生产量高。

遥感技术的优点在于覆盖范围广、数据获取频率高,能够对大区域甚至全球范围的初级生产量进行监测和分析,特别适用于无法通过传统测量手段直接获取数据的偏远地区或大尺度生态系统。然而,遥感数据处理复杂,对分辨率的要求高,且需要结合地面验证数据才能获得更为准确的结果。

**(5)同位素法**

同位素法是利用稳定或放射性同位素追踪光合作用过程中碳元素的动态变化,来测定初级生产量的先进方法。通常使用碳-13($^{13}$C)或碳-14($^{14}$C)作为示踪剂。

具体方式是将含有标记同位素的二氧化碳引入植物群落或水体中,植物通过光合作用固定这些同位素。随后,通过检测植物组织或水中碳同位素的含量,计算出植物固定的碳量,进而推算初级生产量。

同位素法精确度高,能够细致地研究碳元素在光合作用过程中的分配和流动,是研究植物光合作用机制和碳循环的重要工具。然而,该方法实验成本高、技术要求复杂,且涉及放射性同位素的安全问题,多用于实验室研究或特定条件下的野外实验。

初级生产量的测定方法多种多样,各自具有不同的特点和适用范围。氧气法和二氧化碳法适用于水生生态系统和陆地生态系统的局部测定,叶面积指数法能提供关于植被光合作用潜力的重要信息,遥感技术为大尺度的初级生产量监测提供了强有力的工具,而同位素法则为细致研究碳循环提供了科学依据。在实际应用中,研究人员往往根据研究目的和生态系统类型选择最合适的测定方法,或结合多种方法,以获得更加准确和全面的初级生产量数据。

## 2.2.2　生态系统中的次级生产

### 2.2.2.1　次级生产的分类及过程

次级生产是生态系统中另一重要的过程,是消费者(如植食性动物、肉食性动物和分解者)通过摄取初级生产者(如植物)或其他消费者所制造的有机物,并将其转化为自身生物量的过程。在生态系统中,次级生产主要分为以下几类。

①植食性动物的次级生产。植食性动物直接摄取植物的有机物,通过消化、吸收将其转化为自身的生物量。植食性动物的次级生产是生态系统中初级生产转化为次级生产的第一步,是能量和物质流动的初始环节之一。

②肉食性动物的次级生产。肉食性动物通过捕食植食性动物或其他肉食性动物来获取能量和物质,进而转化为自身生物量。这个过程涉及更高营养级的能量传递,能量传递效率较低,但对维持生态系统的多样性和稳定性至关重要。

③分解者的次级生产。分解者通过分解动植物遗体及排泄物中的有机物,将其转化为无机物,并在这一过程中形成自身生物量。分解者的次级生产促进了养分的再循环,是物质循环中的关键环节。

次级生产涉及复杂的生理和生态过程,主要包括以下几个方面。

①摄食和消化。次级生产的第一步是消费者通过摄食获得有机物。摄食的对象可以是植物、动物或者腐烂的动植物残体。不同类型的消费者有不同的摄食策略和消化机制。例如,植食性动物通过咀嚼和消化酶破坏、分解植物细胞壁以获取能量,而肉食性动物则通过消化蛋白质和脂肪来满足其能量需求。

②吸收和代谢。摄食后的有机物被消化道吸收,进入消费者的体内进行代谢。代谢过程包括分解复杂有机分子(如碳水化合物、脂肪、蛋白质)以释放能量,或将其合成为新的组织和细胞。代谢过程中产生的能量一部分用于生物体的生命活动(如运动、呼吸、体温调节等),另一部分则储存在体内,用于形成生物量。

③呼吸和能量损失。在次级生产过程中,呼吸作用是一个重要的能量消耗环节。消费者通过呼吸作用将吸收的有机物中的化学能转化为生物可利用的能量(如ATP),但同时也会损失部分能量(以热能的形式散发到环境中)。这意味着摄取的能量中只有一部分最终转化为生物量,其余的能量在呼吸过程中被消耗掉。

④生长和繁殖。次级生产的最终结果是消费者的生长和繁殖。生长指的是个体生物量的增加,而繁殖则是指生物产生新的个体,并将能量传递到下一代。消费者通过次级生产实现了能量在食物链中的传递,并有助于种群的维持和扩展。

#### 2.2.2.2 次级生产的影响因素

次级生产受多种生态环境因素的影响,这些因素可以通过改变消费者的摄食效率、消化能力、代谢率和繁殖成功率来影响次级生产的效率和总量。主要影响因素如下。

①食物质量和可获取性。次级生产高度依赖于食物资源的质量和数量。高质量的食物(如富含营养的植物或猎物)通常能够更有效地支持消费者的生长和繁殖,而低质量或难以获取的食物则可能限制次级生产的效率。

②温度。温度直接影响消费者的代谢率。较高的温度通常会促进消费者的代谢活动,提高次级生产的速率,但也可能导致更高的能量消耗和较低的生产效率。相反,低温可能限制代谢活动,降低次级生产的速率。

③捕食压力。在生态系统中,捕食者的存在会影响次级生产。高捕食压力可能导致植食性动物或较低营养级的消费者减少,从而间接影响其次级生产的效率和总量。

④栖息地的异质性和复杂性。栖息地的异质性和复杂性会影响消费者的行为和生存机会。复杂的栖息地通常可为消费者提供更多躲避捕食者的机会和更丰富的资源,以支持更高的次级生产效率和总量。

⑤物种间关系。物种间的相互作用(如竞争、共生、寄生)也会影响次级生产。例如,竞争关系可能限制某些消费者的资源获取能力,而共生关系则可能增强次级生产的效率。

### 2.2.2.3 次级生产量的测定方法

次级生产量的测定主要依赖于对消费者群体生长、繁殖以及呼吸消耗等过程的量化。常用的次级生产量测定方法有以下几种。

①个体生长法。通过测量消费者个体在一段时间内的体重或体积增长来估算次级生产量。适用于可以定期测量的动物,如鱼类或昆虫。

②粪便排泄法。通过测量消费者摄入的食物量和排泄的粪便量来计算实际转化为生物量的能量,从而估算次级生产量。

③同位素法。利用同位素标记消费者的食物,追踪同位素在消费者体内的分布,计算能量转化效率来估算次级生产量。

④生物量累积法。通过监测种群生物量的变化,计算出种群的生物量增量,并以此估算次级生产量。

⑤呼吸测定法。测量消费者的氧气消耗量或二氧化碳产生量,结合生长数据来计算次级生产量。

## 2.2.3 生态系统中的分解

### 2.2.3.1 分解的概念和过程

生态系统的分解是指分解者将复杂的有机物分解成简单的无机物,重新释放到环境中,使其能够被生产者重新利用的过程。细菌和真菌是最主要的分解者,它们能够利用多种酶来降解不同类型的有机物。细菌通常负责分解较易降解的物质,如糖和蛋白质,而真菌则更擅长分解纤维素和木质素等较难降解的有机物。

分解过程通常可以分为三个主要阶段。

①初级分解。在这一阶段,一些较大的物质,如枯叶、动物遗体等,首先被大型

分解者如昆虫、蠕虫和一些节肢动物物理性地分解成较小的碎片。这一过程被称为碎屑形成。

②次级分解。在次级分解阶段,微生物(主要是细菌和真菌)对这些碎片进行化学分解。微生物通过分泌各种酶,将复杂的有机物分子如蛋白质、脂肪和纤维素分解成简单的分子。这些分子随后被微生物吸收用于自身的代谢活动,而一部分则以更简单的形式,如二氧化碳、氨和水,重新释放到环境中。

③矿化。最后阶段是矿化过程,复杂有机物中的元素,如碳、氮、磷等,最终被分解为简单的无机形式。这些无机物可以被植物吸收,重新进入植物的生长循环,从而形成一个完整的物质循环过程。

### 2.2.3.2　分解过程的影响因素

**(1)温度**

温度是影响分解过程最重要的因素之一。一般来说,在一定范围内,随着温度的升高,分解速率会加快。这是因为较高的温度能增强微生物的代谢活性和酶的催化效率,从而促进有机物的分解。对于大多数微生物而言,分解速率在中温(20~30°C)时最快。然而,极端高温或低温条件下,微生物的活性会受到抑制,分解过程减缓。在极地或高山地区,气候条件寒冷,分解过程往往非常缓慢,导致有机物在土壤中积累,而在热带地区,分解过程则相对快速。

**(2)湿度**

分解过程需要一定量的水分,因为水是微生物代谢活动的介质,并且酶的活性也依赖于适当的水合作用。在湿润的条件下,土壤中的水分充足,有利于微生物的生长和活动,进而加速分解过程。然而,过多的水分可能导致土壤缺氧,从而限制需氧微生物的活动,转而促进厌氧微生物的分解活动,但厌氧条件下的分解速率通常较慢。干旱条件则会导致微生物的休眠或死亡,从而显著减缓分解过程。

**(3)氧气供应**

大多数分解者(如细菌和真菌)在有氧条件下进行有机物分解,被称为有氧分解。有氧分解通常更高效,因为有氧呼吸比厌氧呼吸释放更多的能量,可支持更高的微生物活性。在缺氧或厌氧条件下,微生物的分解活动会减慢,且代谢产物(如甲烷或硫化氢)可能有毒性,从而影响生态系统的健康。土壤的通气性和湿度共同决定了分解过程中的氧气供应情况。

**(4)有机物的性质**

有机物的化学组成和物理特性对分解过程有重要影响。易分解的有机物,如糖类、淀粉和蛋白质,通常被微生物迅速分解。而复杂的有机分子,如纤维素、木质素和角质素,则需要较长的时间来分解。这是因为这些复杂分子的化学键较难被微生物酶催化断裂。此外,有机物的颗粒大小和物理形态也会影响分解速率。较小的颗粒有更大的比表面积,微生物更容易附着并将其分解;而较大的有机物如木材、落叶则需要更长的时间才能完全分解。

（5）pH值

土壤或水体的pH值直接影响微生物的生长和分解活性。大多数微生物在中性或微酸性环境中（pH值为6～7）表现出最佳的分解活性。pH值过低（强酸性）或过高（强碱性）则会抑制微生物的活性,进而减缓分解过程。例如,酸性土壤中的分解过程通常较为缓慢,这也是酸性泥炭地中有机物大量积累的原因之一。

（6）微生物群落的组成

分解者群落的多样性和组成对分解的效率有着直接影响。不同的微生物分解不同类型的有机物,因此群落的多样性越高,分解的全面性和效率也就越高。此外,不同微生物之间的互作,如竞争、共生和互利共生,也会影响分解的速率。如在某些条件下,某些细菌和真菌的协同作用可以显著提高分解效率。

（7）营养物质的可用性

除了有机物外,微生物还需要氮、磷、硫等无机营养元素来维持生命活动。如果土壤中缺乏这些营养元素,微生物的生长和分解活性会受到限制,从而减缓分解过程。例如,氮是许多微生物合成酶和蛋白质的重要组成元素,如果氮素供应不足,分解效率会明显下降。

（8）生物扰动

生物扰动,如动物的活动,也会影响分解过程。蚯蚓、甲虫和其他土壤无脊椎动物翻动土壤和分解有机物,促进空气和水的流通,如通过物理作用将大块有机物分解为更小的颗粒,增加土壤的通气性和湿度,从而加速分解过程。

## 2.2.4 生态系统中的关键物质循环

### 2.2.4.1 水循环

（1）水循环的基本过程

在生态系统中,物质循环是维持生命活动和生态平衡的重要机制,而全球水循环（亦称水文循环）则是物质循环中最为基础和广泛的过程之一。水循环不仅决定了全球气候的模式,还影响着生物群落的分布和生态系统的功能。全球水循环涉及一系列复杂的过程,这些过程使得水在地球表面和大气之间不断循环流动。主要的环节包括蒸发、凝结、降水、径流、渗透和地下水流动。

蒸发主要是指地球表面水体(如海洋、湖泊、河流)和土壤中的水转变为水蒸气并进入大气的过程。蒸发还包括植物的蒸腾作用,即植物水分通过气孔蒸发到大气中。全球约90%的蒸发发生在海洋上,而其余10%则源于陆地表面的蒸发和植物蒸腾。

当空气中的水蒸气遇到冷空气时,冷却凝结形成水滴,这一过程称为凝结。这些水滴在大气中聚集形成云或雾。凝结是水从气态回归为液态的关键步骤,通常在高空中进行。

当云中的水滴或冰晶聚集到一定程度并超过其所受浮力时,便会以雨、雪、冰雹等形式降落到地表,这一过程被称为降水。降水是大气中的水回归地表的重要途径,是地球上水资源的重要补给来源。

降落到地表的水会以径流的形式流动,最终汇入河流、湖泊或海洋。地表径流受地形、土壤类型和植被覆盖情况的影响,这些因素决定了水如何在陆地上流动和积累。部分径流通过河流返回海洋,完成了水循环的一部分。

部分降水会渗透进地下,补充地下水储备。地下水渗透进土壤和岩层,在地下缓慢流动,最终可能通过泉水或地下径流的形式返回地表水体或海洋。地下水的流动是一个缓慢但至关重要的过程,维持了许多生态系统的水供应,尤其是在干旱地区。

### (2)水循环的意义

全球水循环不仅是地球物质循环的核心部分,还对气候、生态系统和人类社会产生深远的影响。

水循环在调节全球气候中扮演着关键角色。蒸发和降水过程在全球不同区域的差异性,导致了不同气候带和生态区的形成。例如,赤道地区蒸发量大、降水频繁,形成了热带雨林气候;而极地地区蒸发少、降水稀少,形成了寒冷干燥的气候条件。

水是生命之源,所有生物的生长和代谢都离不开水。水循环决定了生态系统中的水资源分布,影响了植物、动物和微生物的分布和繁殖,从而影响了生态系统的功能。例如,湿地生态系统依赖稳定的水供应,而沙漠生态系统则适应了极端的干旱条件。

人类社会高度依赖于水循环提供的淡水资源。农业、工业和日常生活都需要充足的水供应。理解全球水循环、合理进行水资源管理对于确保水资源的可持续利用至关重要。在某些地区,水资源的过度利用和污染已经导致了严重的环境和社会问题,如地下水枯竭、河流断流和湖泊干涸等。

近年来,由于人类活动的影响,全球水循环的自然平衡受到了一定程度的扰动。气候变化导致的温度升高加剧了蒸发量,改变了降水模式,导致某些地区面临更加严重的干旱或洪涝。此外,城市化、工业排放和农业灌溉等活动导致的水资源过度开发和污染,也在一定程度上影响了全球水循环的正常进行。

### 2.2.4.2 碳循环

#### (1)碳循环的基本过程

碳是构成生物有机体的最重要元素,碳循环不仅影响了全球气候,也决定了生态系统的碳储量和生物生产力。因此碳循环研究是生态系统物质循环研究的核心问题。碳循环的动态平衡对维持地球的气候稳定和生态系统的正常运转至关重要。碳循环失衡所导致的气候变化,已经对社会经济、农业生产、人体健康和安全等多个方面产生了深远影响。因此,理解和调节全球碳循环,特别是减少人为碳排放,是应对气候变化和保护地球生态系统的关键措施。

碳循环涵盖了碳在不同地球生态系统中的迁移过程,包括碳的固定、释放和再循环。主要的过程有光合作用、呼吸作用、分解作用、海洋吸收与释放,以及岩石风化和火山活动等。

①光合作用。光合作用是碳进入生物圈的主要途径。植物、藻类和某些微生物通过光合作用将大气中的二氧化碳和水转化为有机物(如葡萄糖)和氧气。这一过程固定了大量的碳,并将之储存在植物体内和土壤中,形成了陆地碳库。

②呼吸作用。呼吸作用是指植物、动物和微生物在代谢过程中将有机物氧化分解,释放出能量并将碳重新释放到大气中的过程。这一过程是碳从生物圈返回大气的重要途径。

③分解作用。分解者将动植物残体及排泄物中的有机碳分解成简单的化合物,并释放二氧化碳到大气中。分解作用不仅是碳循环的关键环节,也为生态系统提供了必需的养分。

④海洋碳循环。海洋是地球上最大的碳库之一,吸收了大气中大量的二氧化碳。二氧化碳被海洋吸收后,通过一系列化学反应形成碳酸盐和碳酸氢盐。一部分碳被海洋生物固定在有机物中,通过食物链向上传递,最终沉积在海底,形成沉积碳库。海洋碳循环还包括大洋的物理泵和生物泵,这些过程将表层的碳输送到深海以长期储存。

⑤岩石圈碳循环。岩石圈中也储存有大量的碳,主要以碳酸盐矿物和化石燃料的形式存在。通过岩石风化、火山喷发和人类活动(如燃烧化石燃料),碳可以从岩石圈释放到大气中,参与大气碳循环。

### (2)碳循环的影响因素

全球碳循环受到多种自然和人为因素的影响,主要包括气候变化、土地利用变化和海洋酸化。气温升高会加速高纬度地区永久冻土中有机碳的释放,并影响海洋的碳吸收能力,导致碳循环失衡。土地利用的变化,如森林砍伐、农业扩张和城市化,破坏了重要的碳库,增加了大气中的二氧化碳浓度。此外,海洋酸化改变了海洋中的碳化学平衡,影响了碳酸盐矿物的形成,从而削弱了海洋生物的碳固定能力。这些因素共同作用,对全球碳循环和气候系统产生了深远的影响。

在自然状态下,全球碳循环通常处于动态平衡中,即通过各种过程固定和释放的碳总量大致相等。然而,随着人类活动的增加,特别是化石燃料的燃烧和大规模的森林砍伐,碳循环的平衡被打破。自工业革命以来,化石燃料燃烧将大量储存在地下的碳迅速释放到大气中,导致大气中二氧化碳浓度显著增加,进而引发全球气候变化。

### 2.2.4.3 氮循环

#### (1)氮循环的基本过程

全球氮循环在维持生态系统生产力和生物多样性中具有重要的生态意义。首先,氮是构建生物体基本组成部分的必要元素,决定了生态系统的初级生产力。其次,氮的有效循环和利用有助于维持食物链的稳定,支持各种生物的生存和繁衍。氮循环的失衡,例如氮的过量输入或流失,会导致生态系统退化、物种多样性下降,并对全球气候产生负面影响。

氮是生命活动的基础元素之一,在蛋白质、核酸等重要生物分子中起着关键作用。然而,大气中的氮主要以氮气形式存在,占据了地球大气的78%左右,但大多数生物无法直接利用这一形式的氮。因此,氮循环的基本过程包括将大气中的氮气转化为生物可利用的氮化合物,再通过各种途径在生物体和环境中循环。

①固氮。固氮是将大气中氮气转化为氨($NH_3$)的过程,主要通过两种方式实现——生物固氮和工业固氮。生物固氮是指固氮微生物,如根瘤菌、蓝藻等,利用固氮酶将氮气转化为氨,再进一步形成铵盐,供植物利用的过程。工业固氮则是通过哈伯-博施法(Haber-Bosch process),在高温高压下让氮气与氢气反应生成氨,用于生产化肥。

②硝化作用。在土壤和水体中,氨通过硝化细菌的作用转化为亚硝酸盐($NO_2^-$),并进一步氧化为硝酸盐($NO_3^-$)。这些硝酸盐是植物最主要的氮源,通过根系吸收进入食物链。

③同化作用。植物吸收硝酸盐或铵盐,将其转化为有机氮化合物,如氨基酸和

蛋白质。动物通过食物链摄入这些有机氮化合物,并在体内进行代谢,维持生命活动。

④反硝化作用。在厌氧条件下,土壤中的反硝化细菌将硝酸盐还原为氮气或一氧化二氮($N_2O$),并将它们重新释放回大气,完成氮的循环。

⑤分解作用。动植物残体和排泄物中的有机氮通过分解者的作用被转化为氨,进入土壤。这一过程又称为氨化作用,所形成的氨可以再次经硝化作用或直接被植物利用。

**(2)氮循环的影响因素**

氮循环的影响因素可以从自然因素和人为因素两大方面进行分析,这些因素共同作用,决定了氮在全球范围内的分布和流动。

①气候条件,包括温度、降水和湿度等。温度是影响生物固氮、硝化作用、反硝化作用等过程的关键因素。较高的温度通常会加速微生物的代谢活动,从而提高这些过程的速率。降水量则会影响土壤的湿润程度,进而影响硝化和反硝化过程的发生率。降水过多可能导致氮的淋溶,使得硝酸盐等氮化合物从土壤中流失,进入水体,增加水体的氮负荷。气候变化对全球氮循环的影响正在逐渐显现。全球变暖导致气温升高,可能加速土壤中氮的转化过程,从而改变氮在生态系统中的分布。极端气候事件,如洪水和干旱,也会通过改变土壤湿度和植被状况,影响氮的流动和存储。此外,气候变化引发的海洋酸化和海平面上升也可能改变海洋中的氮循环动态。

②土壤的性质。富含有机质的土壤通常具有较高的固氮能力,因为有机质为固氮微生物提供了必要的营养来源。土壤的pH值则影响微生物的活性。中性或弱碱性土壤最适合硝化细菌的生长,有利于硝化作用的进行;而酸性土壤则可能抑制硝化作用,导致铵态氮的积累。土壤的通气性和含水量也影响了反硝化作用的发生,缺氧环境中反硝化作用更为活跃,这增加了氮气的释放。

③植被类型和覆盖率。植物通过根瘤菌等固氮微生物将大气中的氮转化为有机氮,并通过叶片、根系的生长和微生物的分解过程将氮释放到土壤中。不同植物群落的固氮能力差异较大,例如豆科植物的固氮能力明显强于非豆科植物。此外,植被的覆盖率影响土壤侵蚀程度和水分保持能力,从而间接影响氮的积累和流失。

④农业活动。农业活动是影响全球氮循环的最主要人为因素之一。作为由人管理的半自然生态系统,农业生态系统具有强烈的目的性,即产出足够多的粮食以满足人类的需求。如何产出足够的粮食来解决人类的饥饿问题,是当前和未来农业生态系统需要解决的头等问题。20世纪之前,扩张农业用地以及选育高产作物是提

高农业生态系统生产力的主要手段。但随着人口增加,生活用地与农业用地的竞争愈发激烈。在单位面积上产出更多的粮食,成为保障粮食安全的主要方法。在农业生态系统中,大部分非豆科类植物每产出1kg干物质需要通过根系吸收20~50g氮,土壤氮素供应不足是限制农业生态系统中作物生产的主要因素。18世纪初,随着哈伯-博施法的发展以及合成氮肥的量产,大量的氮素化肥被应用到农业生产中并取得显著成效。在过去50年里,农业用地面积仅增加了30%,禾谷类粮食作物的产量增加了3倍。在自然生态系统中,土壤中的氮被植物吸收利用后通过根、茎、叶等以有机态氮的形式归还到土壤中,维持着土壤氮库氮素含量的动态平衡。在农业生态系统中,高的作物产量意味着相当一部分土壤氮素在作物收获时通过地上部分被带走而不是返回到土壤中,特别是在集约化农业生产系统中,土壤氮素的损耗发生得非常迅速。

⑤工业活动。工业活动,特别是化石燃料的燃烧,向大气中排放了大量氮氧化物。这些氮氧化物通过降水过程进入生态系统,增加了氮的沉降量,改变了土壤和水体中的氮平衡。工业生产中的氮排放还会导致酸雨的形成,对植被和水体造成负面影响,破坏生态系统的氮循环。

⑥土地利用的变化。城市化、湿地开发和森林砍伐等土地利用,都会对氮循环产生重大影响。城市化通常伴随着不透水表面的增加,减少了土壤的渗透,导致雨水径流增加,氮从土壤中被冲刷到水体中,改变了当地的氮循环动态。湿地的开发会破坏自然的反硝化过程,减少氮气的释放,导致水体中硝酸盐的积累。森林砍伐不仅减少了固氮植物的数量,还增加了土壤的侵蚀和氮的流失。

### 2.2.4.4 磷循环

#### (1)磷循环的基本过程

磷循环在全球生态系统的物质循环中占有重要地位,尽管磷在生物体内的含量仅为体重的1%左右,但它对于维持生物体的正常生理功能至关重要,是核酸、细胞膜、能量(如ATP)传递系统和骨骼的关键组成元素。由于磷在水体中容易沉降,因此它通常成为限制水体生态系统生产力的重要因素。

全球磷循环主要涉及磷从岩石圈释放,进入生物圈,再返回到岩石圈或沉积物中的过程。磷循环的起点通常是岩石风化,磷酸盐矿物在岩石风化过程中释放出磷元素,这些磷通过降水和河流携带进入土壤和水体中。植物吸收土壤中的磷,来合成DNA、RNA、磷脂和ATP等重要生物分子。植食性动物通过食用植物获取磷,再通过食物链传递给其他消费者。动物的排泄物和植物的凋落物会将磷归还到土壤中,微生物分解这些有机物,将有机磷转化为无机磷,使其可再次被植物吸收。

水体中的磷循环较为复杂,湖泊、河流和海洋中的磷主要以磷酸盐形式存在。一部分磷被水生植物和藻类吸收,支持其生长繁殖;磷也通过食物链传递至更高的营养级,最终通过动物排泄物和生物体的分解返回水体。由于磷酸盐的溶解度较低,部分磷在水体中沉降并积累在沉积物中,形成难以再循环利用的磷库。

（2）磷循环的影响因素

①地质活动。火山喷发和地壳运动等地质活动可以将深层岩石中的磷带到地表,通过风化作用释放到生态系统中。此外,构造板块运动也会影响海洋沉积物中的磷库分布和再利用。

②气候条件。气候条件,如降水量和温度,直接影响岩石风化速率和土壤侵蚀程度,从而决定磷的释放和运输速率。高温高湿的环境通常会加速岩石风化,增加土壤中的可利用磷含量。

③土地利用和农业实践。人类的农业实践对磷循环有显著影响,如化肥的大量使用增加了土壤中的磷含量,但大量的磷也在降雨后被冲刷到河流和湖泊中,造成水体富营养化。土壤侵蚀加剧时,更多的磷被携带进入水体,增加了水体中磷的负荷。

④水体的物理化学条件。水体的温度、pH值和氧化还原状态也会影响磷的循环。如在富氧环境下,磷容易与铁结合沉淀;而在缺氧环境中,这些沉淀的磷可能会被释放回水体中,导致水体磷浓度升高。此外,在水体流动性强的区域,磷的再沉降速率较低,更多的磷会保留在水体中,供水生生物利用。

⑤生物活动。生物的摄食和排泄活动也会影响磷的分布和循环。水生植物和藻类在生长过程中吸收大量的磷,但当这些生物死亡后,其体内的磷会沉降到水体底部,逐渐被埋藏,形成长期的磷库。

磷循环对生态系统的生产力具有决定性作用。由于磷的供应通常受到限制,它在很大程度上决定了陆地和水生生态系统的初级生产力。在水体,尤其是淡水湖泊和河流中,磷的缺乏会限制藻类的生长,从而影响整个食物链的能量传递和生态平衡。然而,过量的磷输入,特别是由于农业和城市污水排放导致的磷过量,会引发藻类过度繁殖,导致水体缺氧、鱼类死亡等生态问题。

# 2.3　生态系统的功能

## 2.3.1　生态系统的反馈调节和生态平衡

生态系统的反馈调节和生态平衡是维持生态系统稳定性和持续性的关键机制。

反馈调节是指生态系统通过各个组成部分之间的相互作用和影响,自我调节、修复,并在面对环境变化时维持一定的平衡状态。生态平衡则是生态系统在反馈调节下达到的一种动态稳定状态。在这种状态下,各种生物和非生物成分之间的关系相对稳定,系统的基本功能得以维持。

### 2.3.1.1 反馈调节的机制

生态系统的反馈调节分为正反馈调节和负反馈调节两种类型,它们在维持系统动态平衡方面起着不同的作用。正反馈调节指的是某一变化引起系统中同一方向的进一步变化,从而可能导致系统的不稳定。一个典型的正反馈例子是永久冻土融化与全球变暖之间的关系。随着全球气温上升,北极和其他寒冷地区的永久冻土开始融化。永久冻土中储存着大量的甲烷和二氧化碳等温室气体,这些气体随着冻土的融化释放到大气中,进一步增强了温室效应,导致全球气温继续上升。更高的气温加速了更多永久冻土的融化,释放出更多的温室气体,从而形成了一个不断自我增强的循环。这种正反馈调节机制会加快气候变化的进程,可能导致生态系统的严重失衡和全球环境的进一步恶化。正反馈调节的自我增强特性使其尤为危险,因为它能够在短时间内引发剧烈的、难以逆转的环境变化。

相比之下,负反馈调节机制则有助于生态系统的自我调节和稳定性。负反馈调节是指系统中某一变化引发了抵消该变化的反应,从而抑制或逆转原有的变化趋势,恢复系统的平衡状态。例如,生态系统中植物与大气二氧化碳浓度之间就存在负反馈调节的关系。当大气中的二氧化碳浓度升高时,植物会通过光合作用吸收更多的二氧化碳来制造有机物。这不仅有助于植物的生长,也在一定程度上减少了大气中的二氧化碳浓度。随着植物生长加快,植被覆盖增加,进一步吸收并固定大气中的二氧化碳,生态系统中的碳储量也随之增加。这个过程有助于减缓二氧化碳浓度上升的速度,起到调节气候的作用。然而,当二氧化碳浓度因光合作用下降到一定水平时,植物的生长速度可能趋于稳定或减慢,对二氧化碳的吸收量减少。这样,大气中的二氧化碳浓度又会开始回升,植物的光合作用再次增强,从而形成一个动态平衡的过程。这种负反馈调节机制通过调节大气二氧化碳浓度,帮助维持生态系统和气候的稳定,有助于防止极端的气候变化对生态系统造成过度破坏。

### 2.3.1.2 生态平衡的概念与维持

生态平衡是一种动态平衡状态,指生态系统中各种生物成分和非生物成分之间的相互作用处于相对稳定的状态,是生态系统在各种外界干扰和内部反馈作用下不断调整的结果。当生态系统受到外界的干扰,如自然灾害、人类活动等,系统会通过反馈调节机制做出反应,逐渐恢复到新的平衡状态。

维持生态平衡的关键在于生物多样性和功能冗余性。生物多样性是指生态系统中物种的丰富程度和基因的多样性。生物多样性越高,生态系统的稳定性就越强,因为在多样化的物种和基因库中,总有一些物种能够在环境变化时存活下来,并维持系统的功能。例如,草地生态系统中存在多种植物和植食性动物,即使某一种植物由于气候变化而减少,其他植物仍然可以通过竞争占据生态位,从而保证草地的整体功能不受严重影响。

功能冗余性是指生态系统中不同物种可能在功能上具有相似性,这些物种可以相互替代。当某一物种因某种原因减少或消失时,具有相似功能的物种可以填补其生态位,维持系统的功能和稳定性。例如,在一个草地生态系统中,不同种类的植食性动物可能以相似的植物为食,如果其中一种动物的数量减少,其他种类的动物可以增加对这些植物的利用,防止植物过度生长而影响生态平衡。

### 2.3.1.3 反馈调节与生态平衡的关系

物质循环是生态系统内生物与环境间能量和养分流动的基础,而反馈调节在其中起着关键作用。以氮循环为例,土壤中的氮素含量会直接影响植物的生长速率,而植物生长又会影响土壤中氮素的回归。例如,植物大量吸收氮素会减少土壤中的氮素浓度,氮素浓度降低后,植物生长减缓,形成负反馈机制。然而,如果外界输入过多氮素(如化肥的使用),则可能打破这种平衡,导致氮素流失或环境污染。类似的反馈调节机制也存在于碳循环和磷循环中。例如,植物通过光合作用和呼吸作用调节碳的固定和释放,而这些过程受环境因素如温度和光照的影响。当生态系统中碳的积累速度超过分解和释放的速度时,正反馈机制可能导致大气中二氧化碳浓度上升,进而影响气候变化。

在生态系统中,不同物种之间的相互作用,如捕食关系、竞争关系和共生关系,也通过反馈调节维持着生态平衡。例如,在捕食者和被捕食者之间存在一个复杂的反馈调节系统。当被捕食者数量增加时,捕食者的数量也会随之增加,这会导致被捕食者数量减少;然而,当被捕食者数量下降到一定程度时,捕食者的食物来源减少,其数量也会随之减少,从而给被捕食者种群恢复的机会,在这个过程中形成了一个动态的平衡状态。这种反馈调节也可以通过其他行为和生理机制来实现。例如,某些捕食者在食物短缺时会减少活动量或转向其他食物资源,而被捕食者则可能通过迁移、隐蔽或繁殖策略来应对捕食压力。种群之间的这种动态反馈调节,有助于维持生态系统中的物种多样性和生态平衡。

环境生态工程导论

## 2.3.2 生态系统的复杂性和动态变化

生态系统的复杂性和动态变化是其本质特征,与反馈调节和生态平衡密切相关。这些特性共同影响着生态系统的稳定性和持续性,同时也揭示了其脆弱性和动态平衡的特征。在研究生态系统的过程中,理解其复杂性和动态变化对于预判和应对环境变化至关重要。

生态系统的复杂性体现在其组成部分的多样性以及这些组成部分之间相互作用的网络结构上。生态系统包含了生产者、消费者、分解者等多种生物成分,以及光、温度、水分、营养物质等多样的非生物成分。这些成分之间通过能量流动、物质循环和信息传递紧密联系,形成了复杂的生态网络。这种复杂性赋予了生态系统一定的韧性,使其能够通过多种途径应对外部扰动。例如,当某一物种数量急剧减少时,生态系统中的其他物种可能会调整自身行为或种群数量,在一定程度上弥补这一空缺,从而维持系统的整体稳定性。这种调节机制通常依赖于生态系统内部的多重反馈机制。

生态系统的复杂性和动态变化与反馈调节机制是相辅相成的。正是由于这种复杂性,生态系统能够在面对外部变化时,通过多重反馈机制进行自我调节,维持生态平衡。而生态系统的动态变化则推动了系统的不断演变和进化,使得系统能够适应新的环境条件。例如,在一个复杂的森林生态系统中,树木、草本植物、昆虫、鸟类、土壤微生物等构成了一个多层次的相互作用网络。某一层次发生的变化会通过反馈机制影响到其他层次,如昆虫数量增加或减少会影响鸟类的食物供应或植物的传粉效率。这种多层次的反馈作用使得森林生态系统能够在面对气候变化、物种入侵或其他外部扰动时,保持相对的稳定性和持续性。

然而,当外部扰动超出系统的调节能力,或者内部的复杂性被极大简化时,生态系统可能会失去其平衡,进入一个新的,甚至是退化的状态。例如,过度砍伐森林可能导致土壤流失、水循环破坏,从而打破原有的生态平衡,使系统无法恢复到原有的状态。

## 2.3.3 人类活动对反馈调节和生态平衡的影响

人类活动对生态系统的反馈调节和生态平衡有着深远的影响。大量的森林砍伐、土地开发和污染排放等活动,常常会破坏生态系统的反馈调节机制,导致生态平衡失调。例如,过度捕捞导致海洋中某些鱼类数量急剧下降,打破了原有的食物链结构,影响了整个海洋生态系统的稳定性。

此外,气候变化也在不断改变生态系统的反馈调节模式。温度升高、降水模式改变和极端天气事件频发,使得许多生态系统难以通过传统的反馈调节机制恢复平衡。例如,极端干旱可能导致草地生态系统中的植物大量死亡,从而使植食性动物和其捕食者的数量急剧减少。在这种情况下,传统的负反馈调节机制可能无法及时恢复系统平衡,从而导致生态系统崩溃或转变为另一种状态。

# 2.4　生态系统与人类生存发展

空气污染是人类活动对生态系统影响的一个重要方面。工业排放、汽车尾气和燃烧化石燃料释放出的污染物如二氧化硫、氮氧化物和颗粒物等,导致空气质量恶化。空气污染不仅导致了大量呼吸道疾病,如哮喘和慢性支气管炎,还影响了人们的日常生活和心理健康。

在2023年秋季,印度新德里由于季节性农田焚烧、工业排放和交通污染的叠加,空气质量急剧下降,空气质量指数在多个地区飙升至"严重"级别,每立方米空气中的颗粒物甚至一度突破了$500\mu g$,这是一种极端危险的污染水平。新德里的空气污染被形容为"毒性雾霾",严重影响了居民的呼吸健康和生活质量。这次雾霾事件导致呼吸道疾病急剧增加。医院报告显示,空气污染引发的呼吸道感染、哮喘发作和心血管问题的患者显著增多。尤其是儿童和老年人群体,因其身体较为脆弱,受到了更大的健康威胁。新德里的学校被迫停课,政府建议居民尽量待在室内以减少暴露。此外,空气污染还导致了交通能见度下降(图2.3),增加了交通事故的风险。严重的雾霾使得城市的日常活动受到极大干扰,对经济活动也产生了显著的负面影响。例如,商业活动和物流运输因能见度下降和交通受阻受到了严重影响;医疗开支和健康问题导致的工作损失增加。这一事件的发生不仅揭示了空气污染的现状,还凸显了空气质量下降对环境和社会的复杂反馈效应。

人类活动对生态系统的影响深远而复杂,尤其是人类活动造成的环境污染。环境污染不仅对生态系统造成直接伤害,还通过一系列反馈机制对人类生存和发展产生深远的影响。空气、水体和土壤的污染不仅直接威胁着人类的健康,引发呼吸道疾病、中毒事件和其他健康问题,还破坏了自然资源的可持续利用,导致农业减产、饮用水短缺和生态服务功能衰退。这些环境问题最终会阻碍社会经济的发展,加剧贫困和不平等,迫使人类为应对污染带来的长期挑战投入更多资源,进而影响人类社会的可持续发展。

图2.3　新德里重度雾霾事件

生态系统修复旨在恢复受损环境的功能和稳定性,但仅靠修复措施不足以长期维持生态平衡。保护和管理措施对于确保修复成果的可持续性至关重要。有效的保护和管理能预防新污染源的产生、控制外来物种入侵,并保障生态系统的长期健康和稳定,从而维持生态系统的生态服务功能,为人类提供稳定的生态支持。

【思考题】

1.如何理解生态系统中的能量流动与物质循环?试举例说明不同生态系统中的能量传递过程。

2.为什么食物链和食物网是理解生态系统复杂关系的关键?请结合实例分析食物网的动态平衡。

3.在草地生态系统中,气候变化对生产者和消费者之间的关系会产生什么影响?试从能量流动的角度分析。

4.生态系统的自我调节机制有哪些?在自然灾害或人为干扰后,生态系统如何恢复平衡?

5.如何通过生态系统的研究为全球环境问题提供解决思路?请结合碳循环、氮循环等重要概念进行阐述。

6.全球气候变化对不同类型的生态系统有何影响?请分析森林、湿地和海洋生态系统的应对机制。

7.请结合所学,分析生态系统服务与人类福祉之间的关系,并说明如何在经济发展中实现生态系统的可持续管理。

8.当前的环境保护政策如何与生态系统的可持续性研究相结合? 试从生态学角度提出相关建议。

# 第3章　环境生态工程的原理、设计与管理

【基于OBE理念的学习目标】

**基础知识**：通过对环境生态工程基本原理(包括生态学原理、工程学原理和经济学原理)的学习,学生将掌握环境生态工程的核心概念,理解生态系统的多层次结构与功能,以及如何在环境生态工程中应用这些基本原理进行生态修复、资源管理和环境保护。

**理论储备**：学生将深入理解环境生态工程的理论框架与实践基础,特别是生态系统的层次性、物质循环与能量流动等理论;通过探讨生态系统的复杂性与动态平衡特性,能够分析生态系统在不同环境条件下的适应与变化情况。

**课程思政**：通过学习本章内容,学生应树立绿色发展理念,增强生态文明意识,理解环境保护与社会经济发展的紧密联系,并具备将环境保护融入社会建设与经济发展的责任感和使命感。

**能力需求**：通过学习本章内容,学生应具备对复杂生态系统的系统分析能力,能够结合生态学、经济学和工程学知识,设计可行的环境生态工程方案;同时,学生还需要具备数据分析与模型应用的能力,以科学的方式评估环境工程项目的可行性与效果,并能在工程实践中实施创新性解决方案。

## 3.1　环境生态工程的基本原理

在环境生态工程的发展过程中,始终贯穿着一些核心的基本原理,这些原理不仅为理论框架的建立提供了坚实的基础,也为实践应用指明了方向。概括而言,环境生态工程的基本原理主要包括生态学原理、工程学原理和经济学原理。这三大原理相互交织,共同支撑着环境生态工程的有效实施与持续发展。

## 3.1.1　环境生态工程的生态学原理

### 3.1.1.1　层次性原理

层次性原理是生态学和环境生态工程中的一个重要概念,它描述了生态系统的多层次结构及其在不同尺度上的功能表现。在研究生态系统时,研究人员发现,生态系统并不是一个简单的、同质的整体,而是由许多不同层次的单元构成的。这些单元包括个体生物、种群、群落,甚至其他复杂的生态系统。这种层次性使得生态系统具有复杂的相互作用网络,并在不同层次上表现出独特的结构和功能特征。理解这些层次是有效管理和保护生态系统的关键,尤其是在环境生态工程中,充分利用和调控这些层次,可以实现生态系统的恢复和可持续利用。

层次性原理认为,生态系统由不同层次的组织单元构成,每个层次在功能上相互依赖并形成一个有机的整体。在这些层次中,最小的单位是个体生物,它们通过物质、能量和信息的流动与其他个体及环境相互作用,形成种群。多个种群相互作用并与非生物环境交织在一起,构成了更高层次的群落和生态系统。在每一个层次上,生物和非生物因素都发挥着特定的作用,并通过复杂的反馈机制影响整个生态系统的动态平衡。

①个体层次。个体是生态系统中最基本的生物单位,每一个个体都有其特定的遗传信息、行为模式和生理特性,这些特性决定了个体如何与环境及其他生物相互作用。个体的行为和生理过程,如觅食、繁殖和迁徙,不仅影响其自身的生存和繁衍,也影响所在种群的动态。

②种群层次。种群是指在特定时间和空间内,由同种生物个体组成的集合。种群的数量和结构随时间的推移而变化,这种变化受到出生率、死亡率、迁入率和迁出率的影响。种群的动态是生态学研究的核心内容之一,它直接关系到物种的存续和生态系统的稳定性。在环境生态工程中,理解种群的动态变化有助于制定有效的管理和保护策略。

③群落层次。群落是由多个种群组成的生态单位,这些种群通过食物链、食物网等多种关系相互作用,形成了一个复杂的生态网络。群落的结构和功能受物种多样性、物种间的相互作用、资源的分布和环境条件的共同影响。群落的稳定性和健康对于整个生态系统的功能至关重要。

④生态系统层次。生态系统是群落与其非生物环境的综合体,它包括生物成分(如植物、动物、微生物)和非生物成分(如水、土壤、空气)。在生态系统层次上,物质和能量循环流动,通过捕食和生物地球化学循环等过程实现生态系统的平衡与持

续。生态系统的功能包括物质生产、分解作用、气候调节、水资源管理等,这些功能共同维护了地球生命的活动。

⑤景观和生物圈层次。在更大的尺度上,景观由多个相互关联的生态系统组成,而生物圈则涵盖了地球上所有的生态系统。这些更高层次的单位反映了生物与其环境在全球范围内的相互作用与联系。在环境生态工程中,研究这些相互作用与联系有助于理解全球生态系统的整体功能及其应对环境变化的能力。

层次性原理认为,构成客观世界的每个层次都有其特定的结构和功能,这些层次能够作为独立的研究对象和单元存在。在环境生态工程中,层次性原理的重要性尤为突出。每个层次在其特定的位置上都发挥着不可替代的作用。对每个层次的研究都有助于全面理解生态系统的整体功能,但单一层次的研究无法替代对其他层次的深入认识。因此,在环境生态工程的设计与调控过程中,必须合理运用层次性原理,精心配置和协调各个生物,使其在各自的层次上发挥最佳作用。这不仅涉及物种的多样性,还涉及它们之间的相互作用和生态系统的整体功能。通过这种方式,可以构建一个多样化、稳定且高效的生态系统,有效地处理各种环境问题。

层次性原理强调关注事物在整个层次结构中的位置及其与其他事物的联系。为我们在环境生态工程中进行综合性研究和人工模拟提供了重要的指导。坚持层次性原理,才能实现对生态系统的全面认识,从而推动生态系统的可持续发展,确保环境问题的解决更加科学和有效。

### 3.1.1.2　生物多样性原理

生物多样性原理强调基因、物种和生态系统的多样性对生态系统稳定性、生产力和适应性的重要性。它体现了地球生命的丰富性,与生态系统的健康和功能紧密相关。高生物多样性通常意味着生态系统适应能力强,能抵御环境变化和外部压力。因此,生物多样性原理在生态恢复、保护和管理项目中得到广泛应用。

生物多样性包括基因多样性、物种多样性和生态系统多样性三个层次。基因多样性指的是物种内部的遗传变异,是物种适应环境和进化的基础。物种多样性涉及不同物种的数量和各物种个体分布的情况,是生态系统结构和功能的基础。生态系统多样性反映了生态系统类型的多样性、空间分布及其支持物种生存繁衍、提供生态服务的功能,对全球生态平衡和人类生存至关重要。

生物多样性与生态系统的稳定性有着密切的联系。生态学研究表明,生物多样性越高的生态系统往往具有更强的稳定性,能够更好地应对环境变化和外界干扰。这种稳定性主要体现在以下几个方面。

①抵抗力与复原力。具有高生物多样性的生态系统在面对干扰时往往表现出

更强的抵抗力和复原力。例如,当一个生态系统中的某些物种受到气候变化或人类活动影响时,高生物多样性可以确保其他物种能够填补这些物种的生态位,从而维持生态系统的整体功能。反之,物种多样性较低的生态系统在遭受干扰后,往往难以恢复,甚至可能面临崩溃。

②功能冗余。功能冗余是指多个物种能够执行相同或类似的生态功能。在高生物多样性的生态系统中,当某一物种消失或功能减弱时,其他具有相似功能的物种能够继续执行该功能,从而维持生态系统的稳定性。例如,在森林生态系统中,不同树种可以通过相似的光合作用过程为整个生态系统提供能量,即使某些树种受到打击,其他树种仍能确保生态系统的持续生产力。

③食物网复杂性。生物多样性丰富的生态系统通常具有复杂的食物网结构,其中包括多样化的食物链和种间关系(如捕食、竞争、共生等)。这种复杂性使得生态系统在面对物种消失或波动时,能够通过调整种间关系维持整体的生态平衡。复杂的食物网结构还可以防止某一物种过度扩张,从而避免生态系统的失衡。

### 3.1.1.3　限制因子原理

限制因子原理最初由德国化学家尤斯图斯·冯·李比希(Justus von Liebig)在19世纪提出,通常被称为"最小因子定律"或"李比希最小定律"。该原理指出,在生态系统中,某一关键条件的不足会限制物种的生长、繁殖和分布,而无论其他条件多么有利,只有该关键条件得到满足,生态系统才能正常运作。在环境生态工程中,限制因子原理的应用不仅有助于理解生态系统的复杂性,还为生态修复、资源管理和可持续发展提供了理论基础。

限制因子原理是基于对生态系统中资源分布和利用的深入理解得出的。在生态系统中,每个物种的生存和繁殖都依赖于一系列的环境条件,这些条件包括光照、水分、温度、营养物质、空间和其他资源。如果这些条件中的某一个或多个在某一时刻或某一地点变得稀缺,该条件就会成为限制因子,决定物种的分布范围和生态系统的整体功能。如在陆地生态系统中,常见的限制因子包括水分、光照、温度和土壤养分。这些因素在不同的地理区域和生态系统中起着不同作用。限制因子原理在环境生态工程中具有广泛的应用,它为设计和管理可持续的生态系统提供了科学指导。通过识别和管理生态系统中的限制因子,可以有效提高生态系统的功能性、稳定性和恢复能力。

### 3.1.1.4　边缘效应原理

边缘效应是指在两个或多个不同生态系统或生境的交界区域,由于不同生态系统或生境的相互作用,这些边缘区域往往表现出比核心区域更高的生物多样性和生态功能。这些边缘区域可以是自然形成的,也可以是人为活动(如农业、林业活动或城市化)产生的。边缘效应的强度和表现形式取决于边缘区域的物理和生物特性,以及周围生态系统之间的相互作用。边缘效应的核心在于边缘区域的多样性,这里既包含来自不同生态系统的物种和资源,又创造了独特的微环境,因而往往会成为物种多样性和生态互动最为丰富的地方。

边缘效应通常包括以下几个方面。

①物种多样性增加,由于边缘区域共存有来自不同生态系统的物种,故该区域的物种多样性往往高于单一生态系统的核心区;此外,边缘区域还可能吸引一些专门适应边缘环境的物种,进一步增加物种丰富度。

②生态功能增强,边缘区域通常具有更复杂的生态结构和更丰富的资源,为物种提供多样的生境和食物资源,这促进了不同物种之间的生态互动,如捕食、竞争和共生,增强了生态系统的整体功能。

③有利于微环境的形成,边缘区域由于其独特的位置,常常形成与核心区域不同的微环境条件,如温度、湿度、光照和土壤特性较核心区域有所变化;这些微环境条件为特定物种提供了适宜的生境,有助于维持物种的多样性和生态系统的复杂性。

边缘效应原理在环境生态工程中具有广泛的应用,它为设计和管理可持续的生态系统提供了重要的指导原则。通过创造、管理边缘区域,可以有效提升生态系统的生物多样性、生态服务功能和稳定性。

### 3.1.1.5 自然调控原理

自然调控原理是指生态系统通过生物、物理和化学过程的协同作用,形成反馈调节网络以维持稳态。这一原理通过负反馈调节、生物间相互作用和物质循环等途径,使生态系统能够自适应环境变化与外界干扰。在环境生态工程实践中,深入理解并应用自然调控原理,不仅能提升环境生态工程设计的前瞻性和可持续性,更能显著增强生态系统的服务功能与韧性,对构建"基于自然的解决方案"具有关键指导价值。

生态系统的自然调控机制涵盖生物调节、物质循环、能量流动、生态位和栖息地几个方面,可以根据其作用范围和影响因素的不同进行分类。以下是几种主要的自然调控机制。

①种群调控。种群调控机制包括捕食、竞争和共生等相互作用。这些互动会影响物种的种群动态,从而调节生态系统的稳定性。例如,捕食者通过捕食猎物控制猎物的种群数量,防止其过度繁殖对生态系统造成负面影响。物种间的资源竞争也

会影响物种的生长和繁殖,从而调节种群数量和群落结构。

②物质和能量流动调控。物质循环与能量流动的协同调控机制,通过生物代谢(如生产者-消费者-分解者级联)与非生物因子(如气候、水文)的耦合作用,形成动态平衡网络,从而维持生态系统的结构与功能稳定。例如,植物通过光合作用将太阳能转化为化学能,并将其储存在有机物中,供给消费者和分解者使用。分解者通过分解有机物释放养分,供植物再利用,从而维持物质和能量的循环。

③环境调节。环境调节机制包括气候调节、水文调节和土壤调节等。生态系统中的植物和土壤可通过蒸散、降水和土壤湿度动态等过程调节局部环境条件。例如,森林中的植物通过蒸散作用增加空气湿度,调节气候,并通过发达的根系网络与土壤有机质协同调控土壤水分和养分。

④生态位调节。生态位调节机制是指生态系统通过物种的功能角色和资源利用来实现自我调节。物种通过适应特定的生态位,利用不同的资源和生境,来减少资源竞争和生态位重叠。例如,森林中的树木通过改变根系深度和叶片结构适应不同的光照和水分条件,从而提高生态系统的生产力和稳定性。

自然调控原理是环境生态工程和生态学研究中的一个核心概念,它为理解生态系统的自我调节机制和维持生态平衡提供了重要的理论基础。在环境生态工程中,利用自然调控原理可以优化生态工程设计,提高生态系统的功能性和稳定性。通过深入研究自然调控原理,人类可以更好地应对全球环境变化的挑战,推动生态系统的保护与恢复,实现可持续发展目标。

## 3.1.2　环境生态工程的经济学原理

在环境生态工程中,经济学原理是确保生态工程既能保护环境又能促进经济可持续发展的重要理论基础。环境生态工程中有三大经济学原理:生态经济平衡原理、生态经济价值原理和生态经济效益原理。这些原理为环境生态工程设计、管理和评估提供了经济视角,有助于实现环境保护与经济发展相协调。

### 3.1.2.1　生态经济平衡原理

生态经济平衡原理是指在环境生态工程中,需要平衡生态保护和经济发展。该原理强调,设计和实施环境生态工程时,不仅要考虑环境保护的需求,还要充分考虑经济的可持续性。二者的平衡有助于确保环境生态工程既能有效改善环境质量,又不会对经济发展产生过大的负面影响。

在森林管理中,生态经济平衡原理要求在资源利用过程中实现生态保护和经济发展的平衡。例如,既要确保森林资源的可持续利用,防止过度砍伐,又要考虑林业生产对当地经济的贡献。通过实施可持续的森林管理措施,如选择性伐木、轮伐制度等,可以在保护生态环境的同时实现经济效益的最大化。

在城市环境治理中,生态经济平衡原理要求在控制污染的同时考虑经济发展的需求。例如,建设污水处理厂和空气污染控制设施可以改善环境质量,但也需要评估其对经济的影响。通过引入先进的环保技术和管理措施,如节能减排和循环经济范式,可以实现经济与环境的双赢。

### 3.1.2.2 生态经济价值原理

生态经济价值原理是指在环境生态工程中,需要对生态系统的服务和资源进行经济评估,以确定其实际经济价值。该原理强调,通过评估生态系统服务的经济价值,可以为生态工程的设计和决策提供科学依据,帮助优化资源配置,实现生态保护与经济发展的协调。

生态系统提供的服务如水质净化、空气清洁、土壤保护等具有重要的经济价值。通过估算这些服务的经济价值,可以为环境生态工程中的投资和管理决策提供依据。例如,在湿地保护工程中,通过评估湿地的水质净化和洪水调节功能的经济价值,可以明确其对社会经济的贡献,从而争取更多的支持和投入。

生态补偿机制是生态经济价值原理的实际应用之一。通过对生态系统服务价值进行评估,可以确定需要采取的生态补偿措施。例如,在矿业开发过程中,开发企业可以通过支付生态补偿费用,支持生态恢复和保护项目,以补偿其对生态环境造成的影响。生态补偿机制不仅有助于恢复生态系统的服务功能,也能提高生态保护的经济效益。

### 3.1.2.3 生态经济效益原理

生态经济效益原理是指在环境生态工程的实施过程中,需要评估其对经济和社会的综合效益,以衡量其总体效益。该原理强调,通过系统评估环境生态工程的经济效益、社会效益和生态效益,可以全面了解项目的效果,优化资源配置,提升综合效益。

在环境生态工程中,进行绩效评估和管理可以提高项目的经济效益和社会效益。通过定期评估项目的实施效果、资源利用情况和管理措施,可以发现潜在的问题和改进点,从而优化项目的管理和运行。例如,在城市公园建设项目中,定期评估公园的使用情况、维护成本和居民满意度,有助于改进公园的管理和服务,提高其经济和社会效益。

生态经济效益原理还强调对环境生态工程的长期效益进行分析。长期效益分析可以帮助预测项目的未来效果和影响,评估其可持续性。例如,在大规模生态恢复工程中,通过长期效益分析可以预测项目对生态系统服务、社区经济和环境质量的长期影响,从而制定长期的管理和维护策略。

生态经济效益原理的理论基础包括综合效益评估理论和绩效管理理论。综合效益评估理论关注如何系统地评估项目的多维效益,需结合经济、生态和社会因素进行综合分析。绩效管理理论则关注如何通过有效的评估和管理提升项目的总体效益。研究表明,生态经济效益评估能够为环境生态工程提供量化评估框架和动态优化建议,提高项目的综合效益和可持续性。

## 3.1.3　环境生态工程的工程学原理

环境生态工程的工程学原理是指导工程设计和实施的核心原则,旨在实现环境保护、资源高效利用和生态系统的可持续发展。主要包括太阳能充分利用原理、水资源循环利用原理、绿色工艺原理和生物有效配置原理等。这些原理为环境生态工程的实践提供了理论支持和技术指导,帮助实现环境友好的工程解决方案。

### 3.1.3.1　太阳能充分利用原理

太阳能充分利用原理是指在环境生态工程中,通过有效的技术手段和设计方法,最大限度地利用太阳能资源。这一原理以太阳能为清洁、可再生的能源,减少对传统化石燃料的依赖,从而降低能源消耗和环境污染,促进可持续发展。

太阳能发电是充分利用太阳能的主要方式。该方式通过光伏电池将太阳能转化为电能,并应用于各种环境生态工程项目中,如绿色建筑、远程监测系统和灌溉系统。光伏电池可以集成在建筑物的屋顶、外墙和其他结构中,为工程项目提供稳定的电力供应。

太阳能热水系统通过太阳能集热器将太阳能转化为热能,用于加热水源。该系统广泛应用于生态建筑、温室和水处理设施中,以提供清洁、经济的热水解决方案。太阳能热水系统不仅能够减少对化石燃料的需求,还能降低运营成本。

在建筑设计中,太阳能充分利用原理可以通过被动设计策略来实现。例如,利用建筑的朝向、窗户设计和遮阳措施,优化太阳能的采光和采热效果,提高建筑的能源效率,从而降低建筑对传统能源的需求,减少对人工照明和空调的依赖。

太阳能充分利用原理的理论基础包括太阳能辐射理论、光伏效应和太阳能热利用技术。研究表明,太阳能作为一种清洁、可再生的能源,具有巨大的应用潜力和良好的环境效益。通过优化太阳能利用技术,可以有效提升环境生态工程的能源利用效率和可持续性。

### 3.1.3.2 水资源循环利用原理

水资源循环利用原理旨在通过技术与管理减少消耗和浪费,保护水环境,实现水资源的可持续管理。如雨水收集系统通过收集和储存雨水,减小自来水需求和城市排水压力;废水回收系统将废水转化为可再利用的水资源,减少水资源消耗和对环境的影响。通过水资源管理与优化,合理规划、分配和监测水资源,可提高利用效率,减少浪费。循环利用的理论基础包括水文循环、水处理技术和资源管理理论。

### 3.1.3.3 绿色工艺原理

绿色工艺原理旨在通过使用环保材料和工艺减少环境影响,实现可持续生产和消费。使用环保建筑材料如回收材料和低挥发性涂料,可降低建筑的环境负担并提高能效。采用节能减排技术,如选择高效设备和使用发光二极管照明,可减少能源消耗和温室气体排放。优化生产工艺和废物管理,如闭环生产系统和废物回收,能够减少资源消耗和废物影响,促进资源循环利用。绿色工艺基于绿色化学、可持续生产和环境管理理论,有效减少了资源消耗和污染,有助于推动绿色转型,实现环境与经济双赢。

### 3.1.3.4 生物有效配置原理

生物有效配置原理是指在环境生态工程中,通过科学的设计和配置,优化生物资源的利用。该原理关注生物物种的选择、布局和管理,旨在提高生态系统的生产力、生物多样性和生态服务能力。

在生态系统恢复和重建过程中,生物有效配置原理要求选择适合的植物和动物物种,并对其进行合理配置。例如,在湿地恢复工程中,通过选择本地原生植物和适宜的动物种类,优化其布局和数量,可以提高湿地的生态功能和生物多样性。

在生物多样性保护中,生物有效配置原理涉及创建和管理多样化的栖息地和调控生态系统。设计和维护不同类型的栖息地,如森林、草地和湿地,为多种生物提供栖息环境,可以提高生态系统的健康水平和功能。

在农业生态系统设计中,生物有效配置原理要求通过合理配置作物和动物,提高生态系统的生产力和稳定性。例如,在多样化农业系统中,通过轮作、间作和覆盖作物的方式,可以提高土壤质量和作物产量,同时减少病虫害的发生。

生物有效配置原理的理论基础包括生态设计、生态工程和系统生态学理论。研究表明,生物的有效配置能够提高生态系统的功能、稳定性和韧性。通过优化生物资源的配置,可以实现生态系统的健康和可持续发展。

# 3.2 环境生态工程的设计方法与原则

## 3.2.1 环境生态工程的设计基础

在环境生态工程的设计过程中,设计基础是确保工程项目能够实现生态保护与经济发展的关键要素。设计基础不仅涉及生态系统的理论基础,还包括应遵循的相关法规和标准,需考虑的社会经济背景,以及可靠的数据和模型。以下是对环境生态工程设计基础的详细描述。

### 3.2.1.1 生态系统理论基础

生态系统理论是环境生态工程设计的核心理论基础。生态系统是由生物群落及其所处环境通过物质循环、能量流动和信息交换形成的复杂网络。设计环境生态工程时,必须充分理解生态系统的层次性、动态性和复杂性。生态系统的层级结构要求设计时必须统筹微观个体与宏观群落的关系,通过协调各层级的生态功能,实现局部修复与区域生态网络稳定的协同增效。这种跨尺度设计可提升生态恢复效率。

### 3.2.1.2 环境法规和标准

环境生态工程设计的另一个重要基础是环境法规和标准。各个国家和地区通常都会制定严格的环境法规,以保护自然资源、减少污染并维持生态系统的健康。这些法规和标准不仅规定了污染物排放的限值,还涵盖了土地利用、资源管理和生态保护等方面的要求。在设计环境生态工程时,必须确保所有设计方案都符合相关的规定和标准,避免法律风险。此外,遵循相关的环境标准,还可以提高工程项目的社会接受度和环境效益。

### 3.2.1.3 社会经济背景

社会经济背景是环境生态工程设计基础中不可忽视的一部分。环境生态工程不仅是生态保护的技术实践,也是服务于社会经济发展的工具。设计方案必须考虑到项目所在地区的社会状况,包括经济水平、社会需求、文化习惯和政治背景等。理解当地的社会经济背景有助于制定切实可行的设计方案,确保工程项目能够获得当地政府和社区的支持。除此之外,社会经济背景还涉及项目的成本效益分析,即在设计时要综合考虑项目的经济投入与生态效益,确保工程的可持续性。

### 3.2.1.4 技术可行性

技术可行性也是环境生态工程设计的重要基础。随着科技的进步,环境生态工程的设计实施逐渐依赖于高新技术的应用,如遥感技术、大数据分析和人工智能等。在设计过程中,需要评估所选技术的可行性,包括技术的成熟度、成本效益以及可操作性。选择合适的技术不仅能提高工程项目的运行效率,还能减少实施过程中的风险。此外,在技术可行性评估中,还需要考虑到技术的适应性,即所选技术是否能够适应当地的环境条件和资源状况。

### 3.2.1.5 数据与模型

在环境生态工程设计过程中,数据与模型是不可或缺的工具。准确的环境数据如气象数据、水文数据、土壤数据等,能够为设计提供科学依据;生态模型通过模拟生态系统的动态变化,能够预测不同设计方案的环境效应。数据的收集与处理需要遵循严格的科学方法,确保其准确性和可靠性;而生态模型的应用则要求设计者具备一定的专业知识,能够合理解读模型模拟结果并将其应用于实际设计中。通过数据分析和模型预测,设计者可以优化设计方案,减少工程项目对环境的不利影响。

环境生态工程的设计基础是工程项目成功实施的重要前提。在深入理解生态系统理论、遵循环境法规、考虑社会经济背景、评估技术可行性以及善用科学数据和模型的基础上,设计者可以制定出兼顾生态保护与经济效益的方案。这些设计基础不仅有助于工程项目的顺利推进,还为实现可持续发展目标提供了坚实的支持。

## 3.2.2 环境生态工程的设计原则

在环境生态工程的设计中,遵循一定的设计原则是项目成功的关键。这些原则不仅立足于生态学的理论基础,还结合了项目实施的具体环境和创新性需求。

### 3.2.2.1 因地制宜原则

因地制宜原则强调在设计环境生态工程时,必须充分考虑当地的自然条件、社会经济背景和文化习俗。每个地区的生态系统都有其独有的特征,反映在气候条件、地形地貌、水资源状况和生物多样性等各方面。因此,设计方案必须结合这些地方性特征,以确保工程项目能够有效融入当地生态环境并发挥最佳效果。

在实施环境生态工程时,忽视因地制宜原则可能导致项目与当地环境不匹配,进而引发一系列环境问题。例如,在干旱地区实施的绿化工程,如果不考虑当地的水资源条件,可能会造成水资源过度消耗,从而加剧生态失衡。在这种情况下,设计者应在制定方案时充分了解当地环境,选择适宜的植物种类、工程技术和管理措施,以实现水资源的合理利用和生态系统的可持续发展。

### 3.2.2.2　生态学原则

生态学原则是环境生态工程设计的核心原则之一,该原则强调设计方案必须与自然生态系统的结构和功能相协调。生态系统是一个复杂的网络,各种生物和非生物因素相互作用、相互依存,因此在设计时,必须考虑到这些生态关系,避免对生态系统的破坏。

生态学原则的应用体现在设计过程中对生态系统的尊重和保护。例如,在湿地修复工程中,设计者需要了解湿地生态系统的水文特征、植物群落和动物栖息地,以确保修复工程能够恢复湿地的自然功能,而不是简单地进行地貌改造。同样,在城市绿化项目中,生态学原则要求使用本地植物,以维持当地的生物多样性,避免外来物种的入侵。

此外,生态学原则还强调生态系统的动态平衡。环境生态工程不仅要解决当前的环境问题,还要考虑长期的生态效应,确保工程项目在实施后能够维持生态系统的稳定和健康。

### 3.2.2.3　创新性原则

创新性原则要求设计者在环境生态工程设计中,勇于探索新的技术、方法和理念,以应对不断变化的环境挑战。随着科技的进步和环境问题的复杂化,传统的工程方法可能无法满足当前的需求,因此,创新在环境生态工程中显得尤为重要。

创新性原则的应用体现在方方面面。例如,在水资源管理中,传统的雨水排放系统可能不再适应城市的扩张和气候变化,设计者可以引入海绵城市的概念,通过创新设计实现雨水的自然积存、渗透和净化,减少城市洪涝灾害的风险。在能源利用中,设计者可以探索太阳能、风能等可再生能源的集成利用,以减少对化石燃料的依赖,降低环境污染。

创新性原则还包括管理模式的创新。例如,在生态恢复工程中,可以引入社区参与机制,鼓励当地居民参与生态保护工作,从而提高项目的可持续性和社会效益。创新性原则要求设计者不仅要掌握现有的技术,还要具备前瞻性的视野,能够预测未来的环境问题并提前做出应对方案。

### 3.2.2.4　可持续性原则

可持续性原则强调在环境生态工程设计中,必须考虑项目的长期效益和资源的可持续利用;要求设计者在制定方案时,不仅要考虑当前的环境问题,还要关注未来的发展需求,确保资源的合理利用和生态系统的长期健康。

在实际应用中,可持续性原则体现在对自然资源的保护和合理利用上。例如,在水资源管理工程中,设计者需要考虑水资源的可持续利用,避免过度消耗和浪费;同样,在土地利用规划中,应避免土地被过度开发,以保护自然生态系统的完整性和多样性。

此外,可持续性原则还涉及社会和经济的可持续发展。在制定方案时,设计者需要综合考虑环境保护、经济效益和社会效益,确保工程项目能够实现多方共赢。坚持可持续性原则,可以确保环境生态工程在解决当前问题的同时,不会对未来的生态环境和社会经济发展产生负面影响。

## 3.2.3　环境生态工程的设计方法

环境生态工程的设计是一项复杂且系统性的工作,要求设计者综合考虑自然资源、生态环境和社会经济等多方面因素,并通过科学合理的分析和规划,达到既保护环境又促进经济发展的目标。以下是环境生态工程的设计路线。

### 3.2.3.1　设计目标的确定

环境生态工程设计目标的确定需要充分考虑"社会-经济-自然"复合生态系统的整体协调性。该复合系统由三大子系统组成:社会系统、经济系统和自然系统,它们之间相互促进、相互制约。环境生态工程不仅要确保环境的有效保护,还需要推动经济条件的改善和社会系统的有效运作。

在确定设计目标时,必须首先明确复合系统内各子系统的需求和相互关系。具体而言,设计目标应包括以下几个方面。

①环境保护目标:确保自然生态系统的健康与稳定,防止环境进一步恶化。

②经济发展目标:通过合理开发、利用自然资源,促进经济增长和社会进步。

③社会效益目标:提高社会福祉,改善居民生活质量,确保项目的社会接受度。

这些目标之间必须保持平衡,设计者不能因片面追求某一方面的发展,而忽视其他方面的影响。

### 3.2.3.2　背景调查与分析

在设计环境生态工程之前,全面的背景调查是必不可少的。背景调查的目的是了解项目实施区域的自然资源条件和生态环境情况,从而能因地制宜地设计出适合该区域的工程方案。

#### (1)自然资源条件的调查

自然资源条件的调查主要包括对生物资源、土地资源、矿产资源和水资源的调查分析。通过调查,可以了解这些资源的数量、质量及其时空分布特点。根据调查结果,设计者可以判断资源的开发利用价值,制定合理的利用限度。例如,在生物资源匮乏的地区,可能需要通过引进新的经济物种或增加本地资源数量来弥补资源不足。而在生物资源丰富但土地有限的热带地区,则应侧重于在有限的土地上高效利用资源。

(2)生态环境情况的调查

生态环境情况的调查重点是了解项目区域的气候条件、土壤状况和污染情况。由于生态系统的核心是生物种群,而生物种群的生存、繁殖和生长都受到生态环境的影响,因此,详细了解生态环境情况对于设计合理的工程方案至关重要。

### 3.2.3.3 系统分析

在完成背景调查后,系统分析是设计过程中的下一关键步骤。系统分析的目的是通过对区域资源和环境的深入分析,找出限制和影响系统发展的主要因素,明确系统当前状态与理想状态之间的差距,并提出可行的发展方向和目标。

(1)资源的定性和定量分析

设计者需要对资源的数量、质量和时空分布进行定性和定量的分析和评价。这一过程包括对资源开发利用价值的判断及其合理利用限度的确定。这种分析可以帮助识别哪些资源可以用于工程实施,哪些资源需要保护和恢复。

(2)影响因素的分析

设计者应分析系统中存在的限制因素和不利影响,包括环境污染的来源和趋势预测,评估这些因素对系统的影响程度。要特别关注人类活动对环境的正面和负面影响,并通过环境政策和保护对策,尽可能减少环境生态工程的负面影响,增强系统的可持续性。

(3)功能差距分析

在设计过程中,设计者还应找出系统现实状态与理想状态之间的功能差距,并分析造成这些差距的原因。在此基础上,设计者可以初步提出系统发展的方向和目标,确定需要解决的关键问题和范围。

### 3.2.3.4 工程建设与运行

工程建设与运行是将设计思路付诸实践的过程。在这个阶段,设计者需要根据系统分析的结果,对各个子系统进行必要的调整和改造,协调子系统之间、系统与外部环境之间的关系。通过优化子系统的功能和相互关系,实现设计目标。在这个过程中需要对实施情况进行监测和调整,以确保工程能够适应变化的环境条件并持续发挥作用。

#### 3.2.3.5  工程的更新

工程的更新是环境生态工程持续发展的重要环节。更新包括两个方面:一是促进生态系统从有序状态向更高有序状态过渡;二是根据社会的环境意识和标准的变化,不断调整工程系统对污染物的同化范围和水平。

(1)生态系统的更新

在设计过程中,应考虑生态系统的演替规律,通过合理的设计和管理,促进生态系统向更稳定、更高效的方向发展。新的生态系统应比原有系统具有更稳定的结构和更高的生产力。

(2)环境标准的提升

随着社会对环境质量要求的提高,环境生态工程需要不断更新,以适应新的标准。这包括调整工程系统的污染物处理能力,确保工程在新的环境要求下仍然具有良好的运行效果。

环境生态工程的设计需要综合考虑多方面的因素,通过科学合理的分析和规划,实现“社会–经济–自然”复合生态系统的协调发展。无论是目标的设定、背景调查与分析,还是工程的实施与更新,都必须以整体性和可持续性为指导原则,以确保项目的长期效益和环境的永续利用。

# 3.3  环境生态工程的管理

## 3.3.1  环境生态工程的管理原则

环境生态工程的管理原则是确保工程顺利实施、有效运行并持续优化的核心指导思想。主要包括以下几方面。

### 3.3.1.1  整体性原则

环境生态工程涉及“社会–经济–自然”复合生态系统。整体性原则要求管理部门在制定和实施管理措施时,必须从系统整体出发,充分考虑各个子系统之间的互动和相互影响,避免局部优化导致整体失衡。例如,在实施污染治理工程时,不能仅仅考虑污染物的减少,还需要评估工程对当地生物多样性和居民生活的长期影响,确保整个生态系统的稳定性和可持续性。

### 3.3.1.2  可持续性原则

可持续性是环境生态工程管理的核心目标之一。管理部门在管理过程中应确保资源利用和环境保护之间的平衡,避免过度开发导致资源枯竭或生态系统退化。

具体而言,可持续性原则要求管理部门在规划和实施工程时,考虑长期的生态影响,并采取预防性措施来保护环境。例如,在水资源管理中,应通过循环利用和节约用水等方式,确保水资源的可持续利用。

### 3.3.1.3　适应性原则

环境生态工程面临的自然环境和社会经济条件往往是动态变化的。因此,管理过程必须具备一定的适应性,能够根据环境的变化及时调整管理策略和措施。适应性原则要求管理部门保持对环境变化的敏感性,并建立灵活的管理机制,以便在环境发生变化时,能够迅速作出反应,调整工程设计和管理措施。例如,随着气候变化导致的水文条件变化,水资源管理策略也应及时调整,以应对可能出现的水资源短缺或洪涝灾害。

### 3.3.1.4　创新性原则

创新性原则要求在管理过程中,积极引入新的技术和管理方法,以提高环境生态工程的效益。在生态系统的修复和治理中,传统的方法可能已经无法满足当前的需求,因此需要不断探索新的解决方案。例如,在污染治理工程中,可以应用新型生物修复技术,提升污染物的处理效率,减少对环境的二次污染。

### 3.3.1.5　参与性原则

环境生态工程管理不仅仅是技术人员和管理人员的责任,还需要社会的广泛参与。参与性原则要求管理部门在工程管理过程中,充分考虑当地社区、利益相关者以及公众的意见和需求,确保工程实施的公平性和透明度。公众参与可以提高工程管理的社会接受度,并加强社区对工程的支持和配合。例如,在规划环境改善项目时,可以通过举办公众咨询会、意见征集等方式,吸纳当地居民的建议,从而优化工程方案。

### 3.3.1.6　预防性原则

环境问题的治理往往需要耗费大量资源和时间,因此预防性原则在环境生态工程管理中显得尤为重要。该原则要求管理部门在工程管理过程中,尽可能避免环境问题的发生,而不是在问题发生后再进行治理。通过采取预防性措施,可以有效减少环境风险,降低治理成本。例如,在工业项目的选址和建设过程中,应进行详细的环境影响评估,避免对生态敏感区域造成不可逆的破坏。

## 3.3.2 环境生态工程的管理步骤

在遵循管理原则的基础上,管理部门还需要严格按照科学的步骤进行环境生态工程管理,以确保工程的高效实施和持续优化。

### 3.3.2.1 规划与设计

规划与设计是环境生态工程管理的起点,也是确保工程成功实施的基础。在这一阶段,管理部门需要明确工程的目标、范围和基本思路,并进行详细的规划和设计。规划和设计过程通常包括以下内容。

①背景调查。调查并分析工程实施区域的自然资源、生态环境和社会经济条件;通过背景调查,管理部门能够了解当地的环境现状和主要问题,为后续的工程设计提供依据。

②环境影响评估。在规划阶段,必须进行环境影响评估,预测工程实施可能带来的环境影响,并制定相应的缓解措施。

③技术方案设计。根据背景调查和环境影响评估的结果,设计具体的技术方案,包括工程的规模、布局、技术路线和施工计划等。

### 3.3.2.2 建设与实施

在工程建设与实施阶段,管理部门需要确保各项工作按照设计方案有序推进,并对施工过程进行严格的监督和管理。建设与实施步骤如下。

①工程施工。根据设计方案组织工程施工,确保施工过程符合设计要求和技术规范;管理部门需要实时监控施工质量,确保工程的安全性和有效性。

②进度控制。管理部门需要制定详细的施工进度计划,并根据实际情况进行调整,确保工程按时完成。

③环境保护。在施工过程中,必须采取有效的环境保护措施,避免施工活动对环境造成负面影响。例如,在土方作业中,应采取防尘降噪措施,减少对周边居民和生态环境的干扰。

### 3.3.2.3 运行与维护

工程建成后,进入运行与维护阶段。在这一阶段,管理部门需要对工程进行日常管理和维护,确保其长期稳定运行,并实现预期的环境效益。运行与维护的主要内容如下。

①监测与评估。建立科学的监测系统,定期对工程的运行情况和环境效益进行监测和评估;通过监测和评估,可以及时发现问题,并采取相应的改进措施。

②维护与管理。根据监测结果,制订和实施工程维护计划,确保工程设施的正

常运行;维护内容可能包括设备的定期检修、老化部件更换、污染物清理等。

③持续改进。在运行过程中,管理部门应不断总结经验,优化管理措施和技术方案,以提高工程的效益。

### 3.3.2.4　评估与更新

环境生态工程是一个动态发展的过程,管理部门需要定期对工程进行全面评估,并根据评估结果进行必要的更新和调整。评估与更新的步骤如下。

①效果评估。通过定期评估,分析工程实施的环境效益和社会经济效益,评估判断其是否达到预期目标,并找出存在的问题和不足。

②工程更新。根据评估结果,对工程进行必要的更新和调整,以适应环境和社会条件的变化;更新内容可能包括技术升级、管理模式优化、设施改造等。

### 3.3.2.5　反馈与改进

在环境生态工程的管理过程中,反馈机制起着关键作用。通过建立有效的反馈机制,管理部门可以收集来自各方面的信息,包括工程运行数据、社区反馈、环境监测结果等,并根据这些信息及时调整管理策略和技术方案。反馈与改进的步骤如下。

①数据收集与分析。通过监测系统和其他信息渠道,收集工程运行过程中的各类数据,以便管理部门对这些数据进行分析,为管理决策提供依据。

②反馈机制建立。建立完善的反馈机制,确保各类信息能够及时传递到管理决策层,以便在必要时迅速作出调整。

③改进措施实施。根据反馈结果,制定和实施改进措施,以提高工程的管理水平和运行效率。

环境生态工程的管理是一项系统性、综合性和动态性很强的工作,需要遵循科学的管理原则和步骤,确保工程能够在复杂多变的环境条件下有效运行并实现预期目标。通过系统规划、严格实施、持续维护和动态评估,环境生态工程可以在生态环境保护和社会经济发展中发挥重要作用。


【思考题】

1.请结合本章内容,简述环境生态工程中层次性原理的基本含义及其在实际应用中的重要性。

2.环境生态工程如何通过提高生物多样性来增强生态系统的稳定性?请举例说明。

3.限制因子原理在生态系统管理中的应用有哪些？请结合具体案例进行分析。

4.边缘效应原理在环境生态工程中的应用是如何体现的？请说明其对生态系统多样性和功能的影响。

5.什么是自然调控原理？在环境生态工程中如何利用该原理实现可持续发展？

6.生态经济平衡原理强调了什么？请解释如何在环境保护与经济发展之间达成平衡。

7.请结合实际案例,讨论生态经济价值原理在环境生态工程项目中的应用。

8.如何在环境生态工程的设计与管理中体现因地制宜和可持续发展原则？

# 第4章　污染生态

**【基于OBE理念的学习目标】**

　　**基础知识目标**：掌握大气污染、水污染、土壤污染等主要污染类型的特征和常见污染物；理解不同污染类型的形成机制和来源，如工业生产、交通运输、农业活动等对各类污染的贡献；认识污染物在生态系统中的迁移转化规律。

　　**理论储备目标**：掌握污染生态学的基本概念和原理，明白污染物在生态系统中的传递和累积规律；能够运用污染生态原理，治理污染和保护生态。

　　**课程思政目标**：通过学习污染生态知识，让学生深刻认识到环境污染对人类和生态系统的危害，增强学生的环保意识；引导学生树立正确的生态价值观，认识到保护生态环境是每个人的责任，培养学生的社会责任感。

　　**能力需求目标**：提高学生分析复杂污染问题的能力，包括识别问题的关键因素、分析污染物的来源和迁移路径等；让学生学会收集与污染生态相关的数据，如环境监测数据、生态调查数据等；鼓励学生在学习过程中提出创新性的观点和解决方案，培养学生的创新思维能力。

# 4.1　污染生态学概述

## 4.1.1　污染生态学的定义和形成

### 4.1.1.1　污染生态学的定义

　　污染生态学是一门运用生物学、化学、物理、地理及数学分析等多学科、多技术手段，系统而深入地探讨污染环境下生物与环境之间复杂且微妙的相互关系及其内在规律的科学。污染生态学的核心研究对象是污染生态系统,旨在揭示并理解污染物在生态系统中的生物过程与作用机制。历经百年的蓬勃发展,污染生态学已构建起一套完整且独具特色的理论体系与研究框架。污染生态学的基本内涵主要体现在以下两个方面。

①污染生态过程。污染物进入生态系统并与生态系统相互作用,包括污染物对生态系统的作用过程与机制及生态系统对污染物的反应与适应性,是一个动态变化的过程。其核心在于深入解析污染物在生态系统中的迁移转化规律及其对生物体和生态系统的潜在影响。

②污染控制与污染修复工程。指人类针对污染生态系统采取有意识、有目的的控制、改进与恢复措施。该工程旨在通过生物手段有效管控污染,提升环境质量,并开展对环境质量的全面评估与未来趋势预测,进一步提出生态规划与管理的科学策略与实施方案。

污染生态学以污染生态过程和污染控制与污染修复生态工程为核心内容,强调在应对生态环境问题的全过程中,应遵循四大基本原理,即整体优化原理、循环再生原理、和谐共存原理及区域分异原理。

### 4.1.1.2　污染生态学的形成与发展

污染生态学是生态学的一个重要分支,它随着环境污染问题的出现而发展。20世纪30年代,生态学家开始研究污染对生态系统的具体影响,这奠定了该学科的基础。1974年和1979年,C.W.哈特在著作中首次使用污染生态学术语,这标志着工业污染研究的深入。20世纪80年代,污染生态学研究从单一观测扩展到区域评价,关注点转向重金属和芳烃化合物污染;90年代,污染生态学研究更加全面,包括复合污染、时空过程、生态风险评估、生物修复等领域。21世纪初,分子生物学和基因工程的进步为污染生态学提供了新的研究工具,推动了理论和实践的发展。

中国的污染生态学研究可回溯至20世纪60—70年代,直到80年代,"污染生态学"才在中国得到广泛应用。污染生态学的开创性主要得益于其跨学科整合的特质,它融合了土壤学、林学、植物学、微生物学、分析化学等多学科的知识,并将其成功应用于解决生态环境问题之中。当前,污染生态学的研究趋势发生了深刻变化,由原先侧重于污染对生态系统影响的单一维度,逐步向以污染生态过程为研究核心,积极研发污染生态诊断与污染生态修复技术的多元化、实践性研究新阶段迈进。在此过程中,污染生态学不仅经历了实践的严苛考验,更在解决环境难题中展现了其独特价值与不可替代的地位。

## 4.1.2　污染生态学研究的目标和意义

污染生态学研究的三大目标和意义包括：①揭示污染物在生物体和生态系统中的生物过程和机制，为控制环境污染和降低健康风险提供理论支持；②应用生态学原理解决污染问题，通过生态恢复和生物多样性保护措施，促进生态系统的自我净化和改善；③发展生物监测和生态诊断方法，建立评价体系，利用生物指标科学评估污染状况，为环境政策制定提供依据。

## 4.1.3　污染生态学研究方法和技术

### 4.1.3.1　污染生态学研究方法

污染生态学的核心研究方法主要包括野外调查、模拟控制实验、多学科交叉、新技术的运用等。这些方法共同构成了污染生态学研究的基石，帮助科研工作者深入理解污染物在生态系统中的行为及其对生物和环境的潜在影响。

（1）野外调查

通过实地观测和采样获取生物群落、物种多样性及污染物分布数据，确保调查的准确性和有效性。进行野外调查前需准备实验设备、试剂、采样工具等，并设计记录表格以系统收集数据。采集代表性样本是关键，在此过程中需考虑总体多样性以避免推断偏差。

（2）模拟控制实验

实验室控制实验可模拟污染物对生物的影响，通过将不同层级生物系统暴露于模拟污染环境中来量化影响。实验设计的灵活性和可重复性有助于揭示污染物的毒性效应。毒性试验体系依据暴露周期可划分为急性、亚慢性（亚急性）及慢性三类，通过模拟污染物在生物体内的吸收、分布与代谢过程，系统揭示其跨介质迁移转化规律及毒代动力学特征。

（3）多学科交叉

要实现污染生态学同环境科学和生态学的交叉结合，需运用多学科（如土壤学、气象学等）以及生理学、生物化学等多领域的研究技术和手段。国土空间生态修复需构建多学科协同耦合机制，通过生态学-地理信息科学-环境工程学-灾害风险管理的知识拓扑整合，驱动全链条系统性修复策略。

### 4.1.3.2　污染生态学研究的新技术运用

现代分子生物学技术和大数据及人工智能技术提高了污染生态学研究精度。例如，PCR技术、荧光原位杂交技术等可用于分析微生物群落结构；遥感、地理信息系统(geographical information system, GIS)和全球定位系统(global positioning system, GPS)可助力污染生态学研究,监测污染物分布和评估生态风险,为制定控制策略提供依据。

# 4.2　污染物及其来源

## 4.2.1　常见的污染物类型及其特征

污染物是指进入环境后,浓度超过安全阈值,持续存在并对人体健康或生物生长、发育和繁殖造成直接或间接危害的物质。例如$PM_{2.5}$(细颗粒物)、二氧化硫、重金属等。如果污染物浓度低于安全阈值或存在时间短,可能对生物无害甚至有益。然而,污染物排放量若超出环境自净能力,则会威胁生态系统。污染物在环境中可能通过物理、化学、生物反应生成新物质,其毒性可能增强、减弱或不变;多种污染物共存时,可能通过相互作用改变整体毒性。

基于污染物的来源、形态、性质及其在自然环境中的最终归宿等的差异,其可分为多种类型。①根据来源可分为自然来源和人为来源。②根据受污染的环境介质可分为大气、水体和土壤污染物等。③根据污染物的形态可分为固体、液体和气体污染物。④根据性质可分为物理污染、化学污染物和生物污染物。其中,物理污染又可分为噪声污染、光污染、热污染、电磁污染等;化学污染物又可分为无机污染物和有机污染物;生物污染物又可分为变应原、病原体等。

本节主要从污染物的性质、受污染的环境介质等方面对污染物的来源、现状、迁移转化及生态效应展开介绍。

### 4.2.1.1　物理污染

当人类生产、生活中所需要的光、热、电磁等要素在环境中的存在量或强度超越人类所能承受的界限时,便会对环境构成污染,即物理污染,主要包括噪声污染、光污染、热污染、电磁污染等。

#### (1)噪声污染

噪声污染是指人类活动产生的环境噪声超过国家规定的标准并干扰人类正常生活、工作和学习。人类适宜的最佳声环境范围为15~45分贝。当声音强度超过60分贝时就会对人类的正常生活造成干扰,对人的听力造成损害,引发心理压力和睡眠障碍,甚至对心血管系统产生不良影响,导致大脑神经的老化或损伤。根据《声环境质量标准》(GB 3096—2008),各类声环境功能区的噪声限值见表4.1。

表4.1　各类声环境功能区噪声限值　　　　单位:dB(A)

| 时间 | 噪声限值 | | | | | |
|---|---|---|---|---|---|---|
| | 0类 | 1类 | 2类 | 3类 | 4a类 | 4b类 |
| 昼间 | ≤50 | ≤55 | ≤60 | ≤65 | ≤70 | ≤70 |
| 夜间 | ≤40 | ≤45 | ≤50 | ≤55 | ≤55 | ≤60 |

注:0类声环境功能区指康复疗养区等特别需要安静的区域;1类声环境功能区指以居民住宅、医疗卫生、文化教育、科研设计、行政办公为主要功能,需要保持安静的区域;2类声环境功能区指以商业金融、集市贸易为主要功能,或者居住、商业、工业混杂,需要维护住宅安静的区域;3类声环境功能区指以工业生产、仓储物流为主要功能,需要防止工业噪声对周围环境产生严重影响的区域;4类声环境功能区指交通干线两侧一定距离之内,需要防止交通噪声对周围环境产生严重影响的区域,包括4a类和4b类两种类型,4a类为高速公路、一级公路、二级公路、城市快速路、城市主干路、城市次干路、城市轨道交通(地面段)、内河航道两侧区域,4b类为铁路干线两侧区域。

噪声污染包括交通噪声、工业噪声、建筑施工噪声、社会生活噪声等。据统计,中国城市噪声污染有1/3来源于交通噪声,且交通噪声的最高值出现在早晚两个交通高峰期。2023年生态环境部牵头发布的《中国噪声污染防治报告》显示,2022年,全国声环境功能区昼间和夜间达标率分别为96.0%和86.6%,与2021年相比分别升高0.6个和3.7个百分点,而道路交通干线两侧区域和居住文教区夜间达标率依然持续偏低。声环境质量排名前10的省份分别为河北、青海、内蒙古、贵州、云南、宁夏、黑龙江、陕西、甘肃和广西,其昼、夜间达标率见表4.2。

表4.2　声环境质量排名前10位的省份的昼、夜间达标率

| 省份 | 达标率(%) | |
|---|---|---|
| | 昼间 | 夜间 |
| 河北 | 96.6 | 95.2 |
| 青海 | 94.4 | 94.4 |
| 内蒙古 | 95.7 | 92.9 |
| 贵州 | 100.0 | 92.8 |
| 云南 | 97.0 | 92.6 |
| 宁夏 | 98.0 | 92.5 |
| 黑龙江 | 95.2 | 91.6 |
| 陕西 | 98.0 | 90.3 |
| 甘肃 | 97.1 | 89.3 |
| 广西 | 96.5 | 89.1 |

### (2)光污染

光污染是指过量的可见光、紫外光和红外光辐射对人类的生活环境和自然生态造成的不良影响。这种污染不仅影响了人们的正常生活,还威胁了动植物的生存环境。光污染的来源多种多样,包括城市夜间的过度照明、工业生产中的强光辐射以及各种电子设备屏幕发出的光线等。这些光源在夜间尤为明显,不仅导致天空背景变亮,影响了天文观测,同时也干扰了人类的生物钟,对健康产生不利影响。此外,许多光源在没有实际用途的情况下被长时间点亮,造成了一定的能源浪费。因此,控制和减少光污染已经成为一个重要的环保议题,需要社会各界共同努力来解决。

### (3)热污染

热污染指的是现代工业生产和日常生活过程中排放的多余热量导致的环境问题,该污染现象会对大气和水体造成影响。例如,火力发电厂、核电站以及钢铁厂的冷却系统排放的热水,以及石油、化工、造纸等工业排放的生产废水,都含有相当数量的废热。这些废热在排放到自然环境中后,会对生态系统和人类健康产生一系列不利的影响。在大气中,废热可能导致局部温度升高,形成热岛效应,影响气候稳定性和空气质量。据专家估算,基于当前能源消耗的速率,全球气温预计将在2025—2035年攀升$0.1\sim0.26℃$;一个世纪后,这一增长可能达到$1.0\sim2.6℃$,同时,两极地区的气温预计有$3\sim7℃$的显著上升,这将对全球气候系统产生深远影响。在水体中,废热的排放会提升水体温度,改变水生生物的生存环境,影响水生生态系统的平衡。此外,热污染还可能对水资源造成长远的损害。随着水温的升高,水体中的溶解氧会减少,进而影响水体的自净能力和植物的正常生长;长期而言,水温升高还可能导致水体富营养化,甚至引发蓝藻暴发等环境问题。

### (4)电磁污染

电磁辐射是指能量以电磁波的形式在空间中传播,电磁污染是由自然和人为活动产生的对环境和人体有害的电磁波干扰和辐射。电磁污染的污染源广泛,包括家用电器、工业设备等,这些设备产生的电磁波可能干扰电子设备和影响健康,长期暴露可能引起神经系统症状,增加癌症风险。随着通信技术的发展,电磁辐射水平上升。为应对这一问题,政府和国际组织制定了电磁辐射安全标准,并建议公众采取预防措施,如合理布局电器、使用屏蔽材料和增加室内植物,以减少电磁污染的影响。

## 4.2.1.2 化学污染

### (1)无机污染物

无机污染物包括重金属、类金属、无机盐、酸碱物质和氮、磷等,对环境和人体健康构成了威胁。如重金属可在人体内累积,影响人体健康;无机盐和酸碱物质会破坏水生态,氮、磷过量则导致水体富营养化。控制这些污染物排放对环境和人体健康至关重要。本节主要讨论重金属污染。

重金属是一类密度大于是否有出处,主要包括镉(Cd)、铅(Pb)、汞(Hg)、铬(Cr)、铜(Cu)、锌(Zn)、镍(Ni)等金属,以及砷(As)和硒(Se)等类金属。重金属难以被环境的自净作用清除,且能通过食物链的放大效应在人体内大量累积,造成慢性中毒。

1) 大气重金属污染

大气中重金属的来源分为自然来源和人为来源,其中人为来源的大气重金属含量要远远超过自然来源。汽车尾气、汽车轮胎磨损产生的粉尘、工业废气和工业粉尘等是大气重金属污染的主要来源。有报道称汽车尾气中的含 Pb 量大约为 $20\sim50\mu g/L$,一般以道路为中心呈条带状向外逐渐减少。工业活动导致大气重金属污染的主要途径是工矿烟囱的废气排放和工业生产的废物堆的挥发,通常呈放射形由中心向四周扩散。重金属一般以气溶胶的形式进入大气,经自然沉降和雨林沉降进入土壤,且随时间的推移,大气向土壤输送的重金属越来越多。

2) 水体重金属污染

水体中重金属污染的源头众多,主要为工业排放、农业活动以及日常生活产生的废弃物。工业“三废”的过度排放和不当处理是造成水体重金属污染的关键。水体重金属污染的特点主要是恢复难度大和污染源众多。随着工业的不断发展,废水的种类和成分变得更加复杂多样,不同产业排放的废水、废气、废渣中所含重金属的种类与浓度各异。

3) 土壤重金属污染

土壤中重金属的来源十分广泛,成土母质本身含有一定量的重金属,不同的母质和成土过程都会影响土壤重金属的背景值,但这种天然存在的重金属含量一般很低,不会造成环境破坏。随着全球经济的发展,人类活动成为土壤重金属污染最重要的致因,在诸多人为因素中,工业排放、农业活动及市政废弃物处置等构成了主要的污染源。土壤重金属不同来源贡献率如图 4.1 所示。不同土壤承载的生产、生活活动类型各异,且受到复合污染现象的叠加影响,故污染场地常表现为单一污染源与复合污染源交织共存的复杂态势,这无疑加大了土壤污染问题的复杂性和治理难度。

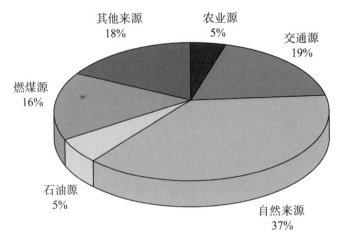

**图 4.1　土壤重金属不同来源贡献率**

中国国土资源部和环境保护部在 2014 年 4 月联合发布了《全国土壤污染状况调查公报》，全国范围内，八种主要土壤重金属污染物点位超标率见表 4.3，其中 Cd 7.0%、Ni 4.8%、As 2.7%、Cu 2.1%、Hg 1.6%、Pb 1.5%、Cr 1.1%、Zn 0.9%，Cd 重度污染点位比为 0.5%，为最重要的污染物之一。在不同土地利用类型的土壤中，耕地受污染最为严重，其点位超标率高达 19.4%，主要有 Cd、Ni、Cu、As、Hg 和 Pb 六种重金属污染物。

**表 4.3　8 种主要土壤重金属污染物点位超标率**

| 污染物类型 | 点位超标率(%) | 不同程度污染点位比例(%) | | | |
|---|---|---|---|---|---|
| | | 轻微 | 轻度 | 中度 | 重度 |
| Cd | 7.0 | 5.20 | 0.80 | 0.80 | 0.50 |
| Ni | 4.8 | 3.90 | 0.50 | 0.30 | 0.10 |
| As | 2.7 | 2.00 | 0.40 | 0.20 | 0.10 |
| Cu | 2.1 | 1.60 | 0.30 | 0.15 | 0.05 |
| Hg | 1.6 | 1.20 | 0.20 | 0.10 | 0.10 |
| Pb | 1.5 | 1.10 | 0.20 | 0.10 | 0.10 |
| Cr | 1.1 | 0.90 | 0.15 | 0.04 | 0.01 |
| Zn | 0.9 | 0.75 | 0.08 | 0.05 | 0.02 |

土壤重金属污染的特点可归纳为五个方面：①形态复杂多变，土壤中重金属的价态、化合形态及结合方式随土壤 pH 值、氧化还原电位及配位体的变化而呈现多样性，这种多样性直接导致了其毒性的差异；②微量致毒性，重金属产生毒性的浓度范围一般为 1～10mg/L，Cd、Hg 等毒性较强的重金属致毒范围可在 0.001mg/L 以下；③生物传递性和放大性，土壤中的重金属被动植物吸收之后，可以通过食物链在生物体内积累甚至转化成毒性更大的化合物；④降解难度大，在土壤系统中，重金属往

往只经历形态的转化或位置的迁移,而难以自然降解;⑤隐蔽性和滞后性,土壤重金属污染很难通过感官被直接察觉,只有通过食物链影响到生物体的健康才能反映出来,而这一过程往往非常漫长。

**（2）有机污染物**

有机污染物主要由碳水化合物、蛋白质、氨基酸、脂肪等天然存在的有机物,以及部分可生物降解的人工合成有机物所构成。依据其来源分为两大类:天然有机污染物和人工合成有机污染物。研究较多的通常为人工合成有机污染物,主要包括持久性有机污染物、微塑料、抗生素、内分泌干扰物、石油、酚类化合物、氰化物、洗涤剂、高浓度耗氧有机物等,其中持久性有机污染物、微塑料、抗生素、内分泌干扰物是国际公认的四大新污染物。本节主要介绍四大新污染物以及石油的特征、污染来源与污染现状等。

**1）持久性有机污染物**

持久性有机污染物(persistent organic pollutants, POPs)是一类化学性质稳定的半挥发性有机物,可以实现长距离甚至全球范围的迁移,并通过食物链在生物体内不断累积,严重威胁生态系统和人类健康。其特点主要表现在:①持久性,POPs通常具有较长的半衰期,难以通过光解、化学和生物作用降解,例如,二噁英(多氯二苯并-对-二噁英,PCDDs)在一些环境介质中的半衰期最高可达2119年;②生物累积性,POPs具有高亲油性,易在生物体内积累并通过食物链传递,具有生物放大效应;③长距离传输能力,POPs具有半挥发性,在常温下就可以挥发进入大气,由于其具有持久性,可通过蒸发-冷凝及大气和水的输送跨越大气、水体等多种介质进行远距离迁移;④高毒性,POPs在极低浓度下依然对生物体具有显著的毒性效应。20世纪60年代以来,POPs污染引发了一系列重大中毒事件(表4.4),其中比较著名的日本"米糠油"事件,就是由多氯联苯(PCBs)引发的严重食品污染问题。

**表4.4 POPs污染重大中毒事件**

| 时间 | 事件名称 | 所属国家（地区） | 事故后果 | 污染物质 |
|---|---|---|---|---|
| 1968年 | "米糠油"事件 | 日本 | 1684名患者,死亡30余人 | 多氯联苯 |
| 1961—1971年 | "橙剂"事件 | 越南 | 200万～400万人健康受到影响 | 有机氯农药和二噁英类 |
| 1971年 | Bliss公司废油污染事件 | 美国 | 近2240人受到影响 | 二噁英类 |
| 1973年 | 多溴联苯污染事件 | 美国 | 损失了3万头牛、6000头猪、1500只羊、150万只鸡 | 多溴联苯 |

续表

| 时间 | 事件名称 | 所属国家(地区) | 事故后果 | 污染物质 |
|---|---|---|---|---|
| 1976年 | 塞维索化学污染事故 | 意大利 | 当地的小动物出现死亡,当地婴儿畸形率明显提高 | 二噁英类 |
| 1979年 | "油症"事件 | 中国台湾 | 近2000人中毒,53人死亡 | 多氯联苯 |
| 1986年 | 多氯联苯泄漏事件 | 加拿大 | 污染了100公里的高速公路和周边环境 | 多氯联苯 |
| 1999年 | "二噁英鸡"污染事件 | 比利时 | 多国暂停比利时农副产品进口,影响贸易额高达200亿欧元,最终导致内阁集体辞职 | 二噁英类 |
| 2005年 | "柴鸡蛋"污染事件 | 德国 | 彻底销毁受污染的鸡蛋,带来巨大的经济损失 | 二噁英类 |
| 2008年 | 奶酪二噁英污染事件 | 意大利 | 相关的88家畜牧场被关闭,所生产的奶酪被多国停止销售 | 二噁英类 |
| 2011年 | "二噁英毒饲料"事件 | 德国 | 德国4700多家农产关闭,多国禁止销售德国的肉、蛋等食品 | 二噁英类 |

根据《关于持久性有机污染物的斯德哥尔摩公约》(以下简称公约),首批受到全球管控的12种POPs如下:①8种有机氯农药,包括滴滴涕(DDT)、氯丹、灭蚁灵、艾氏剂、狄氏剂、异狄氏剂、七氯和毒杀芬;②两种工业化学品,包括六氯苯和多氯联苯;③工业生产或燃烧过程中释放的副产物二噁英和多氯二苯并呋喃(PCDFs)。后续又将开蓬、六溴联苯、六六六(包括林丹)、多环芳烃(PAHs)、六氯丁二烯、八溴联苯醚、十溴联苯醚、五氯苯、多氯萘、短链氯化石蜡等列为POPs。截至2023年,中国为落实公约要求和新阶段履约目标进行严格管控的POPs有28种(表4.5)。

表4.5 28种POPs的管控要求及来源①

| 化合物 | 附件② | 来源③ | 化合物 | 附件 | 来源 |
|---|---|---|---|---|---|
| 氯丹 | A | ○ | 五氯酚及其盐和酯 | A | ○ |
| 灭蚁灵 | A | ○ | 林丹 | A | ○ |
| 艾氏剂 | A | ○ | 工业硫丹 | A | ○ |
| 狄氏剂 | A | ○ | 十溴二苯醚 | A | △ |
| 异狄氏剂 | A | ○ | 短链氯化石蜡 | A | △ |
| 七氯 | A | ○ | 全氟辛基磺酸及其盐类 | B | △ |
| 毒杀芬 | A | ○ | 滴滴涕 | B | ○ |
| 开蓬 | A | ○ | 五氯苯 | A和C | ○/△/□ |
| α-六六六 | A | ○ | 六氯苯 | A和C | ○/△ |
| β-六六六 | A | ○ | 多氯联苯 | A和C | △/□ |
| 六溴联苯 | A | △ | 六氯丁二烯 | A和C | △/□ |
| 六溴环十二烷 | A | △ | 多氯萘 | A和C | △/□ |

续表

| 化合物 | 附件② | 来源③ | 化合物 | 附件 | 来源 |
|---|---|---|---|---|---|
| 六溴联苯醚、七溴联苯醚（商用八溴联苯醚） | A | △ | PCDFs | C | □ |
| 四溴联苯醚、商用五溴联苯醚 | A | △ | PCDDs | C | □ |

注：①信息来源于《关于持久性有机污染物的斯德哥尔摩公约》(文本和附件2017年修改)(http://www.china-pops.org/gyjc/gyjs/202007/P020201202777725981499.pdf)；《关于持久性有机污染物的斯德哥尔摩公约》国家实施计划(2023 年增补版)(征求意见稿)(https://www.mee.gov.cn/xxgk2018/xxgk/xxgk06/202309/W020230905583116981142.pdf)；②附件A，生产和使用的化学品（消除类）；附件B，生产和使用的化学品（限制类）；附件C，生产和排放的化学品（无意产生类）；③〇表示农药类，△表示工业化学品，□表示非故意产生的化学品。

　　POPs广泛分布于各种环境介质中，包括土壤、大气、水环境（地表水、地下水、湖泊、海洋）和沉积物。其来源具有多样性，主要包括四个方面。①工业领域，特别是印染和助剂工业在生产过程中会释放大量化学物质，如液压油、电子绝缘材料、阻燃剂、润滑剂、增塑剂等，这些物质是POPs的重要来源，特别是多氯联苯、多氯二苯并呋喃等环境激素类物质。②农业活动，包括农药和化肥的广泛应用，以及为促进农作物生长而大量使用的激素类物质，如植物生长调节剂和饲料添加剂；同时，包装材料、设施大棚、地膜等塑料制品造成的POPs污染也不容忽视。③副产物，如多氯联苯醚(PCDES)是由氯代苯酚和氯代苯氧乙酸生产过程中的副产物形成的。④金属冶炼、垃圾焚烧和废水排放等也是POPs的重要来源，特别是在垃圾焚烧过程中产生的二噁英，其危害性尤为显著。土壤多环芳烃污染的工业来源贡献率如图4.2所示。

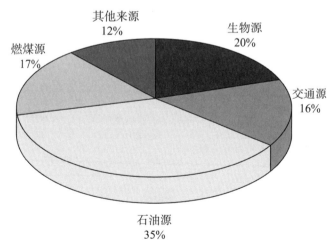

**图4.2　土壤多环芳烃污染的工业来源贡献率**

根据2014年发布的《全国土壤污染状况调查公报》,六六六、滴滴涕、多环芳烃三类POPs污染物的点位超标率分别为0.5%、1.9%、1.4%(表4.6)。

表4.6　三类POPs污染物的超标情况

| 污染物类型 | 点位超标率(%) | 不同程度污染点位比例(%) | | | |
|---|---|---|---|---|---|
| | | 轻微 | 轻度 | 中度 | 重度 |
| 六六六 | 0.5 | 0.3 | 0.1 | 0.06 | 0.04 |
| 滴滴涕 | 1.9 | 1.1 | 0.3 | 0.25 | 0.25 |
| 多环芳烃 | 1.4 | 0.8 | 0.2 | 0.20 | 0.20 |

近20年来,中国相继颁布和实施了一系列重点行业领域POPs的污染控制标准(表4.7)和行动措施,全面停止了29种POPs的生产、使用和进出口(表4.8),每年有效避免了数十万吨POPs的产生和排放,显著降低了农产品和消费品中POPs带来的健康风险。例如,积极推行综合生物防治和替代技术示范,遴选出天敌投放、天敌诱集系统建立、黄色粘虫板部署、杀虫灯具安装等19项综合生物替代技术;积极建设农民田间学校,利用广播、宣传车、宣传册等多种方式向农民进行替代技术的普及与引导。这些技术已广泛应用于棉花(覆盖面积超过270万公顷)、柑橘(覆盖面积超过260万公顷)和苹果(覆盖面积超过200万公顷)等作物的生产中,成功实现了硫丹和三氯杀螨醇的全面淘汰,避免了每年近700t硫丹和2800t三氯杀螨醇的生产与使用,有效推动了农作物病虫害的绿色防控,促进了绿色农业的发展模式转型。

表4.7　重点行业领域POPs的污染控制标准

| 序号 | 标准名 | 涉及的POPs | 限制浓度[①] |
|---|---|---|---|
| 1 | 《制浆造纸工业水污染物排放标准》(GB 3544—2008) | 二噁英 | 30 |
| 2 | 《钢铁烧结、球团工业大气污染物排放标准》(GB 28662—2012) | 二噁英 | 现有企业:1.0<br>新建企业:0.5<br>特别保护区:0.5 |
| 3 | 《炼钢工业大气污染物排放标准》(GB 28664—2012) | 二噁英(电炉) | 1.0 |
| 4 | 《水泥窑协同处置固体废物污染控制标准》(GB 30485—2013) | 二噁英 | 0.1 |
| 5 | 《生活垃圾焚烧污染控制标准》(GB 18485—2014) | 二噁英 | 0.1[②] |
| 6 | 《石油化学工业污染物排放标准》(GB 31571—2015) | 二噁英、六氯丁二烯、多氯联苯、多环芳烃 | 二噁英:0.1/0.3[③]<br>六氯丁二烯:0.006[④]<br>多氯联苯:0.0002[④]<br>多环芳烃:0.02[④] |

续表

| 序号 | 标准名 | 涉及的POPs | 限制浓度① |
|---|---|---|---|
| 7 | 《再生铜、铝、铅、锌工业污染物排放标准》(GB 31574—2015) | 二噁英 | 0.5 |
| 8 | 《合成树脂工业污染物排放标准》(GB 31572—2015) | 二噁英 | 0.1 |
| 9 | 《烧碱、聚氯乙烯工业污染物排放标准》(GB 15581—2016) | 二噁英 | 0.1 |
| 10 | 《含多氯联苯废物污染控制标准》(GB 13015—2017) | 多氯联苯 | 详见注释⑤ |
| 11 | 《涂料、油墨及胶粘剂工业大气污染物排放标准》(GB 37824—2019) | 二噁英 | 0.1 |
| 12 | 《制药工业大气污染物排放标准》(GB 37823—2019) | 二噁英 | 0.1 |
| 13 | 《危险废物焚烧污染控制标准》(GB 18484—2020) | 二噁英 | 0.5 |
| 14 | 《农药制造工业大气污染物排放标准》(GB 39727—2020) | 二噁英 | 0.1 |
| 15 | 《医疗废物处理处置污染控制标准》(GB 39707—2020) | 二噁英 | 0.5 |

注：①无特殊说明下，二噁英类的浓度单位为 pg TEQ/L（废水）或 ng TEQ/m³（大气），TEQ 表示毒性当量；②生活垃圾焚烧炉排放烟气中二噁英类限制浓度为 0.1ng TEQ/m³；生活污水处理设施产生的污泥、一般工业固体废物的专用焚烧炉排放烟气中二噁英类限制浓度为焚烧处理能力>100t/d，二噁英类排放限值为 0.1ng TEQ/m³，焚烧处理能力为 50～100t/d，二噁英类排放限值为 0.5ng TEQ/m³，焚烧处理能力<50t/d，二噁英类排放限值为 1.0ng TEQ/m³；③废水中为 0.3ng TEQ/L，废气中为 0.1ng TEQ/m³；④单位为 mg/L；⑤含多氯联苯废物填埋处置除应满足《危险废物填埋污染控制标准》(GB 18598—2001)入场要求外，填埋废物中多氯联苯的含量应≤10mg/kg，含多氯联苯废物无害化处置过程中的废水排放除应满足《污水综合排放标准》(GB 8978—1996)要求外，排放废水中的多氯联苯浓度应≤0.003mg/L，含多氯联苯变压器在拆解进行无害化清洗后可以资源化利用，但其表面浓度应≤10μg/100cm³。

表4.8  中国已全面淘汰的29种POPs及其用途

| 名称 | 用途 |
|---|---|
| 艾氏剂、狄氏剂、异狄氏剂、七氯、毒杀芬、氯丹、灭蚁灵、十氯酮、三氯杀螨醇、硫丹原药及相关异构体 | 作为农药，曾用于水果、蔬菜、水稻、咖啡果、棉花、花生、烟草等的病虫害防治 |
| 林丹、α-六六六、β-六六六 | 作为农药，曾用于果树、蔬菜等病虫害防治；其中，林丹还曾用于治疗头虱或疥疮 |
| 滴滴涕 | 作为农药，曾用于果树、蔬菜等病虫害防治；作为化工原料，曾用于生产三氯杀螨醇等；也曾用于病媒控制，减少疟疾传播 |

续表

| 名称 | 用途 |
|------|------|
| 五氯苯、六氯苯、五氯苯酚及其盐类和酯类、六氯丁二烯 | 作为杀菌剂,曾用于木材、植物防腐;作为化工原料,曾用于生产其他化学品 |
| 多氯联苯、多氯萘 | 作为绝缘油等,曾用于电力电容器、变压器等 |
| 六溴联苯、四溴二苯醚和五溴二苯醚、六溴二苯醚和七溴二苯醚、商用十溴二苯醚中的十溴二苯醚、六溴环十二烷、得克隆及其顺式异构体和反式异构体 | 作为阻燃剂可添加到塑料、纺织品中,曾广泛应用于电子电气产品、电线电缆、外墙保温建筑材料、家具、沙发和汽车内饰等 |
| 全氟辛基磺酸及其盐类和全氟辛基磺酰氟、全氟己基磺酸及其盐类和相关化合物 | 作为表面活性剂、工业添加剂等,曾应用在电子产品和半导体生产、泡沫灭火剂、金属电镀、纺织品、皮革和垫衬物、农药等 |
| 短链氯化石蜡 | 作为增塑剂或阻燃剂,曾用于填缝剂、防水油漆、学生书包、塑胶跑道、汽车内饰、软门帘、地垫、橡胶传送带、金属加工液等 |

2)内分泌干扰物

内分泌干扰物(endocrine disruptors,EDCs)是一类具有与生物内分泌激素作用类似的外源性化学物质,它们干扰激素作用,增加癌症、生殖功能障碍、认知缺陷和肥胖等不良健康结果的风险,是一种新型POPs。EDCs种类繁多,包括双酚类、烷基酚类、邻苯二甲酸酯、多溴联苯醚、有机磷酸酯、高氯酸盐等,这些化合物被广泛应用于洗涤剂、增塑剂及阻燃剂等工业产品的生产中。全球各地的土壤、水体、沉积物、大气、灰尘等自然介质中均检测到了EDCs的存在。例如,印度某河流中的双酚A浓度最高可达1950ng/L;中国北方的一个废旧塑料处理区域,土壤中的多溴联苯醚浓度为1.25~3673.41ng/L;而在广州某办公场所的室内灰尘样本中,总有机磷酸酯的浓度为5360~6830ng/L。鉴于多数EDCs具有半衰期长及易生物累积的特性,它们对生态环境、人类健康及社会发展构成了潜在的威胁。研究表明,2010年中国邻苯二甲酸酯暴露引发的男性不育、肥胖症和糖尿病等疾病的病例数大约为250万例,造成的直接经济损失约为572亿元。此外,所有已知EDCs暴露导致的医疗费用大约为4294亿元,占国内生产总值(GDP)的1.07%,对全国社会经济发展造成了显著影响。近年来,随着全球经济活动的快速发展,EDCs污染已成为继臭氧层破坏、全球气候变暖之后,又一个备受关注的全球性环境问题,引发了国际社会和各国政府的高度关注与重视。

3)抗生素

抗生素在医疗和畜牧渔业中被广泛使用,用于治疗疾病和促进动物生长。随着成本下降,畜牧渔业中抗生素使用量增加,在美国和中国尤其显著。预计到2030年,全球畜牧渔业对抗生素的需求将进一步增长。

根据化学性质和结构的不同,抗生素主要分为五类:β-内酰胺类(如青霉素、头孢菌素)、喹诺酮类(如环丙沙星、氧氟沙星)、大环内酯类(如红霉素、罗红霉素)、磺胺类(如磺胺嘧啶、磺胺甲唑)和四环素类(如四环素、金霉素)。由于结构稳定,抗生素难以被人体或动物代谢,有高达90%和75%的抗生素分别通过尿液和粪便排出,最终进入生态环境,导致抗生素污染。据统计,全球有大约2000万公顷耕地所使用的灌溉水不同程度地受到了抗生素污染,严重破坏了农田生态系统。环境中的抗生素主要来自医疗和畜牧渔业。医疗抗生素包括病人排泄物、医院废弃物、药品和器械残留及制药厂流失的抗生素。由于现有技术处理效果不佳,这些抗生素可能随污水进入地表水、土壤,甚至地下水。畜牧渔业抗生素包括动物排泄物、水产养殖添加及兽药生产废弃物中的抗生素。这些抗生素通过施肥进入农田,被农作物吸收,对人类健康构成威胁。

4)微塑料

随着工业化水平的不断提高,塑料制品广泛应用于人们生产和生活中的方方面面。全球塑料生产量逐年增加,2012—2022年的年平均增长率达到4%,2022年全球塑料生产总量达到4亿多吨;我国的塑料生产量始终位居首位,在2019年占世界生产总量的32%。据环境保护部统计,2011年我国废弃塑料的回收率不足10%。1950—2015年,全球约产生了63亿吨的塑料垃圾,但超过79%的塑料被填埋或者遗弃在自然界中,造成了严重的塑料污染。大块塑料经碰撞磨损、老化或工业生产等方式,形成的小于5mm的固体颗粒被称为微塑料(microplastics,MPs)。人体可通过皮肤接触、呼吸吸入、饮食等多种方式暴露于微塑料(图4.3)。近年来,微塑料在人体肝、肾、肺等多器官甚至胎盘中被检出。2018年维也纳医科大学对人体食物和粪便的检测表明,人体粪便中存在微塑料,平均每10g粪便中约有20个微塑料颗粒。研究发现,成人每日通过食用蔬菜水果摄入的MPs颗粒达$2.96 \times 10^4 \sim 4.62 \times 10^5$个/kg,儿童每日摄入达$7.65 \times 10^4 \sim 1.41 \times 10^6$个/kg。MPs在人体内的积累可引发炎症和免疫反应,造成细胞损伤、DNA损伤及神经毒性等健康风险。

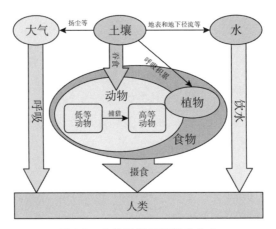

图 4.3 人体暴露于塑料的方式

5）石油

石油作为人类最主要的能源之一，其需求量不断增长，衍生品也大量生产。大规模石油开采始于 20 世纪初，1900 年全球石油消费量约为 2000 万吨。经过一个多世纪的发展，这一数字已激增逾百倍。目前，全球年均石油总产量超过 40 亿吨，其中约 18 亿吨源自陆地油田。平均每生产 1t 石油就有约 2kg 污染物进入环境，发生在石油的开采、运输、储存以及意外泄漏等环节，这导致每年约有 800 万～1000 万吨石油烃类物质进入土壤、地下水、地表水和海洋，引发石油污染问题，对生物及人类健康构成威胁，这一现象已成为全球性的环境挑战。

石油污染物的成分复杂，按照其性质和结构的不同，可分为含量 95%～99.5% 的烃类物质和少量的非烃类物质。烃类物质主要由碳氢化合物组成，包含 $C_{15}$—$C_{36}$ 的烷烃/环烷烃、烯烃和苯、甲苯、乙苯、二甲苯等芳香族化合物以及苯并 a 芘、萘、菲、蒽等多环芳香族化合物等；非烃类组分主要包括杂原子化合物（如含氧、氮、硫的极性有机物）、金属有机化合物（如镍、钒络合物）以及沥青质，其复杂化学结构。按照石油组成可分为轻油（密度 0.65～0.87g/cm³）、中油（密度 0.87～0.91g/cm³）和重油（密度 0.91～1.05g/cm³）。石油污染物对生物体的毒性主要在于轻质油馏分中碳氢化合物的直接毒性作用，具有致突变、致癌、免疫毒性和致畸作用；但其半衰期较短，容易迁移或被微生物迅速降解。然而，当污染程度较重时，对生物体的毒性则主要源自重质油馏分。

根据 2023 年《中国海洋生态环境状况公报》，全国 455 个直排海污染源排放污水中石油的总量为 562t，其中，工业污染源、生活污染源和综合污染源的占比分别为 16%、5% 和 79%。2023 年各海区和沿海各省份直排海石油排放量见表 4.9。

表 4.9 2023 年各海区和沿海各省份直排海石油排放量

| 海区/省份 | 石油排放量(t) | 海区/省份 | 石油排放量(t) |
|---|---|---|---|
| 渤海 | 45 | 江苏 | 18 |
| 黄海 | 132 | 上海 | 23 |
| 东海 | 340 | 浙江 | 271 |
| 南海 | 45 | 福建 | 46 |
| 辽宁 | 1 | 广东 | 33 |
| 河北 | 2 | 广西 | 5 |
| 天津 | 1 | 海南 | 8 |
| 山东 | 156 | | |

注:数据来源于《2023 中国海洋生态环境状况公报》(https://www.mee.gov.cn/hjzl/sthjzk/jagb/202405/P020240522601361012621.pdf)。

#### 4.2.1.3 生物污染

生物污染主要指水体、大气、土壤及食品中的有害微生物导致的污染,其来源主要是生活污水、医疗废水、屠宰场及食品加工企业的废水、未经妥善处理的固体废物以及人畜排泄物,还包括大气中的悬浮颗粒和气溶胶等。这些污染源中含有能够危害人类及动物消化系统和呼吸系统的病原菌和寄生虫,例如溶血性链球菌、金黄色葡萄球菌等,可导致创伤和烧伤等继发性感染。此外,大气中还有花粉、毛虫毒毛、真菌孢子等变应原,它们可引起呼吸道、肠道和皮肤的病变。这些有害微生物对人类健康构成了显著威胁。

微生物通过土壤、水体、生物活动和大气悬浮颗粒物传播。常见的微生物包括杆菌、球菌、霉菌、酵母菌和放线菌等。在城市附近的水体中,有害微生物和寄生虫卵较多;地下水的微生物含量随深度增加而减少;海水中的病原菌较少,但近海区域可能受污水影响。土壤中的微生物也可能导致环境污染,如土壤中的结核分枝杆菌可通过空气传播,影响人畜健康和农业生产。

病原微生物在水中的存活时间受种类和环境影响。沙门氏菌在温度较低且营养丰富的水中存活得久,志贺氏菌在清洁水体中存活能力强,霍乱弧菌在竞争激烈的水体中存活时间短,对 pH 值变化敏感,低 pH 值会抑制其存活;病毒类微生物偏好低温水体。空气中的微生物存活时间受湿度、温度和光照调节,有保护结构的微生物存活时间长。土壤中病原微生物和寄生虫的存活时间与土壤性质、水分、温度、pH 值及生态位有关。此外,病原微生物和寄生虫的潜在危害由其致病性、生物体易感性及生存环境条件共同决定。

#### 4.2.1.4 复合污染

复合污染是指环境中多种污染物(包括无机物与有机物)在同一时间或不同时间进入同一环境介质或生态系统,并发生交互作用的复杂现象。其核心要素包括:①存在一种以上的化学污染物,它们在同一环境介质或生态系统的特定区域内共存或相继出现;②这些污染物之间,以及它们与环境中的生物体之间,会发生显著的交互作用;③这些交互作用包括化学转化、物理迁移、生物吸收与代谢等多个阶段;④这些作用最终可能对生物体或生态系统产生抑制、促进或中性的生态效应。

复合污染的作用机制主要体现在两个方面。一是结合位点的竞争机制。在生物代谢系统及细胞表面,物理化学性质相似的污染物因作用方式和途径的相似性,会相互竞争结合位点,导致一种污染物可能取代另一种处于竞争劣势的污染物,在结合位点占据优势地位。这种竞争结果深受各污染物种类、浓度及各自吸附特性的影响。二是螯合(络合)与沉淀的转化机制。螯合(络合)作用能够改变污染物的存在形态和生物有效性,而沉淀作用则显著降低了污染物的溶解度和生物可利用性。

## 4.2.2 污染物的迁移、转化和富集过程

### 4.2.2.1 污染物的形态

污染物在环境中的形态影响其化学行为、毒性、迁移性和生物有效性。例如,六价铬比三价铬毒性高,甲基汞比无机汞毒性高。污染物从物理状态上,分为固体、气体、液体和辐射等形式,从化学上分为单质和化合物。评估污染程度和修复效果需要考虑污染物的形态和生物可利用性。

#### (1)重金属的形态

对重金属形态的研究主要采用实验室分析法和模型计算法。实验室分析法先对样品进行前处理,然后用化学试剂提取重金属,再通过仪器测定其含量,从而了解环境中重金属的分布。模型计算法则通过数学模型和计算机技术模拟重金属与环境成分的相互作用,预测其含量或比例。在实际应用中,实验室分析法更为常用。

重金属的形态分类包含两个层面的含义,其一是环境中实际存在的化合物或矿物类别,例如含镉的矿物有氧化镉($CdO$)、硫化镉($CdS$)、碳酸镉($CdCO_3$)等;其二是人为划分的性质相近的存在形态,通常是重金属与环境中其他组分的结合形态,目前没有统一的定义和分类方法,常用的存在形态划分方法有物理分析法和化学提取法。

物理分析法采用扫描电镜(SEM)、透射电镜(TEM)、X射线衍射(XRD)、同步辐射X射线吸收光谱(XAS)、X射线精细结构谱(XAFS)等先进技术方法对环境样品中的重金属形态进行分析,探究重金属的结合方式、微区分布和微观形态等。该方法具备分析精确度高、形态真实、不受环境因素和土壤类型制约等优势,然而其操作过程较为复杂、成本高昂、适用范围有限且依赖于专业设备与技术人员。

化学提取法主要分为单步提取法和逐级提取法。单步提取法是指对环境中水溶态重金属进行提取,提取剂通常为纯水、缓冲盐溶液[乙二胺四乙酸(EDTA)或二乙烯三胺五乙酸(DTPA)]和稀酸,该方法操作简单,具有一定的实用性,但仅能提取特定形态的重金属,不能很好地解释重金属在环境中的实际存在形态。逐级提取法是指通过采用不同强度的化学试剂,基于重金属在环境中存在的形态差异(如可交换态、碳酸盐结合态、铁锰氧化物结合态等),选择不同极性和化学活性的试剂对其进行顺序提取,以区分其不同形态。国际上常用的逐级提取方法有泰西耶(Tessier)五步提取法、欧洲共同体参考物机构(BCR)三步提取法、多尔德(Dold)法、温策尔(Wenzel)法、福斯特纳(Forstner)法等,中国地质调查局基于中国土壤特征制定了土壤重金属形态的七步提取法。化学提取法操作简单、成本低廉、使用范围较广,但容易受pH值、土壤类型、有机质含量等环境因素的制约,提取过程中重金属仍有可能发生形态的转化,导致结果的可重复性和可比性较差。在实际操作中需要综合考虑样品类型、特征及操作条件等因素,选择合适的提取方法进行形态分析。

1)Tessier五步提取法

该方法将重金属形态依次划分为可交换态、碳酸盐结合态、铁锰氧化物结合态、有机物结合态和残渣态(表4.10)。主要优点在于其能够全面反映环境中重金属的分布状态及其生物利用性,适用于多种环境介质和土壤类型。其缺陷在于提取过程中试剂的筛选及提取条件的设定需基于主观判断和经验积累,且存在潜在的交叉污染及重金属形态转化的风险。

表4.10 基于Tessier五步提取法的重金属形态及提取方法

| 重金属形态 | 提取剂 | 操作条件 |
|---|---|---|
| 可交换态 | 1mol/L $MgCl_2$(pH=7.0) | 室温振荡1h |
| 碳酸盐结合态 | 1mol/L $CH_3COONa \cdot 3H_2O$(pH=5.0) | 室温振荡6h |
| 铁锰氧化物结合态 | 0.04mol/L $NH_2OH \cdot HCl$ 和25%(V/V) $CH_3COOH$ 溶液(pH=2.0) | (96±3)℃水浴提取,间歇搅拌6h |
| 有机物结合态 | 0.02mol/L $HNO_3$+30%$H_2O_2$(pH=2.0) | (85±2)℃水浴提取3h,最后加 $CH_3COONH_2$ 防止再吸附,振荡30min |
| 残渣态 | HF-$HClO_4$ | 消解 |

可交换态重金属主要通过扩散作用和外层络合作用非专性地吸附在土壤黏土矿物及氢氧化铁、氢氧化锰、腐殖质等其他成分上。其活性最强,在中性条件下最易释放,对环境变化敏感,易转化为其他形态,此外,其迁移性、生物有效性和毒性均较强,是造成环境污染和生物健康危害的主要重金属形态。

碳酸盐结合态重金属以沉淀或共沉淀的形式结合于碳酸盐中,对土壤pH值最为敏感,随pH的变化,该形态重金属能发生转化,具有潜在风险。pH降低时,该形态重金属易释放,迁移性和生物活性均增强;而pH升高时该形态重金属较为稳定。

铁锰氧化物结合态重金属是指与土壤中的铁或锰氧化物以强离子键结合,与铁或锰氧化物发生反应,形成结合体或附着于沉积物颗粒表面的重金属。包括无定形氧化锰、无定形氧化铁和晶体型氧化铁结合态。土壤pH值和氧化还原条件会影响此形态重金属的稳定和释放,在还原条件下,该形态的重金属可能被还原并释放,对环境造成二次污染。

有机物结合态重金属主要通过配合作用与有机质、腐殖质及矿物颗粒的活性位点结合,形成稳定的螯合物或难溶的硫化物沉淀。这一形态的重金属可细分为松结合态和紧结合态,可采用氧化萃取技术进行分离提取。此类重金属形态在自然环境中表现出较高的稳定性,释放速率相对缓慢,不易为生物体所利用。然而,当土壤环境的氧化还原状态发生变化,如向碱性或强氧化性条件转变时,有机质的分解过程可能会加速,导致部分重金属从结合态中解离并释放至环境中。

残渣态重金属是干净无污染土壤中重金属最主要的存在形态,通常与土壤晶格中的硅酸盐、原生矿物和次生矿物等牢固结合。一般而言,残渣态重金属的含量可以代表土壤或沉积物中重金属的背景值,主要受到土壤矿物学特征、岩石风化作用以及土壤侵蚀等因素的影响。在自然条件下,残渣态重金属表现出较强的稳定性,难以从沉积物中释放,能够长期稳定存在。常规的提取方法难以将残渣态重金属从土壤中分离出来,其仅能通过长时间的地质风化过程逐步释放到环境中。因此残渣态重金属的迁移性、生物可利用性和毒性均最低。

2)BCR法

BCR法是欧洲共同体参考物机构提出的较新的形态划分方法,该方法将重金属形态分为酸溶态、可还原态、可氧化态和残渣态4种形态(表4.11)。该方法的主要优势在于流程简化、操作快捷、精确度高,并能够针对不同类型的土壤实现最佳的提取回收效率,非常适合用于评估不同重金属污染源对土壤的影响。其局限性主要在于无法有效区分碳酸盐结合态与有机物结合态重金属,在有机质含量较高的土壤中,其提取效果会受到限制。此外,该方法所采用的提取试剂中含有氯化物,有可能导致重金属的转化和迁移。

表 4.11　基于BCR法的重金属形态及提取方法

| 重金属形态 | 提取剂 | 操作条件 |
|---|---|---|
| 酸溶态 | 0.11mol/L $CH_3COOH$ | 室温振荡16h |
| 可还原态 | 0.5mol/L $NH_2OH \cdot HCl$ | 室温振荡16h |
| 可氧化态 | 8.8mol/L $H_2O_2$、1mol/L $CH_3COONH_4$ | 消解、室温振荡16h* |
| 残渣态 | $HF-HClO_4$ | 消解 |

注:*向第二步的残余物中加入10mL $H_2O_2$,盖上离心管盖,在室温下消解1h,然后去盖置于85℃水浴锅中消解1h,加热至溶液蒸发近干(3mL以下),再加入10mL $H_2O_2$,加热至溶液近干(约1mL)。冷却后,加入50mL 1mol/L $CH_3COONH_4$提取液,在室温下振荡16h,离心分离。

### 3)七步提取法

七步提取法是中国地质调查局发布的《生态地球化学评价样品分析技术要求(试行)》(DD 2005-03),将重金属形态分为7种:水溶态、离子交换态、碳酸盐结合态、弱有机(腐殖酸)结合态、铁锰结合态、强有机结合态和残渣态(表4.12)。该方法的优点在于能实现土壤重金属形态的精细划分,更准确地反映重金属在土壤中的生物有效性,广泛适用于多种土壤类型。同时,该方法采用超声波清洗器替代传统振荡器,有效缩短了连续提取实验的时间。其缺点在于操作较为复杂,涉及多个步骤,耗时较长。此外,提取剂的选择和使用可能对重金属的形态转化产生影响。还需注意的是,提取试剂中的硝酸成分可能对土壤中的有机质有氧化作用,且会促进重金属的溶解。

表 4.12　基于七步提取法的重金属形态及提取剂*

| 重金属形态 | 提取剂 |
|---|---|
| 水溶态 | $H_2O$(pH=7.0) |
| 离子交换态 | 1mol/L $MgCl_2 \cdot 6H_2O$(pH=7.0) |
| 碳酸盐结合态 | 1mol/L $CH_3COONa \cdot 3H_2O$(pH=5.0) |
| 弱有机(腐殖酸)结合态 | 0.1mol/L $Na_4PO_7 \cdot 10H_2O$(pH=10.0) |
| 铁锰结合态 | 0.25mol/L $NH_2OH \cdot HCl$ |
| 强有机结合态 | 30% $H_2O_2$ |
| 残渣态 | 王水 |

注:*操作方法详见《生态地球化学评价样品分析技术要求(试行)》(DD2005-03)附录A"形态分析方法"(https://std.cgs.gov.cn/webfile/upload/2024/01-09/15-38-450989-1535534445.pdf)。

### (2)有机污染物的形态

目前,关于重金属赋存形态的研究已较为成熟,但对有机污染物赋存形态的研究相对较少,且进展缓慢。这主要是由于土壤中的有机污染物并非处于一个完全固定的状态,它们主要以吸附形式存在于不同的土壤组分中,赋存形态存在差异。有机污染物在环境介质中的吸附-解吸过程是其赋存形态的关键影响因素。有学者提出,有机污染物的赋存形态按照等温线特性可以划分为线性平衡吸附态、可逆的朗缪尔(Langmuir)吸附态和不可逆吸附态;按照解吸速率可分为快解吸、慢解吸和不可逆吸附态。近年来,根据所使用的萃取剂不同,有学者也提出了一系列有机污染物形态划分方法。例如能用环糊精提取的部分为生物可利用形态,需用二氯甲烷和丙酮混合液提取的部分为有机溶剂提取态,用80℃ NaOH溶液提取的部分为残渣态;将PAHs按照萃取剂的不同分为腐殖酸吸附态(不稳定态)和胡敏素吸附态(分离态)。根据有机污染物在土壤中的溶解、吸附和结合状态的不同,可将有机污染物形态划分为溶解态、吸附态、结合态和残留态。例如,按此分类方法,土壤中的PAHs可划分为水溶态、酸溶态、结合态和锁定态(即残留态),且每种形态都具有一定的环境意义(表4.13)。土壤吸附位点与有机污染物赋存形态如图4.4所示。

表4.13　PAHs的形态提取和环境意义

| 形态 | 提取剂 | 环境意义 |
| --- | --- | --- |
| 水溶态 | 去离子水 | 可溶解于土壤孔隙水或溶解性有机质,直接被生物利用;可随径流进入地表水,进而渗入地下水 |
| 酸溶态 | 人造根系分泌物 | 不能直接溶于水,可通过根系分泌物或低分子量有机酸进行解吸,易于被生物吸收利用。 |
| 结合态 | 甲醇-氢氧化钠 | 可通过有机溶剂解吸,难以被生物有效利用。 |
| 锁定态 | — | 在常温条件下无法从土壤中释放,对生物不具备生物可利用性。 |

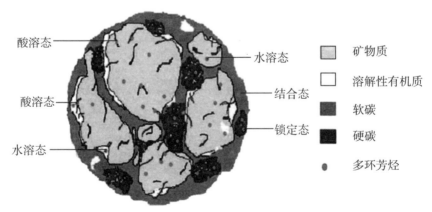

图4.4　土壤吸附位点与有机污染物赋存形态示意

### 4.2.2.2 污染物的迁移

污染物在环境中的迁移过程受到双重因素的制约:一是污染物本身的物理化学特性;二是外部环境条件的物理化学状态,包括区域自然地理特征。可将污染物的迁移归纳为机械迁移、物理-化学迁移和生物迁移三种形式。

（1）机械迁移

污染物的机械迁移是指污染物在自然环境中随外力移动的过程，受到多种因素的影响，具体表现为以下几方面。

大气迁移：风力作用使污染物在空气中传播，风向和风速决定其迁移方向和速度；湍流现象和气象条件如温度、湿度、气压也会影响污染物的大气迁移。

水体迁移：水流速度、方向和水体特性影响污染物在水中的迁移；水流动包括地表和地下水流动，污染物可能在水体中沉积或随水流渗透。

土壤迁移：土壤孔隙度、质地和湿度影响污染物在土壤中的迁移；地形地貌如山脉、山谷、平原则会影响污染物的迁移路径。

人类活动：工业排放、化肥和农药使用、城市排水等人类活动释放污染物，这些污染物通过自然过程进行迁移。

（2）物理-化学迁移

物理-化学迁移是污染物在环境中迁移的重要途径，它决定了污染物在环境中的形态、富集情况及潜在风险。对于无机污染物，它们通常以离子、配合物离子或可溶性分子的形式存在。这些污染物通过吸附-解吸、配位与螯合、溶解与沉淀、氧化与还原、水解、光解等一系列物理化学过程在环境中迁移，除了上述迁移机制外，无机污染物还可能通过光化学分解进行迁移。

（3）生物迁移

污染物经过生物体的吸附、摄入、代谢、排泄、死亡、分解等生物活动，实现在自然环境中的迁移与再分配。这种迁移方式与各生物独特的生理机能、生化反应特性及遗传变异特征紧密相关，对自然界中的物质运输和能量传递具有重要意义。特定的生物种类能够选择性地吸收并富集环境中的污染物，而另一些生物种类则可能具备转化和降解这些污染物的能力。污染物随食物链的传递与放大效应是生物迁移现象的重要特征。

### 4.2.2.3　污染物的转化

污染物的转化通常伴随着迁移进行，与迁移不同的是，污染物的转化是指污染物在环境中物理、化学及生物的作用下发生形态改变或者转变成另一种物质的过程，而非单纯的空间位置移动。污染物的转化过程与其自身特性及所处的环境条件紧密相关。污染物在大气中的转化主要通过光化学氧化和催化氧化反应进行，氮氧化物、碳氢化合物等大气污染物经过光化学氧化反应，能够生成臭氧、过氧乙酰硝酸酯（PAN）及其他类似的（统称为光化学氧化产物）。例如，二氧化硫在光化学或催化氧化的作用下,会转变为硫酸或硫酸盐;滴滴涕在光照射下易发生光解反应,生成对氯苯基(DDE)以及6-羟基-2-萘基二硫醚(DDD)。水体中的污染物主要通过沉淀-溶解、氧化-还原、水解和生物降解等作用发生形态的转化(图4.5)。

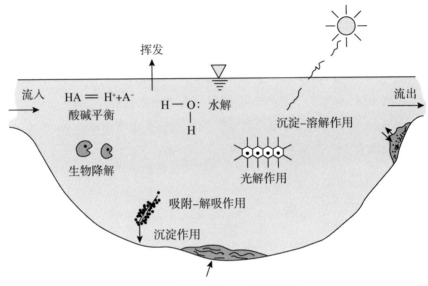

**图4.5 水体中污染物的形态转化**

### (1)物理转化

污染物的物理转化包括吸附、蒸发、凝聚、渗透及放射性元素的蜕变等过程。对于重金属而言,除了汞单质能够通过蒸发作用实现从液态到气态的形态转化外,其余重金属主要通过吸附-解吸机制来改变其存在形态。对于有机污染物,挥发是其主要的物理转化方式。

### (2)化学转化

污染物的化学转化是环境中最普遍和主要的方式,包括沉淀-溶解、氧化-还原、络合-解离、降解-合成等多种过程。

①沉淀-溶解。该过程是指固体物质在溶剂中溶解形成溶液以及溶液中的某些物质因条件改变而从溶液中析出沉淀的过程。溶解和沉淀是生态系统中最常见的物质形态变化方式之一。溶解过程受溶质的溶解度、溶剂的性质、温度等因素影响;沉淀则可能因温度变化、溶剂蒸发、化学反应等变化而发生。以土壤中的重金属Hg为例,土壤中含Hg矿物或沉淀物,如朱砂(HgS),可部分溶解于土壤溶液中,转化成$Hg^{2+}$和$Hg_2^{2+}$;反过来,$Hg^{2+}$和$Hg_2^{2+}$也可以和土壤中的卤素离子($Cl^-$、$I^-$、$Br^{2-}$)及$S^{2-}$、$CO_3^{2-}$、$SO_4^{2-}$、$HPO_4^{2-}$、$H_2PO_4^-$、$OH^-$等阴离子发生反应而重新沉淀;这就是土壤Hg的沉淀-溶解动态过程(表4.14)。

表4.14 土壤Hg的沉淀–溶解反应

| 化学反应式 | $K_{sp}^*$（25℃） |
|---|---|
| $Hg^{2+}+S^{2-} \rightleftharpoons HgS(s)$ | $4.0 \times 10^{-53}$ |
| $Hg^{2+}+2I^- \rightleftharpoons HgI_2(s)$ | $6.1 \times 10^{-48}$ |
| $Hg^{2+}+2OH^- \rightleftharpoons HgO(s)+H_2O$ | $5.8 \times 10^{-28}$ |
| $Hg_2Cl_2+2NH_3 \rightleftharpoons HgNH_2Cl(s)+NH_4Cl+Hg(s)$ | $3.9 \times 10^{-50}$ |
| $HgCl_2+2NH_3 \rightleftharpoons HgNH_2Cl(s)+NH_4Cl$ | $7.9 \times 10^{-50}$ |
| $Hg^{2+}+2OH^- \rightleftharpoons Hg(OH)_2(s)$ | $4.8 \times 10^{-26}$ |
| $2Hg^{2+}+S^{2-} \rightleftharpoons Hg_2S(s)$ | $1.0 \times 10^{-45}$ |
| $2Hg^{2+}+CO_3^{2-} \rightleftharpoons Hg_2CO_3(s)$ | $9.0 \times 10^{-23}$ |
| $2Hg^{2+}+SO_4^{2-} \rightleftharpoons Hg_2SO_4(s)$ | $3.3 \times 10^{-12}$ |
| $2Hg^{2+}+2Cl^- \rightleftharpoons Hg_2Cl_2(s)$ | $4.1 \times 10^{-23}$ |

注：$^*K_{sp}$为溶度积，即沉淀和溶解平衡常数，其大小反映了难溶电解质的溶解能力。

②氧化–还原。污染物与环境中的其他离子发生氧化还原反应并伴随着离子得失，其价态也因此发生改变，在该过程中其形态发生转化。以放射性污染物铀（U）为例，其在水体中的迁移转化行为主要取决于其氧化状态，而氧化状态受多种因素如天然矿物、有机质、微生物活动等的影响。在含氧条件下，铀主要以易迁移的六价铀酰（$UO_2^{2+}$）游离态存在，该游离态还能与水体中的磷酸根、硅酸根、硫酸根、氟离子及大量碳酸根等阴离子结合，形成$(UO_2)_3(PO_4)_2$、$UO_2SO_4$、$UO_2CO_3$、$UO_2(CO_3)_2^{2-}$等多种可溶性络合物，在水体中具有较强的迁移性。相反，在还原条件下，高价态的铀酰离子可以在含铁（Ⅱ）矿物如磁铁矿（$Fe_3O_4$）、菱铁矿（$FeCO_3$）、黑云母等的表面被还原为低价态，进而形成$UO_2$、$U_3O_8$（沥青铀矿）、方铀矿、水硅铀矿、钙铀云母等各种微溶或难溶的固态化合物，从而显著降低了铀在水体中的迁移能力。此外，氧化–还原反应还可影响污染物的溶解–沉淀反应。例如，在还原条件下，土壤中的$SO_4^{2-}$被还原为$H_2S$（式4-1），与土壤中的$Hg^{2+}$和$Hg_2^{2+}$相遇后会迅速发生反应生成难溶的HgS和$Hg_2S$（式4-2、式4-3）。而在氧化条件下，HgS又可以转化为可溶性硫酸盐，成为有效态Hg。

$$SO_4^{2-}+8e^-+8H^+ \rightleftharpoons S^{2-}+4H_2O \qquad (lgK^0=20.74) \qquad (4-1)$$

$$Hg^{2+}+S^{2-} \rightleftharpoons HgS(s) \qquad (lgK^0=54.77) \qquad (4-2)$$

$$Hg^{2+}+2S^{2-} \rightleftharpoons Hg_2S(s) \qquad (lgK^0=51.93) \qquad (4-3)$$

其中，$K^0$为反应的平衡常数。

③络合–解离。该方式是污染物在环境中发生形态转化最基本和普遍的方式之一。大多数重金属离子和部分有机污染物可以跟环境中的配体，如有机物（氨基酸、胺类物质等）、有机质（富啡酸、胡敏酸等）、卤素离子、$SO_4^{2-}$、$CN^-$、$CNS^-$、$OH^-$等，发生

络合反应形成稳定化合物。土壤中 $Cd^{2+}$ 和 $Hg^{2+}$ 可能发生的一些络合反应见表4.15。土壤中 $Cl^-$ 与金属离子的络合作用可以显著提高金属离子的溶解度和生物有效性。例如,$Cl^-$ 与 Hg 的络合作用会显著提高 Hg 的溶解度,从而增加其生物有效性。当土壤中 $Cl^-$ 浓度达到 $10^{-4}$ mol/L 时即可导致 $Hg(OH)_2$ 和 HgS 的溶解度分别增加 55 和 408 倍。此外,$Cl^-$ 与 Hg 的络合作用还会显著降低土壤胶体对 Hg 的吸附作用。当 $Cl^-$ 浓度大于 $10^{-3}$ mol/L 时,土壤无机胶体对 $Hg^{2+}$ 的吸附作用显著降低。目前,关于有机污染物的络合反应研究较少,以除草剂二甲四氯(MCPA)为例,MCPA 与溶解性有机质(DOM)的络合位点为微生物源腐殖质,二者通过极性基团的配体交换/氢键与芳香骨架的疏水作用形成"DOM-MCPA"络合体。环境中 DOM 的组成成分直接影响络合体的形成。例如,在菜地和稻-菜轮作地,DOM 的芳香族和脂肪族成分较多,络合主要发生在 MCPA 的芳香 C═C 结构和酰胺 C─N 结构上;而稻田和摆荒地 DOM 富含低分子亲水性物质,络合则倾向于发生在氨基、多糖 C─O 结构和脂肪族 C─H 结构上。而 MCPA 主要络合于醚基,因此,其在菜地和稻-菜轮作土壤中的强络合特性将促进其在土壤中的共吸附和还原脱氯作用,从而生成稳定络合体以降低生态毒性。

表4.15　土壤 Cd 和 Hg 的部分络合-解离反应

| 化学反应式 | $\lg K^0$ |
| --- | --- |
| $Cd^{2+}+H_2O \rightleftharpoons [CdOH]^+ + H^+$ | −10.10 |
| $Cd^{2+}+3H_2O \rightleftharpoons [Cd(OH)_3]^- + 3H^+$ | −33.01 |
| $Cd^{2+}+Cl^- \rightleftharpoons [CdCl]^+$ | 1.98 |
| $Cd^{2+}+3Cl^- \rightleftharpoons [CdCl_3]^-$ | 2.40 |
| $Cd^{2+}+4Cl^- \rightleftharpoons [CdCl_4]^{2-}$ | 2.50 |
| $Cd^{2+}+3I^- \rightleftharpoons [CdI_3]^-$ | 5.00 |
| $Cd^{2+}+4I^- \rightleftharpoons [CdI_4]^{2-}$ | 6.00 |
| $Cd^{2+}+Br^- \rightleftharpoons [CdBr]^+$ | 2.15 |
| $Cd^{2+}+3Br^- \rightleftharpoons [CdBr_3]^-$ | 3.00 |
| $Cd^{2+}+4Br^- \rightleftharpoons [CdBr_4]^{2-}$ | 2.90 |
| $Hg^{2+}+Br^-+Cl^- \rightleftharpoons [HgBrCl]^0$ | 15.93 |
| $Hg^{2+}+Br^-+I^- \rightleftharpoons [HgBrI]^0$ | 21.05 |
| $Hg^{2+}+Br^-+3I^- \rightleftharpoons [HgBrI_3]^{2-}$ | 28.19 |
| $Hg^{2+}+2Br^-+2I^- \rightleftharpoons [HgBr_2I_2]^{2-}$ | 26.35 |
| $Hg^{2+}+3Br^-+I^- \rightleftharpoons [HgBr_3I]^{2-}$ | 24.08 |
| $Hg^{2+}+2S_2O_3^{2-} \rightleftharpoons [Hg(S_2O_3)_2]^{2-}$ | 29.91 |
| $Hg^{2+}+2CNS^- \rightleftharpoons [Hg(CNS)_2]^0$ | 16.14 |
| $Hg^{2+}+Y^{2-*} \rightleftharpoons HgY^{2-}$ | 21.83 |

注:* $Y^{2-}$ 代表 EDTA 的酸根离子。

降解-合成。由于重金属性质极其稳定,难以在自然条件下发生降解,在此不做过多介绍。对有机污染物而言,化学降解主要包括水解和光解两种。水解可以改变有机污染物的结构(式4-4),通常情况下水解产物毒性较母体有机污染物本身毒性低,但也有例外,例如2,4-D酯类的水解产物2,4-D酸的毒性反而更大。

$$RX + H_2O \longrightarrow ROH + HX \tag{4-4}$$

光解是环境中有机污染物消除的重要方式,是指在光的作用下,分子被激发并发生裂解或转化的过程,且在该过程中光能转化为分子内能。由于这些污染物通常含有C—C、C—H、C—O、C—N等化学键,这些化学键的离解能正好与太阳光的波长相匹配,因此污染物分子在吸收光子后会转变为激发态,进而引发化学键的断裂,实现光解反应。有机污染物的光解反应受到污染物自身特性、环境介质的类型和特征等多种因素影响。例如,与水体相比,农药在土壤表面的光解速率较慢,这主要是由于光线在土壤中迅速衰减以及土壤颗粒吸附农药分子后内部产生了滤光现象;PAHs在含碳和铁的粉煤灰上光解速率减慢,可能是因为粉煤灰的分散、多孔和黑色特性提供了内部滤光层,从而保护吸附态的PAHs不易发生光解。此外,共存物质的猝灭和敏化作用也是影响有机污染物光解的重要因素。例如,土壤色素可猝灭光活化的农药分子而降低农药光解效率;光敏化物质(如胡敏酸和富啡酸)在光照下会导致瞬时自由基浓度增加,从而促进农药的光解。

非生物烷基化。生态系统中很多重金属污染物在特定条件下可转化为金属有机化合物,这一过程会加剧重金属的生物毒性,例如甲基汞和三价二甲基砷[DMA(Ⅲ)]的毒性比无机汞和无机砷更强。无机汞的非生物烷基化过程主要在日光和紫外线等外界条件下通过与环境中的醋酸、甲醛、乙醛、α-氨基酸、天然的甲基供体[如$CH_3I$、$(CH_3)_2S$、$(CH_3)_3^+S$、$(CH_3)_3^+NCH_2COO^-$]等物质的作用完成。

**(3)生物转化**

生物转化是指污染物被生物吸收后,在生物酶的催化作用下发生生物化学反应,从而发生结构和性质改变的过程。自然界中的动植物和微生物在污染物的生物转化过程中均发挥着重要作用。例如,一些酚类物质进入植物体后,可以转化为酚糖苷,随后经植物体内代谢被分解为$CO_2$和$H_2O$;苯并[a]芘也可在植物体内被代谢分解为有机酸和$CO_2$;Pb、Hg和As可以在微生物的作用下发生甲基化,即生物烷基化,部分参与汞甲基化和二甲基化的微生物种类见表4.16。此外,共代谢在有机污染物的形态转化过程中也发挥着重要作用。一种非特异性酶能够同时转化两种基质的现象被称为共代谢。以甲烷的代谢为例,非特异性酶——甲烷单氧酶,不仅能够将氧原子引入甲烷分子,将其转化为甲醇,还能够将三氯乙烯氧化成环氧化物。在此共代谢过程中,甲烷作为营养基质被视为第一基质,而三氯乙烯作为共降解基质被视为第二基质,这种非特异性酶被称为关键酶。PAHs的共代谢降解过程见表4.17。

表4.16　参与汞甲基化和二甲基化的微生物种类

| HgCl₂甲基化微生物 | CH₃Hg⁺二甲基化微生物 |
|---|---|
| 荧光假单胞菌(*Pseudomonas fluorescens*) | 黏质赛氏杆菌(*Serratia marcescens*) |
| 沸氏菌微杆菌(*Microbacter phlei*) | 天命菌(*Providencia* sp.) |
| 大芽孢杆菌(*Bacillus megaterium*) | 荧光假单胞菌(*Pseudomona fluorescens*) |
| 大肠杆菌(*Escherichia coli*) | 弗氏柠檬酸杆菌(*Citrobacter freundii*) |
| 乳酸杆菌(*Lactobacilli*) | 奇异变形菌(*Proteus mirabilis*) |
| 产气杆菌(*Aerobacter aerogenes*) | 产气肠道菌(*Enterobacter aerogenes*) |
| 二裂杆菌(*Bifidobacteria*) | 阴沟肠道菌(*Enterobacter cloacae*) |
| 产气肠道菌(*Enterobacter aerogenes*) | 副大肠杆菌(*Paracolobacterium coliforme*) |
| 蜗形菌(*Clostridium. cochlearium*) | 鼠疫巴氏无色杆菌(*Achrembacter pestifer*) |
| 黑曲霉菌(*Aspergillus niger*) | 普利茅斯赛氏杆菌(*Serratia plymuthica*) |
| 短柄梨孢帚霉菌(*Scopulariopsis brevicaulis*) | 葡萄球菌属(*Staphylococcus* sp.) |
| 链球菌属(*Streptococci*) | 绿脓杆菌(*Pseudomonas aeruginosa*) |
| 葡萄球菌属(*Staphylococci*) | 枯草杆菌(*Bacillus subtilis*) |
| 大肠杆菌属(*Escherichia coli*) | 典型海洋黄杆菌(*Flabobacterium marino trhpicum*) |
| 酵母菌(*yeasts*) | 间区柠檬酸杆菌(*Citrobacter intermedius*) |
| — | 脆假单胞菌(*Pseudomonas fragi*) |
| — | 脱硫弧菌(厌氧的)[*Desulfovibrio desul furicans* (anaerobe)] |

表4.17　PAHs的共代谢降解举例

| PAHs降解 | | | | PAHs相互关系 | 参与作用的PAHs和微生物 |
|---|---|---|---|---|---|
| 单独降解 | | 成对降解 | | | |
| PAH1 | PAH2 | PAH1 | PAH2 | | |
| 代谢 | 不代谢 | 代谢 | 不代谢 | 无共代谢作用 | 菲+芘<br>假单胞杆菌(*Pseudomonas* sp.) |
| 代谢 | 不代谢 | 代谢降低 | 不代谢 | 无共代谢作用,对PAH1有抑制作用 | 芴+蒽<br>红球菌(*Rhodococus* sp.) |
| 代谢 | 不代谢 | 不代谢 | 不代谢 | 无共代谢作用,对PAH1有毒害作用 | 荧蒽+萘<br>红球菌 |
| 代谢 | 不代谢 | 代谢 | 代谢 | 对PAH2有共代谢作用 | 菲+荧<br>假单胞杆菌 |
| 代谢 | 不代谢 | 代谢降低 | 代谢 | 对PAH1抑制,对PAH2有共代谢作用 | 菲+芴<br>假单胞杆菌 |
| 代谢 | 不代谢 | 代谢升高 | 代谢 | 共代谢并有协同作用 | 菲+芴<br>红球菌 |

| PAHs 降解 | | | | PAHs 相互关系 | 参与作用的 PAHs 和 微生物 |
|---|---|---|---|---|---|
| 单独降解 | | 成对降解 | | | |
| PAH1 | PAH2 | PAH1 | PAH2 | | |
| 代谢 | 代谢 | 代谢降低 | 代谢 | 优先性底物降解 | 芘+蒽 棒状杆菌(*Coryneform bacillus*) |
| 代谢 | 代谢 | 代谢降低 | 代谢降低 | 两种 PAHs 有拮抗作用 | 菲+荧蒽 红球菌 |

### 4.2.2.4 污染物的富集

在探索污染物对单一生物体毒性效应的早期阶段,研究人员即已发现,众多有机和无机污染物在生物体内的浓度相较环境水平有显著升高。只要这些污染物在环境中持续存在,其在生物体内的累积量便会随着生物体的生长发育时间不断升高。在受污染的生态系统中,不同营养层级的生物体内污染物浓度普遍高于环境水平,且呈现出随营养层级提升而递增的显著特征。污染物通过食物链的传递与累积,对人类健康与生活质量改善构成了重大挑战。因此,深入探究污染物的生物累积现象及其背后的机制,具有至关重要的意义。

#### (1)生物富集概念

生物在吸收各种营养物质以确保其生长发育和维持正常生理功能的同时,也会不可避免地吸收一些非必需的物质。其中,有些物质如酚类化合物,其化学结构相对简单,容易在生物体内被分解和代谢,转化为无害或低毒性的物质,最终排出体外,故不会在体内长时间积累;但还有一些物质,如 POPs 和某些金属元素,其化学结构稳定,不易被生物体分解和代谢,因此会在生物体内长期存在并逐渐积累,甚至通过食物链的传递作用在高营养级的生物体内积累达到更高浓度,对生物体的健康造成潜在威胁。

生物个体或处于同一营养级的生物种群吸收并积累环境中的某些元素或难分解化合物,造成这些元素或化合物在体内的浓度高于环境水平的现象,称为生物富集(bio-enrichment)或生物浓缩(bio-concentration)。通常用富集系数(bio-enrichment factor)或浓缩系数(bio-concentration factor),即生物体内污染物浓度与环境中该污染物浓度的比值来表示污染物的富集程度。还有学者提出了生物积累(bio-accumulation)和生物放大(bio-magnification)两个概念。生物积累是指生物个体在整个生命周期中,其体内难以分解的化合物或特定元素的富集系数随时间持续上升的过程。生物放大效应指的是在生态系统同一食物链中,由于高营养级生物摄食低营养级生物,导致难以分解的化合物或特定元素在生物体内的浓度随营养级升高而递增的现象。

**(2)生物富集影响因素**

**1)生物学特性**

生物富集能力主要取决于生物体自身的生物学特性,特别是生物体内能够与污染物进行有效结合的活性物质,其活性的强弱与含量对污染物的富集具有重要影响。这些活性物质与污染物结合后,形成稳定的复合物,进而缓解或消除污染物对生物体的毒害作用。

生物体的不同器官对污染物的富集能力不同。例如,鱼类对铅的富集能力表现出鳃>内脏>骨骼>头>肌肉;植物对污染物的富集能力普遍表现出根>茎>叶的趋势。另外,不同生物类型,甚至同种生物不同基因型对污染物的富集能力也不同。有些生物表现出对某种污染物的超量富集能力,例如东南景天、蜈蚣草、海洲香薷等植物,这些植物被称为超富集植物或超积累植物。此外,生物体在不同发育期,对污染物的富集能力也不同。

**2)污染物的性质、环境浓度和暴露时间**

污染物的性质,如价态、结构、形态、溶解度、稳定性和渗透性,影响其在生物体内的富集。持久性有机污染物因其稳定性和高脂溶性,易被生物吸收并储存在脂肪中,难以分解排出。相比之下,有机磷和氨基甲酸酯类农药易降解,环境滞留时间短。酚类污染物通常水溶性高,易降解,不易富集,但氯化后脂溶性增加,易于吸收。除草剂水溶性高,挥发性大,不易生物富集。重金属稳定难降解,长期留存环境,其中某些是必需元素,但过量富集可引发毒性,其他如 Cd、Hg、Pb、As 等,通过与必需元素相似的结构进入生物体,产生毒性。

生物体对污染物的富集量随着环境中污染物浓度的升高而增加,但富集系数与污染物浓度之间并无显著的正相关关系,反而在浓度升高到一定程度时出现逆转,开始下降。研究发现,水中的 Cd 浓度为 0.005mg/L 时,水葫芦、紫背萍、狐尾藻和荇菜对 Cd 的富集系数达到峰值,随后迅速降低;但当 Cd 浓度达到 1.0mg/L 时,4 种水生植物对 Cd 的富集系数显著下降,这可能与 Cd 的毒性效应有关。

**3)环境因素**

不同环境介质及特性对污染物在生物体内的富集均有重要影响。大气中的污染物主要通过呼吸、皮肤接触的方式进入动物体内,对植物则多数通过气孔进入,因此凡是能影响动物呼吸作用或者植物气孔开合的因素都会对污染物的富集产生影响。水生生物对污染物的富集能力除了受到污染物在水中溶解度和生物体自身特性的限制外,还会受到水体 pH 值、温度、底泥或沉积物的有机质含量等因素的影响。例如鱼对甲基汞的富集量与湖底的有机质含量显著相关,湖底有机质含量越高,其结合的甲基汞就越多,导致水体中的甲基汞含量降低,进而使得鱼体内的甲基汞含量减少。土壤本身是一个复杂的体系,其理化性质会影响污染物的形态、动植物的生长发育状况以及微生物的群落结构和功能等,从而影响土壤污染物在生物体内的富集。

## 4.2.3　污染物的生物效应和生物监测

### 4.2.3.1　生物对污染物的适应与抗性

在全球范围内,即便是污染极为严重的区域,也存在一部分能够顽强生存的生物。这些生物不仅能在恶劣环境中维持正常生命活动,更在生长发育,特别是繁殖方面展现出强大的适应能力,这也证明了生物对环境污染具有高度的适应性。生物对污染的适应具有两重性,一是对由污染物引发的自然环境变异(外部环境变迁)的适应,以及针对污染所触发的生物体内部生理状态变化(内环境调整)的应对策略,属于间接适应;二是生物对污染物本身的直接适应。在污染环境下,任何生物想要维持正常的生存与发展,均需有效应对这两方面的挑战。

生物能够通过动态调节生理代谢过程,适应污染引发的环境参数(如温度、光照)和体内污染物浓度的变化。生物在进化过程中已适应极端环境,遗传多样性使它们能适应新的环境组合。但是,对污染物的适应较难,尤其是对那些自然界中不存在的物质,生物通常没有专门的解毒器官或遗传背景来应对。生物对污染物的适应涉及形态结构、生理生化和遗传等多方面的变化,这些变化使生物具备一定的抗性,包括避性和耐性,例如回避吸收、形态解剖上的阻隔、解毒机制和物质排出等。

（1）形态结构的适应性变化

生物在污染环境中会发生形态适应性变化以抵抗不利因素。植物在重金属污染下叶面积减小,根系发达,形态趋向旱生化,且适应性强的种质更倾向于生殖生长。污染地区的小麦株高、穗长、分蘖数、穗粒数和粒重均有所增加。动物如椒花蛾在污染下也会改变体色,工业革命后黑色个体在污染区变得普遍,而未污染区仍以浅色为主,这是因为体色与环境一致有助于避免被捕食,污染区树皮变黑,椒花蛾也进化为黑色以躲避天敌。

许多生物天生具有抵抗干旱、高温和寒冷等逆境的能力,这种适应性也有助于它们应对污染,被称为生物的前适应,即生物在未受污染前呈现的特性也能适应环境污染。前适应的原因在于污染导致的外在和内在环境变化与自然胁迫相似,使得相关生物的组织和器官功能得到加强。例如,夹竹桃的叶片坚硬、有蜡质覆盖和下陷的气孔,这些适应干旱和高温的特性同样能帮助它适应大气中的$SO_2$和氮氧化物污染。

### (2)生理生化适应性变化

生物对污染物的生理生化适应分为积极和消极两种。消极适应是指生物在污染环境下减少或暂停部分生理活动,在污染减轻后恢复正常,即通过回避作用(即生理避性)来应对污染。这种适应通常对突发的急性污染有效,而长期污染会导致生物获取和同化资源的能力下降,影响生物的生存和发展。例如,大豆、花生、番茄等植物在$SO_2$污染下会暂时关闭气孔,停止光合作用;污染消失后,重新打开气孔进行正常甚至高强度的光合作用。不同抗性的植物气孔开合度与叶片受害程度见表4.18,由表可知抗性植物的气孔开合度最低,尤其是在$SO_2$作用后,这可以有效减轻$SO_2$的毒害作用。相反,积极适应是指一些生物在污染中保持高代谢活力的现象。

表4.18 不同抗性的植物气孔开合度与叶片受害程度

| 植物类型 | 气孔开合度(等级) | | 受害叶面积($cm^2$) |
| --- | --- | --- | --- |
| | 平均 | $SO_2$作用后 | |
| 抗性植物 | 0.9 | 0.6 | 11.1 |
| 中等抗性 | 2.0 | 0.8 | 32.0 |
| 敏感植物 | 2.3 | 3.1 | 73.0 |

### (3)遗传适应性变化

遗传适应性变化表现在基因表达水平的变化和遗传基因本身的变化两个方面。在污染条件下,许多生物的基因表达发生变化,原本"休眠"的基因被激活,或者基因的表达水平提高,以产生更多产物,减少污染引起的生理紊乱,提高生物对污染的抗性。例如,高浓的Zn和Cd可以诱导Zn超富集植物天蓝遏蓝菜和Cd超富集植物东南景天体内的肉桂醇脱氢酶基因和漆酶基因的表达量显著升高,使植物具有更强的抗性。

生物对污染的遗传适应性还体现在抗性遗传上。抗性是生物在污染物长期作用下形成的稳定适应性状。研究表明,污染物对植物有显著选择力,许多植物能适应污染并形成新种群,抗性是其本质特征;抗性具有可遗传性,并具有加性效应。然而,目前能克隆并在野外稳定产生污染抗性的基因并不多,多数研究依赖于与抗性相关的形态和生理特征分析。

#### 4.2.3.2 生物多样性变化

环境污染已成为物种减少的重要原因,其严重性不低于生态破坏。当前全球面临的物种大规模灭绝,很大程度上归咎于严重的环境污染。本节将从遗传多样性、物种多样性和生态系统多样性三个层次讨论污染对生物多样性的影响。

**(1)遗传多样性降低**

遗传多样性所强调的是现有种质资源中所蕴含的遗传变异的丰富性,它不仅体现了生物遗传变异的历史积淀,而且映射了生物的进化历程,同时也是生物适应当前环境乃至未来不确定环境的遗传基础。在污染环境中,遗传多样性水平的下降可能归因于以下三个方面:①种群中的部分敏感性个体在污染条件下可能消失,这些个体所携带的特异性遗传多样性也随之消失,进而导致整个种群的遗传多样性水平降低;②环境污染可能导致种群规模缩减,遗传漂变现象随之发生,从而降低了种群的遗传多样性水平;③种群数量的减少可能达到遗传学瓶颈,即便种群最终完全适应并恢复至原有数量,由于建立者效应的存在,遗传来源变得单一,遗传变异性的来源亦显著降低。例如,在北美地区,受 $SO_2$ 污染影响的极地落叶松种群的遗传变异量相较于未受污染地区的种群减少了 12%。在北欧,重金属污染导致海岸线附近一种蠕虫的遗传变异量的丧失程度最高可达 60%。欧洲沙蚕的种群遗传多样性与重金属呈负相关,尤其是 Hg(图 4.6)。在 Hg 污染的流域,食蚊鱼的种群遗传多样性明显降低,并且与未受污染的种群之间出现了显著的遗传分化。除了动植物,微生物在污染条件下的遗传多样性也具有明显的变化。如某污染矿区废弃地中,节杆菌群 6 个亚群体的 Nei's 基因多样性指数受 Pb 含量影响(图 4.7),矿渣中可溶性 Pb 含量与 Nei's 基因多样性指数呈显著负相关,说明可溶性 Pb 可能是导致节杆菌群体遗传多样性减少的主要环境因素。

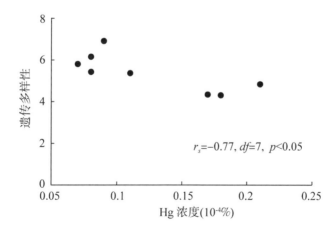

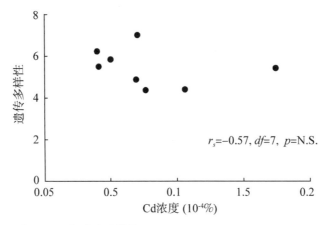

注：p=N.S表示无显著性

**图4.6 欧洲沙蚕种群遗传多样性与Hg浓度的相关性分析**

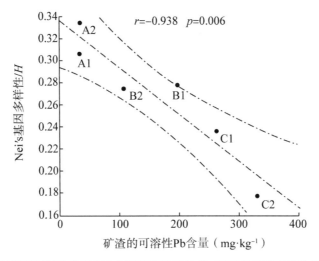

**图4.7 矿渣可溶性Pb含量与6个节杆菌亚群Nei's基因多样性直接的相关性分析**

## (2)物种多样性丧失

污染导致物种多样性减少的机制通常包括以下三个方面:①污染物的直接毒性作用会妨碍生物的正常生长和发育,导致生物失去生存或繁殖的能力;②污染导致的生境改变会使生物失去适宜的生存环境;③生态系统中的污染物富集和累积效应,会使得食物链中处于较高营养级的生物中毒,从而难以存活或繁衍后代。

## (3)生态系统多样性变化

长期污染对生态系统多样性的影响主要表现在生态系统多样性丧失和生态系统复杂性降低两个方面。

生态系统多样性丧失。工业污染常导致生物栖息地单一化,生态系统多样性因此丧失。例如,19 世纪英国利物浦工业区的森林和草地生态系统被人工荒漠化;昆明滇池地区因富营养化,湖滨生物圈层几乎消失。污染还可能引起主要物种的消亡或更替,导致生态系统逆向演替,如加拿大北部针叶林和北欧针阔混交林在 $SO_2$ 污染下退化为草甸草原和灌草丛。

生态系统复杂性降低。污染导致的生态系统复杂性降低表现为结构简化、食物链和食物网不完整,物质循环和能量供给减少,信息传递受阻。原因包括:①污染直接影响物种生存,改变生态系统结构和功能;②污染减少初级生产,导致依赖初级生产力的消费类群缺乏支持,生态系统结构和功能简化。此外,生态系统复杂性的降低使得生态系统平衡能力减弱,对外界波动的抵抗能力降低。

污染对生态系统的影响取决于污染物类型、发生频率、污染程度和强度等因素,具有一定的阶段性。例如,森林生态系统对污染的响应可划分为不同阶段(表 4.19)。

表 4.19 森林生态系统响应污染的不同阶段

| 污染作用水平和时期 | 效应程度 | 可能的后果 |
| --- | --- | --- |
| 刚开始 | 不明显 | 无 |
| 低水平 | 相对无影响 | 生态系统可以储存一定量的污染物,并能对其同化处理 |
| 明显毒害水平 | 敏感物种抵抗侵袭的能力降低 | 生态系统物质循环受到明显影响,抵御不利环境因素的能力减弱 |
| 污染作用增加并持续发展 | 抗性物种代替了敏感物种 | 生态系统保持原系统最低限度的结构,但功能受损。若污染消失,可能需百年时间恢复原有功能 |
| 高强度污染持续作用 | 所有大型植物基本全部死亡,有毒物质在生物体内大量积累 | 生态系统结构改变,生物地球化学循环受阻。停止污染后,生态系统需长时间恢复 |
| 特别严重的高强度污染持续作用 | 除了细菌、藻类等高抗污染的物种,极少有其他生物可以生存 | 生态系统完全解体,恢复所需时间尺度以地质年代来计量 |

### 4.2.3.3 生物监测与指示

#### (1)生物监测与指示的概念

受污染生物的生态、生理和生化指标以及污染物在其体内行为的变化,都可以用来反映和度量环境污染程度。生物监测是指通过分析生物分子、细胞、组织器官、个体、种群到群落等不同层次对污染的反应,从生物学角度揭示环境状况,为环境监测和评价提供科学依据的方法。长期暴露于污染环境的抗性生物能记录污染过程,反映污染物在环境中的历史变迁并提供相应证据;而敏感生物能够迅速对低浓度污染作出反应,从而提供当前环境质量信息。在生物监测体系中,有"指示生物"和"监测生物"两个概念,前者能够对环境中的污染物产生特定反应,从而指示环境污染物的存在;而后者不仅能够反映污染物的存在,还能够量化污染物的浓度。监测生物一定是指示生物,但指示生物不一定是监测生物。部分土壤重金属污染的监测植物见表4.20。

表4.20  土壤重金属污染的监测植物

| 种 | 科 | 重金属 | 地点 |
|---|---|---|---|
| 帕特里尼丝石竹 | 马齿苋科 | Cu | 美国 |
| 螺旋柱多蕊草 | 马齿苋科 | Cu | 澳大利亚 |
| 罗伯特氏荸荠 | 唇形科 | Cu | 加丹加 |
| 海州香薷 | 唇形科 | Cu | 中国 |
| 洪氏罗勒 | 唇形科 | Cu | 罗德西亚 |
| 宽叶默尔塞衣藓 | 苔藓科 | Cu | 瑞典和加拿大 |
| 墨西哥花菱草 | 罂粟科 | Cu | 美国 |
| 灰叶属未定种 | 豆科 | Cu | 澳大利亚 |
| 白花白鼓钉 | 马齿苋科 | Cu | 澳大利亚 |
| 须毛球柱草 | 莎草科 | Cu | 澳大利亚 |
| 飘拂草属未定种 | 莎草科 | Cu | 澳大利亚 |
| 单穗草 | 禾本科 | Cu | 罗德西亚 |
| 巨蔗茅 | 禾本科 | Cu | 美国 |
| 灰叶属未定种 | 豆科 | Pb、Zn | 澳大利亚 |
| 合蕊白鼓钉 | 马齿苋科 | Pb、Zn | 澳大利亚 |
| 近多型灰叶 | 豆科 | Pb、Zn | 澳大利亚 |
| 灰白千日红 | 苋科 | Pb、Zn | 澳大利亚 |
| 圆叶荞麦柴 | 蓼科 | Ag | 美国 |
| 钙生堇菜 | 堇菜科 | Zn | 比利时和德国 |
| 山梅花属未定种 | 虎耳草科 | Zn | 美国 |

(2)生物监测与指示方法

生物监测按生物的结构层次可以分为生物群落监测、生物种群监测和生物个体监测;从生物分类的角度可以分为植物监测、动物监测和微生物监测;根据监测的环境对象可以分为大气生物监测、水体生物监测和土壤生物监测。生物监测可以通过多种方法来评估环境污染对生物的影响。

①通过观察生物的典型受害症状,直观地了解污染物对生物体的影响程度。不同生物对相同污染物的反应各异,同种生物对不同污染物的反应也不尽相同,通过观察特定生物的急性症状,可以推断环境中存在的污染物种类。敏感植物在大气污染下叶片会受损;一些高浓度污染物会导致植物短期内出现急性症状,如叶片坏死,

颜色由绿变黄或变白,而低浓度污染物长期作用则引起慢性伤害,表现为叶片变棕黄、脱绿和提前落叶。这些症状有助于特定污染物的识别。

②通过对生物体内污染物及其代谢产物含量的分析,定量地评估污染物在生物体内的积累情况。例如,大叶黄杨叶片的含氟量与大气氟化物浓度呈正相关。基于此,通过分析不同地点同种植物叶片的污染物含量,可绘制污染物分布图。在污染区采集植物叶片或全株,非污染区设对照点。同步采集各点植物叶片,测定污染物含量,用公式计算污染物含量指数($IP=C_m/C_c$,$C_m$ 和 $C_c$ 分别为污染样点和对照点中植物叶片的污染物含量),根据 $IP$ 等级评估空气污染程度。

③通过生物的生理生化指标监测环境污染。例如,发光细菌的发光强度抑制试验可用于监测污染物毒性(表4.21)。常用的两个菌种分别是海洋发光细菌菌种(明亮发光杆菌 $T_3$)和淡水发光细菌菌种(青海弧菌 $Q_{67}$)。

表 4.21　细菌发光抑制试验监测污染物毒性的分级标准

| 毒性等级 | I | II | III | IV |
|---|---|---|---|---|
| 发光抑制率(%) | <30 | 30~<50 | 50~<70 | 70~100 |
| 毒性判定 | 低毒 | 中毒 | 高毒 | 剧毒 |

④通过细胞遗传学指标监测环境污染。微核监测技术、染色体畸变技术、非预定 DNA 合成技术等用于检测细胞染色体断裂。污染物可导致染色体断片在细胞分裂时滞后,形成微核。微核率与污染物浓度呈剂量-效应关系,并显示出高灵敏度和可靠性。植物微核技术是环境监测的有效工具,具有成本低、操作简单和结果可靠的特点,适用于监测致畸、致癌和致突变的污染物。紫露草微核技术和蚕豆根尖细胞微核技术是目前应用最广的监测技术。

⑤利用生物群落学信息监测环境污染。环境污染导致敏感物种减少,抗性物种增多,生物群落结构变得单一。通过分析植物物种总数、覆盖度、分布频率,叶片颜色、叶绿素含量,微生物菌丝体受损程度,生物生长发育情况和产量等,可以评估环境质量。例如,根据地衣的群落结构特征可以判断某磷肥厂附近林地的氟污染状况(表4.22)。

表 4.22　地衣群落结构监测氟污染状况

| 污染程度 | 地衣群落结构特征 | 指裂梅衣氟含量(mg/kg) |
|---|---|---|
| 无污染 | 松萝属和树花属地衣在树木(如灌木)上普遍出现,梅衣属等叶状地衣从树干到树冠内部的小枝大片分布 | <67 |
| 轻度污染 | 树花属地衣较多,梅花属叶状及粉状地衣分布至树冠内部的主干上 | 67~270 |

续表

| 污染程度 | 地衣群落结构特征 | 指裂梅衣氟含量(mg/kg) |
|---|---|---|
| 中度污染 | 梅衣主要出现在4m以下的树干,未见连片生长。指裂梅衣多数不产生粉芽。石蕊属虽有柱体和子囊盘,但原植体小于正常水平。粉状地衣可分布至5m高处 | 270~570 |
| 重度污染 | 树干上无梅衣属地衣,石蕊属地衣无法形成子囊盘或柱体。粉状地衣仅存在于地表及树干基部15cm以下 | >570 |

⑥生物指数(biological index)法,通过计算特定生物群落的多样性指数、丰富度指数等,可以评估生态系统的健康状况。

⑦通过观测生物生长变化,如植物的生长速度,可以反映环境质量的变化。例如通过分析藻类生长状况,对水污染进行监测,常用的藻类有硅藻、栅藻、小球藻、羊角月牙藻和莱茵衣藻等。根据规定条件下特定时间内藻类的半数效应浓度($EC_{50}$)对水体中的污染物毒性进行分级(表4.23)。

表4.23　藻类生长抑制毒性分级标准

| 96h $EC_{50}$(mg/L) | <1 | 1~<10 | 10~100 | >100 |
|---|---|---|---|---|
| 毒性分级 | 极高毒 | 高毒 | 中毒 | 低毒 |

⑧生态系统综合指标,如生态系统的生产力、稳定性等,可用于全面评估环境污染对整个生态系统的长期影响。

除此之外,随着科技的进步,一些新兴技术也被逐渐应用于生物监测领域。生物传感器(bio-sensor)利用生物识别元件对特定污染物的敏感性,快速、准确地检测环境中的微量污染物。核酸探针(nuclear acid probe)技术通过特定DNA或RNA序列与目标污染物的互补结合,实现对污染物的高灵敏度检测。聚合酶链式反应(PCR)技术能够将微量DNA片段大量扩增,从而实现对污染物的高灵敏度检测。生物芯片(biochip)技术则能够通过高通量的生物分子检测,在短时间内分析大量样本中的污染物信息。这些新技术的应用,大大提高了生物监测的效率和准确性。

# 4.3　污染生态效应及评价

## 4.3.1　污染生态效应概述

### 4.3.1.1　污染生态效应的概念

生态效应涵盖两个层面的含义:有益影响和有害影响。具体来说,前者指的是对生态系统内生物体生存与繁衍有利的改变,即积极或有益的生态效应,例如在缺锌的生态系统中补充锌元素,可增加生物体的生物产量;或者当两种有毒元素共存时,它们之间的拮抗作用减轻了生态系统内生物体的中毒程度。后者指的是对生态系统内生物体生存与繁衍不利的改变,即不良生态效应,包括致畸、致突变、生物产量降低、生理不适乃至死亡等现象。在污染生态中,通常将不利于生态系统内生物体生存与发展的现象统称为生态效应。污染物进入生态系统后,会干扰其物质循环,对生物个体、群体,乃至整个生态系统的组分、结构与功能产生影响,生态系统应对污染物的这些响应即污染生态效应。

### 4.3.1.2 污染生态效应的发生机制

污染物进入生态系统后,会与环境和其他污染物相互作用,转化为生物可吸收的状态,并通过食物链传播,引发多种生态效应。由于污染物种类和生态系统的多样性,这些效应及其机制各不相同,但总体上可以划分为四类:物理机制、化学机制、生物机制和综合机制。

(1)物理机制

污染物在生态系统中经历多种物理过程,如渗滤、蒸发等,这些过程改变污染物的物理属性,影响其稳定性,引发生态效应。例如,热电厂冷却水排放导致自然水体水温升高,加速化学反应,增强有毒物质毒性,降低生物繁殖率和水体溶解氧浓度。

(2)化学机制

在生态系统中,化学污染物的形态通过化学反应发生改变,影响了其对生物的毒性和生态效应。例如,土壤中不同形态的重金属对生态系统有不同的影响,亚砷酸盐比砷酸盐毒性大,且不同金属离子结合的砷酸盐毒性各异。氧化还原电位和pH值是影响重金属在土壤中转移和植物吸收的关键因素。如水稻对Cd的吸收随氧化还原电位升高和pH值降低而增加。pH值降低时,植物吸收重金属增加,可能是由于土壤固相盐类的增加和土壤溶液中离子竞争导致重金属吸附减少。植物对重金属的抗性也受氧化还原电位影响,电位降低可能导致硫化物的形成,降低重金属水溶性,减少植物毒害。此外,化学污染物如氮氧化物、农药、PAHs等可产生有害的二次污染物,如二氧化氮、臭氧等,严重危害人体健康,杀虫剂如谷硫磷在紫外光下会产生无杀虫能力的代谢物。

(3)生物机制

污染物被生物体吸收后,会对生物体的生长、新陈代谢以及生理生化过程产生一系列影响。这些影响包括对植物细胞繁殖、组织分化、营养物质吸收、光合作用、呼吸作用、蒸腾作用、酶的活性与组成、次生物质代谢等的干扰。有些污染物在生物酶的作用下发生氧化还原、水解、络合等反应而转化为低毒或无毒物质。例如苯酚被植物吸收后会转化成酚糖苷等复杂化学物而使毒性消失。

**(4)综合机制**

污染物进入生态系统后的转化,往往涉及物理、化学和生物过程的交互作用,这通常是多种污染物的复合效应。例如,处理不当的污水污泥可能含有多种重金属,导致复合污染;光化学烟雾则是由氮氧化物和碳氢化合物引起的复合污染。这些污染物进入生物体后也会发生相互作用。复合污染生态效应主要包含以下几种。

协同效应(synergism)指当两种或两种以上的污染物共同存在时,其毒性效应相较于单一污染物单独作用时有所增加的现象。例如,异丙醇对肝脏有毒性影响,在与四氯化碳共同作用的情况下,会加剧四氯化碳对肝脏的毒性效应。

加和效应(additivity)指多种污染物共同作用产生的毒性等于它们各自单独作用时的毒性总和。通常,结构和性质相似的化合物,或者作用于同一器官系统的、毒性机理相似的化合物,在共同作用时会产生加和效应,例如稻瘟净和乐果对水生生物的危害。

拮抗效应(antagonism)指一种污染物因另一污染物的存在,对生态系统的毒性降低的现象。这种效应的产生可能是因为污染物在生物体内发生化学反应、蛋白质活性基因对不同元素的络合能力存在差异、污染物对酶系统产生干扰,以及具有相似原子结构和配位数的元素在生物体内发生相互取代等。

竞争效应(competitive effect)指两种或多种污染物同时进入生态系统时,它们之间会发生竞争,导致其中一种污染物进入生态系统的数量和概率降低;或者,外来污染物会与环境中原有的污染物争夺吸附或结合的位置。例如,铅与镉同时存在于土壤中时,两者会争夺土壤胶体表面的负电荷吸附位点。由于铅对土壤胶体的亲和力通常高于镉,会优先占据吸附位点,导致镉的吸附率下降。

保护效应(protective effect)指生态系统中一种污染物可能掩盖另一种污染物,改变其生物毒性和与生态系统组分的相互作用。

抑制效应(inhibitory effect)指生态系统中一种污染物会降低另一种污染物的生物活性,减少其对生态系统的危害。

独立作用效应(independent effect)指生态系统中各污染物对机体产生不同的效应,作用方式、途径和部位也不同,彼此之间互无影响。例如,A和B两种污染物,只要毒性低于临界水平,无论另一种浓度如何,它们对生态系统生命组分无毒性效应。两种物质共存时的毒性等于各自单独存在时的毒性,它们之间无相互影响。

### 4.3.1.3 污染生态效应的基本类型

污染物进入生态系统后,从生物个体到种群、群落再到整个生态系统都会出现一系列的响应,包括生物个体生理生化指标变化、生物多样性降低、食物链缩短、生态系统稳定性减弱等。因此,污生态效应具有不同的类型,主要包括:组成变化类型、结构变化类型、功能变化类型、基因突变类型、个体毒害类型、生理变化类型及综合变化类型。

(1)组成变化类型

主要包含三个方面:非生物环境组成的变化、生物组成的变化和生物体内成分的变化。污染物对非生物环境组成的影响体现在两个方面:一是污染物进入生态系统后发生化学反应使非生物环境组成发生变化;二是污染物作用于生物而使生物的代谢产物发生变化,从而改变非生物环境组成。大量或长期的污染可能导致物种大量死亡或消失,降低生物多样性,改变生物组成。研究发现,污染物会影响动植物体内的营养成分,如 Cd 在蚕豆种子中积累会改变氨基酸、蛋白质、糖、淀粉和脂肪含量。Cd 含量增加导致蛋白质含量下降,但低量 Cd 可增加必需氨基酸含量;当 Cd 含量在一定范围内,可溶性糖含量随 Cd 含量升高而上升,超过该范围则下降;淀粉含量则与 Cd 含量呈负相关。

(2)结构变化类型

生态系统由物种、营养和空间结构组成。物种结构指生物组成,营养结构涉及食物网关系,空间结构指群落的空间格局,包括垂直结构和水平结构。污染物进入生态系统后可改变这些结构。例如,有机锡污染破坏海洋浮游植物群落,敏感物种如金藻类受害,耐受性更强的硅藻类则增多。长期污染可能导致更多物种消失,群落单一化。若有机锡污染加剧,硅藻类也会受害,这将影响海洋生态系统的初级生产,可能导致生态系统崩溃。

(3)功能变化类型

生态系统的基本功能包括能量流动、物质循环和信息传递。污染物进入生态系统后,会改变生态系统的组成和结构,进而影响这些基本功能。例如,重金属污染会降低农田作物产量,改变物质循环,并影响植物的光合作用(即能量流动特征)。有机污染物,如环境激素会干扰动植物间的信息传递。

(4)基因突变类型

基因突变涉及 DNA 碱基对的增加、缺失或错误置换,由致突变物与遗传物质相互作用引起。尽管基因突变和自然选择是生物进化的关键,但大多数基因突变对生物有害。近年来,许多污染物被发现具有致突变性,尤其是有机污染物和放射性物质,如 PAHs、二噁英和放射性元素。

(5)个体毒害类型

污染物进入生态系统后,与生物体特定部位相互作用,导致细胞变性或坏死,造成生物个体受损。不同污染物会给人类和动物健康造成不同危害,如 Cd 可引起高血压和器官损害,Hg 中毒则导致疲乏和视力问题。大气污染物如 $SO_2$ 等对植物有害,高浓度可迅速破坏叶片,低浓度则导致慢性伤害,如叶片变黄和生长不良。

(6)生理变化类型

污染物可改变动植物的生理和生化过程,即使在无明显症状时。重金属高浓度会干扰细胞膜透性,影响代谢和营养吸收,并抑制植物的蒸腾作用,严重时造成叶面积损伤;低浓度则会促进蒸腾。例如,高浓度 Hg 会降低小麦的叶绿素 a 含量和光合作用。重金属对植物酶活性有显著影响,在不同浓度和条件下,可能刺激或抑制酶活性。例如,四乙基铅和有机铅会特异性抑制细胞色素氧化酶活性,阻断电子传递链功能,从而影响植物细胞分裂和细胞结构。

(7)综合变化类型

污染生态效应通常是多方面的,影响着生态系统组成、结构、功能,以及生物个体的生理状态,甚至可能引起毒害和基因突变。单一污染物效应较为罕见,多数情况下生态系统受到多种污染物的复合影响,这些污染物可能相互协同、拮抗或以其他方式作用于生态系统。复合污染生态效应的研究是当前生态学领域的热点。

## 4.3.2 污染生态效应评价

### 4.3.2.1 污染生态效应评价内容

(1)污染生态效应评价的重要性及原则

污染生态效应评价通过定性和定量方法系统评估污染物对环境的风险,是生态风险评估的关键部分。其重要性在于可帮助应对日益严重的环境问题,并让我们认识到人类健康与生态系统的紧密联系。污染生态效应评价,可以为环境保护和管理决策提供数据和理论支持。

生物体与环境化学组成的相似性、污染物在生物体内的选择性分布以及生物对化学物质的需求是评估环境物质对生物健康影响的关键。同时,掌握污染物在环境中的迁移转化规律对理解生态系统变化至关重要。评估生态系统中污染物的影响,尤其是引起的质量变化,需基于生态环境条件和组成成分的变化,以及污染物对人类、动植物和微生物健康的影响。污染生态效应评价主要基于以下几个原则。

污染生态效应的多样性。污染物对生态环境的影响多样,包括直接和间接效应、线性和非线性关系。这些影响通常伴随着时滞效应、反馈效应和复合污染生态效应。

污染生态效应分析的全面性。污染生态效应分析应覆盖三个阶段:污染物质的释放、迁移转化和危害产生。分析对象需包括污染物的产生机制、在环境中的存在形态、转化和迁移规律以及对生物体的毒害机理。特别应关注污染物的释放规模、趋势及自然与人为释放的关系,探究污染生态效应的控制方法。

污染生态效应的综合性。复合污染生态效应是多种污染物和环境条件共同作用产生的复杂结果,具有综合性。共同作用机制包括协同、拮抗、叠加和独立等,这些机制相互交织,形成了复杂的生态关系。因此,在评估污染生态效应时,必须从多因素综合作用的角度出发,进行全面而深入的分析。

生态系统抗冲击能力的有限性。生态系统对污染物有一定的承受限度,超出此限度可能导致生态环境质量变化,引发污染生态效应。这些效应有多种形式,极端情况下可能导致生态系统完全崩溃。

**(2)污染生态效应评价的指标体系**

各种污染物进入生态系统后,无论是直接还是间接,均会对该系统内的生物产生影响,从而引发一系列生态效应。这些效应在生态系统、群落、种群、个体乃至个体以下的各个层面均有体现。为了更精确地反映污染物对生态系统的影响,有必要采用一系列定性或定量的指标来评价这些效应。地球上的生态系统众多,每个系统中的污染物种类、来源和成分各异,由此产生的生态效应也各不相同,因此,用于反映这些效应的指标也各有特点。然而,不同生态系统之间也存在共性。基于此,我们可以从不同生态系统的共性出发,将生态系统污染效应的评价指标归纳为以下类别。

①生态系统生态效应指标。该指标涵盖以下几个方面:生态系统结构转变、生产者与消费者种类及比例变动以及复杂配置被简单配置取代情况;生态系统不稳定性加剧和养分流失严重程度;生产者、消费者、分解者与非生物环境关系变化,物质循环与能量流动失衡状况。

②生物群落及群落结构指标。作为特定时空内生物种群的集合体,生物群落展现了生物与环境间复杂的相互作用关系。这些群落不仅在种类构成上丰富多样,其群落结构也错综复杂。群落特征包括群落结构、生态适应性、发展变化规律(即群落动态)和群落空间分布。污染物会对群落的这些方面产生影响。其中,生物群落结构指标包括生物多样性指数和个体数量变化指标。其中,生物多样性指数可以反映种类丰富度和个体分布均匀度。环境污染会导致正常种被耐污种取代,种类组成趋向简单,数量减少,生物多样性下降甚至丧失。

③生物种群指标。生物种群指标包括种群密度、数量、大小、结构。种群密度反映单位面积或空间内个体数目,与种群动态、生物量、生产力及能量流动、物质循环相关。污染通常会降低种群密度。种群结构由性别比例、年龄组成和寿命决定,生物种群可分为生长、静止和老龄种群,污染可导致其结构失衡。种群数量是生态系统变化的关键特征,其波动受环境变化影响。研究种群有助于理解群落对污染的反应,指导群落管理和利用。工业污染物是影响种群增长的关键因素,它们可能直接致命或阻碍生物繁殖,导致种群衰退。

④生物个体指标。该指标包括形态和生理生化两方面。形态指标包括植物的高度、根系长度、生物量和产量,以及动物的体长和体重。生理生化指标则关注污染物对生物新陈代谢的影响,如植物光合、呼吸、蒸腾作用,酶的活性和次生代谢产物的变化等。

**(3)污染生态效应评价的内容**

污染生态效应评价的内容主要包括生态系统组成、结构与功能的变化研究,污染物的性质及生态毒理研究,污染生态效应分析与预测,污染生态效应控制措施。

①生态系统组成、结构与功能的变化研究。运用生态学原理,详细考察生态系统中的生产者、消费者、分解者以及非生物环境,包括生物多样性统计与食物链分析,深入研究物种构成、空间布局与营养循环,以明确该生态系统内能量流动、物质循环与信息传递的特定模式。

②污染物的性质及生态毒理研究。对生态系统中既存或潜在污染物的物理、化学及生物学特性进行综合研究与分析,基于此推断污染物的毒性,如毒性-结构相关性分析。此外,通过生态毒理学实验直接确定污染物对生物个体的急性及慢性毒性效应也同样重要。

③污染生态效应分析。布设监测网点,基于生态系统的特性及污染物行为,设定各环境要素的监测项目,按要求进行分析测试,获取生态系统或生物个体中污染物水平的可靠数据,为评估提供依据。必要时,构建微宇宙、中宇宙等模拟体系,探究各种条件下污染对生态的潜在影响。

④污染生态效应预测。结合污染生态效应的运作原理和未来生态系统发展的方向,采用数学模型推测污染物对生态系统、生物群落、种群和个体影响的未来趋势。

⑤提出污染生态效应控制措施。在明确关键污染物及其作用路径后,应结合生态系统和生物群落的特性以及污染生态效应预测结果,提出综合性的污染生态效应控制策略。

#### 4.3.2.2 污染生态效应评价类型与方法

**(1)污染生态效应评价类型**

生态系统的多样性与污染物种类的繁杂性,导致污染生态效应的作用机制极为复杂。因此,污染生态效应评价的类型多样,在时间维度上可以将其分为回顾性评价、现状评价以及预测性评价。

①回顾性评价。运用各种方法获取特定环境区域或生态系统的历史生态数据,对其组成、结构及功能的变化以及过去的演替历程进行分析与评估。该过程涉及两方面:一是汇集以往的生态环境资料;二是运用生态效应模拟或采样分析手段,重构过去的生态环境状况,核心在于评估污染的影响程度。例如,通过分析树木年轮中的污染物含量,可以评估该区域污染对树木的长期影响;监测某地区人群健康状况的变化,能间接反映该区域生态环境质量的历史变迁。作为一种事后评估手段,回顾性评价旨在验证并优化对生态环境变化的预测结果

②现状评价。基于污染物的多样性,污染生态效应现状评价需全面考虑污染物对生物(个体、种群、群落)及非生物(大气、水体、土壤)成分的具体影响。涵盖了对生态系统整体架构与功能的评估,以及对区域生态背景变化和自然资源损耗的分析。此过程一方面需详细阐述生态系统的类型、基本构成及其独特性,解析区域内各生态系统间的相互关联(空间配置、能量与物质流动等)及连通性,探讨生态因子间的互动关系(如各营养级间的关系),并明确区域生态系统的核心制约因素及被评价生态系统的独特属性。另一方面,则需明确污染物的种类、物理化学属性及其对生物体的毒性作用,对生态系统中各类生物(动物、植物、微生物)个体、种群、群落乃至整个生态系统所产生的实际影响,并深入剖析污染生态效应的发生机制,进而准确判断其影响程度。

③趋势预测评价。污染生态效应预测评价是基于影响识别、现状调查与评价进行的预见性评估。如在对建设项目进行污染生态效应评估时,鉴于生态环境的复杂性,可依据建设项目的主要污染问题和环境条件进一步细分子系统。利用模拟研究和系统分析等技术,预测建设项目实施过程中污染物对区域环境生态系统和生物个体的潜在影响,同时提出针对性的污染生态效应控制策略和优化方案。

**(2)污染生态效应评价方法**

**1)重叠法**

该方法通过叠加多张反映生态环境特性的地图,创建出一套综合图,旨在揭示生态系统的特性,并明确污染物在生态系统各部分的污染状况。

麦克哈格(McHarg)叠置法。该方法首先将研究区域划分为多个地理单元,基于

各单元内的环境因素资料,分别绘制生态效应图。随后,将这些图叠加在地区基础地图上,形成综合图,以展示多种生态环境要素特征,通过颜色深浅等方式,反映污染对生态系统的影响程度。该方法操作简便,但限于定性分析,无法精确量化污染物影响,也未在图上明确显示特性权重。其核心价值在于预测、评估和传达特定地区或生态系统的污染生态效应,同时辅助污染生态效应的空间定位。

克劳斯科普夫(Kranskops)重叠法。该方法运用计算机图形处理功能,以1km²为单位收集并存储生态系统数据。利用计算机计算交叉单元影响,评估污染物质的生态效应。该方法所选的生态环境特性指标多为综合性指标,可通过加权方式体现各生态效应的相对重要性。

2)矩阵法

该方法是通过矩阵对污染生态效应进行评价的方法。常用的有利奥波德(Leopold)相关矩阵法、迭代矩阵法、奥德姆(Odum)最优通道矩阵法、穆尔(Moore)影响矩阵法及广义分相关矩阵法等。

Leopold相关矩阵法。构建生态效应矩阵,横向列出生态因子,纵向列出污染物。在矩阵中,左上部分标记影响分值,右下部分标记污染物影响的重要性。矩阵右侧列出污染物对生态效应的贡献和重要性,底部则显示生态因子的受影响程度和相对重要性。该方法的优点是系统直观,便于识别主导因素;缺点是处理复合污染时难度较高。

迭代矩阵法。首先将生态系统拆解为单元,并列出污染物对生态系统的影响清单。随后,对各单元的污染物生态效应进行对比分析,以量化各单元在污染物生态效应中的权重。通过设定权重和临界值,区分出有意义的和可忽略的效应,并进一步细分出肯定效应和可能效应。

3)列表清单法

此法通过构建污染生态效应参数列表,区分污染物在生态系统中产生的正面与负面作用,并衡量其影响程度,但它不能对生态效应参数进行量化评估。

4)网络法

用于识别污染物对生态系统的直接和间接影响,通常呈现为树状结构,也称作影响树或关系树。影响树是用于解析污染物对生态系统作用机制的可视化分析工具,其通过树状拓扑结构系统表征污染源引发的直接效应与多级次生效应。该模型将原发性生物毒性作用作为根节点,基于生态关联性逐级推演营养级联响应、生境退化等衍生影响,形成完整的压力-响应因果链。构建影响树时,需计算各事件分支的发生概率,求得各事件的累积概率,以评估污染物对生态系统整体的污染效应。

**【思考题】**

1.请举例说明不同类型的环境污染？

2.水污染是如何影响水生生物生存和繁衍的？

3.大气污染中的哪些主要污染物对植物的光合作用可能有抑制作用？

4.土壤污染会通过哪些途径影响人类健康？

5.噪声污染对生态系统的影响有哪些？

6.光污染是如何干扰生态系统的？

7.如何评估一个地区的污染生态风险程度？

# 第5章　水环境生态工程

【基于OBE理念的学习目标】

**基础知识**:理解水环境生态系统的基本概念和原理,了解水体的组成和运动规律,掌握水体中各种物理、化学、生物过程的耦合作用。

**理论储备**:掌握水环境生态工程的基本技术,学习水环境治理的技术手段和方法,包括水质净化、污水处理、水体修复等方面的技术;了解常见的水环境治理设施和设备,掌握水环境生态系统的管理策略。

**课程思政**:培养环境保护和生态意识,了解水资源的稀缺性和重要性,学会合理利用和管理水资源;了解水环境的生态价值和生态功能,提高对环境保护和生态平衡的重视。

**能力需求**:具备将水环境生态工程的原理和方法应用于解决实际问题的能力;能够与团队成员合作,应用合适的工程技术和策略来解决水环境生态工程中的相关问题。

# 5.1　水环境生态系统基础知识

水环境生态系统主要包括水体、生物群落以及物理化学环境三个基本要素。水体作为生物生存的媒介,其物理化学环境指标(如温度、溶解氧、pH、盐度等)对水生生物的生长和繁殖有着重要的影响。水生生物群落包括浮游生物、底栖生物、鱼类等不同种类的生物,它们凭借独特的生存策略和生态角色,通过巧妙的相互作用共同构筑了一个既稳定又充满活力的水环境生态系统,在维护水环境的健康与平衡方面发挥着难以估量的作用。

水环境生态系统支撑着地球上无数生命的繁衍与存续,展现出令人惊叹的稳定性和自我修复能力。水环境生态系统中的生物多样性由多层次生物组分构成,从微小的浮游生物到庞大的鱼类、水鸟,乃至整个水生食物链,每一种生物都在水环境生态系统中扮演着不可或缺的角色。生物多样性的存在,不仅丰富了水环境生态系统的内涵,更为其带来了强大的韧性。当水环境生态系统遭遇外部压力或环境变化时,正是这些多样化的生物种群,通过相互之间的作用与影响,共同维持着水环境生态系统的稳定与平衡。它们有的能够迅速适应环境变化,有的则能够通过繁殖和迁徙等方式,为水环境生态系统注入新的活力。然而,尽管水环境生态系统具有如此强大的稳定性和自我修复能力,但它却并非无坚不摧。随着人类社会的快速发展和工业化进程的加速推进,人类活动对水环境生态系统的干扰日益加剧。其中,水污染、水生态破坏等问题尤为突出。这些问题不仅严重破坏了水环境生态系统的结构与功能,更对人类的生存与发展构成了巨大威胁。

## 5.1.1　水环境生态系统概述

水环境生态系统涵盖水体及其周边生物和非生物的相互作用,包括水生态系统和湿地生态系统。其中水生态系统分为淡水和海洋生态系统。湿地生态系统结合水陆特性,如海岸、河流、湖泊和沼泽,具有调节水资源、保持生物多样性、净化环境和调节气候等功能。下一章节将详细介绍湿地生态系统。

## 5.1.2　水体的性质

水体的性质主要包括以下几个方面。

①溶解态和离子态物质。水是一种极好的溶剂,可以溶解各种物质,使其以溶解态或离子态存在,这使得水体中各种化学反应能够发生,包括酸碱反应、氧化还原反应等,从而影响了水体中的化学平衡和物质转化。离子态物质是水中的重要营养源,对水生生物的生长和繁殖起着至关重要的作用。例如,水体中的溶解态氮、磷等是植物生长所必需的养分,而水中的溶解态钙、镁等离子则对水生生物骨骼的形成十分重要。

②水体的pH值是一个重要的环境指标,它反映了水体的酸碱性,即水体中氢离子浓度的高低。这个指标对于水环境生态系统中的生物体来说至关重要,因为它不仅影响着水体的化学性质,还直接关系到生物体内以及周围环境中化学物质的活性和生物化学反应的进行。例如,在pH<5的酸性水体中,铝离子会从沉积物中溶解释放为生物有效态,同时,其与鱼类鳃部黏液结合形成的胶状物会阻碍氧气交换,这种

双重机制可能导致虹鳟幼体死亡。因此,维持水体pH值的稳定对于保护水生生物多样性和生态平衡具有重要意义。

③密度和温度。水的密度随着温度的变化而变化。在4℃以下,水的密度随温度上升而下降,在4℃以上随温度上升而上升。这种特性使得水体在自然界中形成了温层的现象。这对于维持水体的冷热交替和生态平衡起着重要的作用。

④热容量。水的热容量非常高,意味着水体在受热和冷却时需要吸收或释放较多的能量。这种特性使得水体能够在一定程度维持温度的稳定,起到调节气候的作用。在温暖的夏季,海洋或湖泊中的水吸收大量的太阳能热量,而由于水的热容量高,水体在受热后温度缓慢上升,同时将热量分散到周围环境中。同样,在寒冷的冬季,水的高热容量也可以避免水体过快冷却,保持温度相对稳定。

⑤溶解氧。溶解氧是水中生物呼吸和生存所必需的,其含量受温度、盐度、压力和生物活动等因素影响。水生生物通过呼吸消耗溶解氧并产生二氧化碳,故过度的生物活动可能导致局部溶解氧含量下降,形成低氧区。溶解氧含量是评估水质健康的关键指标,清洁水体中溶解氧含量通常较高且稳定,而污染水体中的溶解氧含量会因有机物分解和微生物繁殖而降低。

## 5.1.3 水体动力学和水文学基础

### 5.1.3.1 水体动力学

水体动力学是研究水流运动规律的科学。它主要涉及流动水体的力学性质及流速、流量的变化规律等内容。

水体动力学的一些基础概念如下。

①流体运动。水体的运动被视为一种流体运动,流体的性质包括流动性、可压缩性、黏性等。

②流速和流量。流速是指水流在单位时间内流过的距离,通常用米每秒(m/s)表示;流量则是指单位时间内通过某一横截面的水体质量或体积的大小。

③流线和流动模式。流线是流场中的一条曲线,曲线上任意一点的切线方向与该点的速度方向相同;在不同的水流条件下,会形成不同的流动模式,常见的有层流和湍流。

④水力学公式。水力学公式是描述水流运动规律的数学公式,如伯努利方程、曼宁公式等。

伯努利方程是描述流体运动相关规律的方程,具体是指单位质量流体的动能、势能和压力能之和在同一流线上为一定值;特别适用于描述管道、河流中的水体流

动。对于只受重力作用的地面附近的流体,其伯努利方程的数学表达式如下:

$$\frac{V^2}{2g} + \frac{p}{\rho g} + z = C \tag{5.1}$$

其中,$p$ 是流体的静态压力,$\rho$ 是流体的密度,$v$ 是流速,$g$ 是重力加速度,$z$ 是流体位置的高度,$C$ 是常数。

曼宁公式可用于计算水流通过河床、管道或其他渠道时,摩擦阻力对流速的影响,在水利工程、河流治理等领域具有重要意义。其数学表达式如下:

$$v=(1/n)\times R^{2/3}\times S^{1/2} \tag{5-2}$$

其中,$v$ 是流速,$n$ 是曼宁粗糙系数,表示接触面的粗糙程度,$R$ 是水流湿周与截面面积之比,又称湿周比,$S$ 是水流的水面坡度。

### 5.1.3.2　水文学

水文学是研究水的循环、分布和性质等的科学,主要涉及水体的水循环、水文特征和水文性质等内容。水文学的研究对象包括大气水汽、地表径流、地下水等不同形态的水体和蒸发、降水、洪水等现象。

水文学的一些基础概念如下。

①水循环。又称为水文循环,是指地球上的水分在不同形态之间循环往复转化的过程。这个过程涵盖了从大气中的水汽凝结成云,到最终以降水形式返回地面,以及地表水和地下水通过蒸发和蒸腾作用重新进入大气的整个过程。具体来说,水循环包括多个环节,如在太阳辐射下水体表面水分蒸发,植物根系吸收地下水并通过蒸腾作用释放到大气中,以及云层中的水汽凝结成雨滴或雪花降落到地面,形成河流、湖泊和海洋中的水体。

②水文特征。水文特征用于描述水循环特点及规律,关键指标包括降水量、蒸发量和径流系数。降水量是水循环输入项,影响河流、湖泊和地下水补给;蒸发量反映水分液态转气态的过程,是水循环输出项;径流系数表示降水转化为地表径流的比例,与流域特性相关,是衡量产流能力的指标。

③水文性质。水文性质指水体的物理、化学及动态特性,是研究水循环过程、水资源分布及其生态效应的核心指标体系。主要包括水量动态(流量、水位等)、动能参数(流速、水能等)、含沙量、矿化度、周期性变化、空间分异、生物响应等。

## 5.1.4　水体中的物质转移和能量流动

在水体中,物质转移和能量流动是水环境生态系统中的重要过程。水体中常见的物质转移和能量流动方式如下。

### 5.1.4.1 物质转移

水体中物质的转移可以通过以下几种方式进行。

①溶解。溶解是指物质以分子或离子的形式在水中分散。营养盐（如氮、磷）、氧气和污染物质（如重金属）可以以溶解的形式在水体中传输和扩散，在不同条件下，物质的溶解度不同。

②悬浮。悬浮是指颗粒状物质（如悬浮固体、泥沙和有机碎屑）在水中悬浮运动。这些物质可以通过搅拌和水动力作用而移动。水体中悬浮物含量较多，可能导致水体浑浊，影响光在水体中的传播，从而影响水生植物等的光合作用。

③沉降及沉积物。沉降是指悬浮物质在重力或离心力作用沉至水底。沉降的物质在水底积聚形成沉积物。这些沉积物可长期保存有关水体历史和环境变化的信息。但重金属、有机污染物等污染物质在沉积物中可以长时间滞留，对水体和底栖生物造成潜在风险。当底栖生物摄食沉积物或生活在沉积物中时，吸附或吞食污染物质，进而危害其生存和发育。

### 5.1.4.2 能量流动

水体中的能量流动是指能量从一个生物或物理学过程传递到另一个生物或物理学过程的过程。主要有光合作用、呼吸作用、分解作用以及食物链和食物网的传递作用。

一种液体对固体、液体或气体产生物理或化学反应，使其成为分子状态的均匀相的过程。

水体中的物质转移和能量流动方式是复杂的，它们共同维持着水环境生态系统的平衡和稳定。对物质转移和能量流动的研究有助于我们更好地理解水环境生态系统的功能和响应机制。通过构建小型水生生态瓶可以帮助我们清楚地理解水环境生态系统中的物质循环和能量流动过程。在生态瓶中，水生植物会进行光合作用，吸收二氧化碳，并释放氧气，使生态瓶内的氧气浓度增加，从而满足底栖生物呼吸的需求。同时，水生植物的生长也需要养分，如氮和磷，这些养分可以从底栖生物的残体和代谢产物中获取。底栖生物在生态瓶中可摄食悬浮或沉积的有机物，其中包括水生植物的残物、浮游生物等。

# 5.2 水污染与治理

水污染是指水中的污染物超过水体自净能力而导致水的物理、化学性质发生变化,使水质下降,对生态系统和人类健康构成风险的现象。它分为点源和非点源污染。点源污染有特定源头,如工厂和污水处理厂,较易治理,治理方法包括污水处理和排放管控。非点源污染源头广泛,如农业和城市径流,治理复杂,需采取土壤保持、农业管理、化学品安全使用等措施。

## 5.2.1　水污染的种类和来源

水污染的种类和来源很多,一些常见的水污染种类及其主要来源如下。

①悬浮物和沉积物污染。污染物主要为泥沙、悬浮有机物等,主要来源包括土壤侵蚀、河流冲刷、施工活动、废水排放等。

②有机污染。污染物主要有石油产品、农药残留、工业废水中的有机物等,主要来源包括农业活动、工业废水排放、城市污水等。

③无机污染。污染物主要有重金属、盐类、硝酸盐、硫酸盐等,主要来源包括工业废水排放、采矿和冶金、农田排水等。

④生物污染。这类污染是指有害生物或其代谢产物进入水体,或特定水生生物异常繁殖,导致水质恶化并对人类健康、生态平衡或经济活动产生直接或间接危害的现象。如果未经适当处理的医院废水,可能会含有各种病原体,包括病毒、细菌和其他病原微生物;这些病原微生物可能来源于患者的体液、医疗废弃物、医疗设备的清洗液等。如果这些废水未经处理直接进入水环境中,可能会导致病原微生物的传播,对人类和环境健康造成风险。

⑤放射性污染。指水体中放射性物质释放射线造成的污染,主要来源包括核电厂废水排放、核试验和核事故等。核污染水排放到海洋中会对海洋生态系统造成负面影响,包括海洋生物和生态链的破坏,影响到渔业资源和生态平衡。2011年,日本福岛核事故产生了大量的放射性废水,需要妥善处理和排放。2023年8月24日13时,日本福岛第一核电站启动核污染水排海,引起了广泛争议。

水污染种类和来源具有地域性和特殊性,在不同地区和不同环境条件下,可能存在不同的污染物和来源。因此,在对水质进行监测、治理和保护时应该考虑到当地的具体情况。

## 5.2.2　水污染评价和监测

水污染评价和监测是确保水质安全和保护水资源的重要措施,其主要方式如下。

①设置水质监测站点。在水体中设置监测站点,可以有代表性地监测水质状

况。监测站点的选择通常应考虑到不同水体类型的区域、水质变化较大的区域、重要的水源保护区等。此外,还应考虑到监测设备的安装便利性、站点的可访问性等因素。通过合理选择和布置监测站点,可以获取到较为全面和准确的水质数据,为保护水体环境提供科学依据。

②采样和分析。定期采集水样进行分析,以评估水质状况。采样工作通常涉及不同水体层次(如表层水、底层水)、不同时间段(如季节性采样)、不同监测指标等。水样分析方式包括化学分析、生物指标分析、物理测试等,通过水样分析可确定水体是否受到污染。

③污染物排放监管。对工业、农业和城市等污染源进行监管,确保污染源的排放达到法定标准或限值。具体方式有监管机构的巡查、执法和处罚等,主要依赖于行政干预。

④远程监测技术。利用现代技术手段进行水污染监测,如远程传感器、遥感技术和地理信息系统(图5.1)。这些技术可以实时或定期地监测水体的污染指标,提供实时数据,方便及时采取必要的措施。

**图5.1　基于地理信息系统的水质评价示意**

⑤生物监测。通过检测水体中的生物指标,如藻类、浮游动物、底栖动物等,来评估水质状况。这些生物指标对水污染非常敏感,可以反映水环境生态系统的健康状况。

⑥水污染评价。利用监测数据和指标,对水质状况进行评价,确定水体是否受到污染,并评估受污染程度。水污染评价可以采用不同的标准和指标体系进行,如水环境质量评价标准、富营养化评价指标等。

水是人类生活和生产的重要资源,水质安全直接关系到人类健康。水污染评价和监测可帮助我们及时发现和控制污染源,并采取必要的治理和保护措施,为水质保护和资源管理提供科学依据和支持,确保水质安全和水资源可持续利用。

## 5.2.3　水污染的治理方法和技术

在水污染的治理中,需要采取多种方法和技术来减少、消除或防止污染物的排放和扩散。针对工业废水、城镇污水和农业非点源污染等,常见的处理技术有生物处理、化学处理、物理处理和高级氧化等。

生物处理技术通过微生物将有机物转化为无害物质。常用方法有活性污泥法、固定化生物膜法和植物净化法。活性污泥法通过微生物的氧化反应去除有机物,然后分离污泥和水;固定化生物膜法利用固定在膜上的微生物降解污染物;植物净化法则是利用植物吸收和转化污染物。这些方法在废水处理和生态修复中应用广泛,有效减少了环境污染。

化学处理技术通过化学反应清除废水中的污染物。常用方法有沉淀、气浮、氧化还原、中和和离子交换。沉淀法是指通过化学药剂使悬浮固体沉淀;气浮法则是向废水中注入气体形成气泡,并在混凝剂等化学药剂的辅助作用下附着污染物颗粒以去除它们;氧化还原法是指使用氧化剂或还原剂将有毒物质转化为无害物质;中和法是指通过添加酸碱药剂调节废水 pH 值;离子交换法则是利用树脂吸附和交换废水中的离子。

物理处理技术通过力学原理清除废水中的污染物。常用方法包括筛分、沉降、过滤和蒸馏等。筛分法指用筛网分离悬浮物,沉降法是指利用重力使悬浮物沉淀,过滤法用介质如沙子或膜去除污染物,蒸馏法则通过加热和冷凝分离污染物。对于难降解有机物,通常需结合化学或生物处理技术以提高处理效果。

高级氧化技术是化学处理技术的延伸,该技术通过使用强氧化剂或光催化剂来分解废水中的难降解有机物,能产生高活性物质,将污染物转化为低分子或无毒物质。作为一种高效的化学处理方法,它特别适用于处理难以降解的有机物、染料和农药。高活性氧物质的生成需要合适的反应条件和控制措施,并需对副产物进行处理,以保证水污染处理过程的安全和可行性。

## 5.2.4 污水处理工艺与设备

合适污水处理工艺和设备是实现污水处理的关键,常见的污水处理工艺和设备如下。

机械处理设备主要包括格栅、砂池、沉砂池等。格栅用于预处理,去除较大的悬浮物和固体废物;砂池用于去除较细小的砂粒;沉砂池(图5.2)用于沉淀和去除悬浮物。

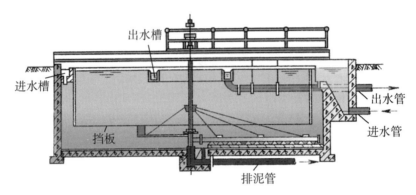

进水槽
出水槽
出水管
进水管
挡板
排泥管

**图5.2 沉砂池常见结构示意**

生物处理工艺主要包括活性污泥法、厌氧消化法、膜生物反应器(MBR)等。活性污泥法是指将废水与活性污泥混合,在一定的条件下进行生物降解。厌氧消化法则是在无氧环境下对有机物进行分解。MBR是利用微孔膜将废水和活性污泥分离,使有机物降解与污泥的分离同时进行。

化学处理设备主要包括净化塔、中和器等。净化塔可以利用吸附剂或化学药剂吸附和分解废水中的有机物和重金属;中和器用于调节废水的酸碱度,使其达到适宜处理的条件。

滤池利用砂滤、石英滤料等将废水中的悬浮物和胶体颗粒截留下来,使水质净化;膜分离设备通过超滤、纳滤、反渗透等膜技术,将污水中的溶解物质和微粒分离出来,达到净化的目的(图5.3)。

消毒设备如紫外消毒设备,通常由一个紫外线灯管和反应器组成。当废水通过反应器时,紫外线灯管会发射紫外线辐射,废水中的微生物(如细菌、病毒等)会吸收紫外线,导致其细胞结构和功能受损,从而达到杀灭微生物的效果,实现废水的消毒。紫外线消毒设备具有很多优点,例如操作简单、无化学药剂使用、无二次污染、处理速度快等。

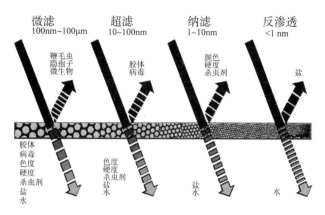

图5.3 膜分离类型

气浮设备一般由气浮池、气浮装置和废水进出口管道等组成(图5.4)。通过气浮装置向进入气浮池的废水中鼓入细小的气泡,气泡在上升的过程中与废水中的沉积物或悬浮物接触,将其带到液面上形成浮渣。池内的刮板或其他机械装置对浮渣进行收集和移除,从而达到去除废水中杂质的目的。气浮设备具有很多优点,例如处理效果好、操作简单、设备投资和运行费用相对较低等,它在许多工业和城市污水处理中得到广泛应用。

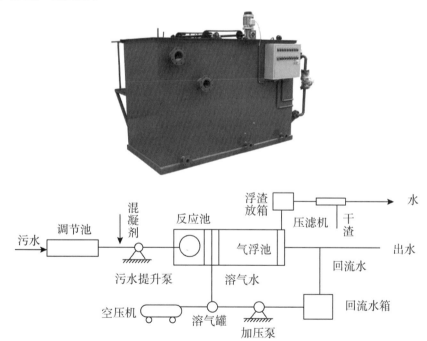

图5.4 气浮设备及其处理流程

这些污水处理工艺和设备可以根据不同的废水特性和治理要求进行组合和调整,以达到废水净化和达标排放的目的。

# 5.3 水体生态修复

水体生态修复旨在通过各种措施快速恢复受损水体的生态结构和功能,解决水体污染和生态破坏问题,恢复水体自净能力,持续改善水质。修复方法多样,包括水源净化、河道整治、湿地修复等,具体措施应根据实际情况选择。

## 5.3.1 水环境生态系统的特点和功能

水环境生态系统由水体、水生生物和生态过程构成,是一个开放系统,与陆生生态系统存在物质、能量和生物交换。它对地球生态系统有重要影响,具备水质调节功能,能过滤、吸附和稀释污染物,通过物理、化学和生物过程去除有害物质。水环境生态系统也是物种多样性的宝库,为多种生物提供栖息环境。此外,水环境生态系统也有着气候调节作用,如通过蒸发和蒸腾作用调节大气湿度和降水,吸收和储存碳以对抗气候变化。因此,保护和修复水环境生态系统对维护水体健康、生物多样性和可持续发展至关重要。

## 5.3.2 水体生态修复的概念和原则

水体生态修复是指对受到污染、破坏或已退化的水环境生态系统进行恢复和重建的过程。水体生态修复的原则主要有以下几点。

①预防优先原则。加强水体污染的预防措施,从源头控制污染,并避免水环境生态系统进一步受损。如针对新污染物的治理,一定要加强化学品源头管理,如果等到新污染物排放产生问题再去进行检测、分析、处理,势必会对人体健康带来较大风险。

②适度干预原则。在进行水体生态修复时,需要权衡不同干预措施的效益和风险,选择适合的方法进行修复,避免引入新的问题或损害生态系统的稳定。如采用化学修复时,要充分考虑化学药剂是否会对水环境生态系统产生新的不利影响,避免对物种造成伤害。

③多元化原则。考虑到水环境生态系统的复杂性,可采用多种修复手段,如综合利用物理、化学和生物方法,以实现更好的修复效果。例如进行河道治理时,不仅可用生物法来降解水中的污染物,还可采用物理法来将杂质过滤去除。

④形成自我修复能力原则。通过适当的修复措施,发挥水环境生态系统的自我修复能力,使其能够自行恢复和维持稳定状态。如在河道修复时,让水环境生态系统恢复到自然的状态,使其恢复自身平衡。

⑤综合管理原则。水体生态修复需要与水资源整体管理、环境保护和可持续发展相结合,形成综合管理体系,确保修复效果能够长期维持。如修复湖泊时,需要禁止或限制湖泊周围的非法填埋和污染源排放,避免修复过程中遭到更多的破坏,并确保修复后的湖泊能够持续提供生态服务。

## 5.3.3　水体修复的常见方法和技术

水体修复的常见方法和技术包括以下几种。

①水质净化技术。通过物理、化学等手段去除水体中的污染物。常见的水质净化技术有混凝沉淀、过滤、吸附、氧化还原等。如利用活性炭、沸石等的吸附作用,可去除水中的有机物、染料、重金属、微塑料等。

②生物修复技术。利用特定的生物来修复水体的污染问题。常见的生物修复技术有植物修复、微生物降解等。其中,微生物降解技术包括添加特定的微生物菌种来促进污染物的降解,但微生物降解速度往往较慢,因此可以通过改变环境条件或采用其他方式来提高微生物降解的效率。

③水体流动管理。通过调整水体的流速和流向,改善水体的水动力条件,提高水体的自净能力、促进物质交换进程。常见的水体流动管理方法包括水流调节、水体重构和水体引导等。其中,水体重构是指通过改变水体的形状和结构来改善水流条件,如可以通过改变河道的曲率、河底深度、岸边的植被等来重构水体,增加水体的流动性。

④生态工程建设。通过构建和改造生态系统,促进水体生态环境的恢复和保护。常见的生态工程建设包括生态演替与恢复、生物修复与增殖和生态补偿等。其中,生态补偿是一种通过对生态系统服务功能进行补偿来保护和修复生态环境的措施,如建设河流生态廊道,对污染源周边生态系统进行保护和重建,可以增强水体和周边生态环境的净化和调节能力,实现生态功能补偿,保护水环境生态系统的稳定性。

此外,在进行水体修复的同时也要注意预防污染,加强源头控制和污染物防治措施,减少污染物进入水体的数量。常见的污染预防措施有环境规划、污染源管理和环境监测等。其中,环境规划至关重要,其是指对土地使用、城市建设和工业发展等进行综合考虑和合理规划,以确保环境保护与经济社会发展相协调。环境规划包括环境影响评价、合理用地规划、环境空间规划和生态保护区的设立等。

### 5.3.4 水环境生态系统的评估和监测

水环境生态系统的评估和监测是为了了解其健康状况、检测水环境中存在的问题,并采取相应的管理和保护措施。水环境生态系统评估和监测的常用方法和指标如下。

①水质监测指标。通过测定水体的物理化学指标,如pH值、溶解氧、浊度、氨氮、总磷、总氮、有机污染物和重金属等污染物的浓度等,评估水体情况。评估水体的污染程度对于环境保护和治理措施的选择非常重要,有利于水资源的可持续利用和人类的健康与福祉。

②生物监测指标。通过调查和监测水体中的生物群落,比如浮游植物、浮游动物、底栖动物、水生植物等的种类、数量和分布情况,判断水环境生态系统的健康状况,如污染情况、富营养化程度、生物多样性等。浮游植物的类型和数量可以反映水体养分状况和富营养化程度;浮游动物的群落结构和丰度可以表明水体的生态平衡与食物链的状况;底栖动物的生物多样性和种类组成反映了水体底质的质量和富营养化程度;水生植物的分布情况可以指示水体的营养状况和水深等因素。

③生态功能评估。评估水环境生态系统的功能,比如养分循环、物质转化、生态补偿等,常用的指标包括生物多样性、生态服务价值、水环境生态系统健康指数等。

④水环境生态系统结构和功能评估。考察水环境生态系统的结构组成、物种丰富度、营养关系、能量流动等,以了解水环境生态系统的稳定性和可持续性。

⑤水体景观评估。通过对周围景观的调查和评估,建立水体与景观之间的关系模型,通过模型来预测不同人类活动对水环境生态系统的影响程度。

数据分析和模拟。将收集到的监测数据与历史数据进行比较,采用数学模型和模拟方法预测未来水环境生态系统的发展趋势,为管理和保护提供参考。

# 5.4 水环境管理与保护

水环境管理与保护涵盖了多个方面,包括水质监测与评估、污水治理与回收、饮用水保护、水生态系统保护、防洪与减灾、水资源管理以及水政策与法规制定等。水质监测与评估是水环境管理与保护的基础。污水治理与回收是水环境管理与保护的重要环节。饮用水保护是保障人类健康的重要任务。水生态系统保护旨在维护水生生物及其生境的完整性。防洪与减灾是为了降低洪水带来的灾害风险。水资源管理是指在考虑经济、社会和环境因素的基础上,对水资源进行合理开发、配置、保护和利用。水政策与法规是实现水环境管理与保护的重要保障。

## 5.4.1　水环境管理的基本原则

保护优先原则强调在水环境管理中优先保护自然和生态系统,减少人类活动对水资源的破坏。合理利用原则要求科学开发水资源,考虑其有限性和区域差异,优化配置,提高效率。综合治理原则涉及多方面措施,需要跨部门合作和公众参与。公众参与原则鼓励公众参与水环境管理,提高环保意识。科学决策原则指基于科学研究制定管理政策。健全法制原则要求建立完善的水环境管理法规体系。创新发展原则注重科技创新,推动管理升级和水资源高效利用。

## 5.4.2　水环境生态系统的管理与保护措施

水环境生态系统是地球上重要的生态系统之一,为了保护和管理水环境生态系统,我们需要采取一系列的措施。

①水质管理。保护水质免受污染是水环境生态系统管理和保护的关键。水质监测和评估是第一步,它可以通过对水体物理、化学和生物指标的监测和分析,了解水体的健康状态,为采取有效的保护措施提供依据。因此需要建立水质监测平台,对水体水质进行系统检测与分析。

②生物多样性保护。水环境生态系统是众多生物的栖息地,因此生物多样性保护是水环境生态系统管理和保护的重要内容之一。对重要的物种进行保护,并建立监测系统,了解物种的数量、分布、种群动态等信息。对于濒危物种,需要采取特殊保护措施,如建立繁殖中心、禁止捕捞等。

③栖息地保护。水体是水生生物能够生长和繁殖的栖息地,保护栖息地是维护水环境生态系统平衡和生物多样性的重要措施。对于已受到污染、过度开发或生态系统被破坏的河流和湖泊,需要进行生态修复和水质改善,以恢复适宜的栖息环境。

④水资源保护。水资源不仅是人类生产生活的必需品,还是维系生态系统平衡的重要因素。因此,水资源保护是水环境生态系统管理和保护的重要内容之一。当前,随着人类活动影响的加剧,水资源日益珍贵,如何管理和利用水资源成为我们当前所面临的重要问题。

⑤防洪抗旱。洪水和干旱等极端天气事件会对水环境生态系统造成严重的破坏,因此,防洪抗旱是水环境生态系统管理和保护的重要任务之一。应构建水文监测和预警体系,及时掌握水文变化情况,以准确预测洪水和干旱等极端天气事件的发生和发展趋势,为灾害防治和水资源管理提供科学依据。

总之,水环境生态系统的保护与管理是一个复杂而艰巨的任务。我们每个人都应该树立水环境生态系统的保护意识,从日常生活中做起,节约用水,减少污染。同时,政府和科研机构也应该加大投入,加强管理,提高科研力量,共同保护和管理好水环境生态系统,为子孙后代留下美丽的水域。

### 5.4.3　水资源的管理和利用

水资源是生物生存的基础,也是地球上最珍贵的资源之一。然而,随着人口的增长和经济的发展,水体污染加剧,水资源变得越来越紧缺。因此,需要根据地区、流域或国家的具体情况,采取合理的措施管理和利用水资源。水资源管理和利用的意义在于能够提高水资源的利用效率,解决水资源的供需矛盾,保障水资源的可持续利用。

水资源的利用主要分为生活用水、工业用水、农业灌溉和水力发电等。生产生活用水是指人们日常生活中使用的水资源,包括饮用、洗涤、冲厕、洗车等方面的用水。工业用水是指工业生产过程中所需的水资源,主要用于冷却、洗涤、加工等方面,各行业的工业用水量各不相同。农业灌溉是指利用水资源来满足农作物的生长需求,提高农作物的品质和产量,合理的农业灌溉管理可以提高农业生产水平,促进农村经济发展。水力发电则是通过水轮发电装置将水能转化为电能,水力发电具有稳定、高效、环保等特点,可以满足电力需求,对于推动可持续发展具有重要意义。在水资源的利用过程中,需要注重合理利用、节约用水、水污染防治等方面的工作,以保护水环境的健康,确保水资源的可持续利用。科学研究、技术创新和合理规划也是优化水资源利用的重要途径。

水资源的管理和利用是全球性的问题,是人类的共同议题。通过合理地使用水资源、积极地开展水资源管理,能够保障人类的生存和发展。因此,我们应该加强宣传教育,增强公众的环保意识,深入探讨水资源管理和利用的重要性,并尽可能采取有效措施实现水资源的可持续利用。

# 5.5　案例介绍

杭州西湖附近的长桥溪水生态修复公园,位于玉皇山脚下的慈云岭,是一个以水再生为主题的湿地公园。公园将水生态修复技术和园林艺术相结合,改善了长桥溪的污染问题,创造了独特的湿地环境,被誉为"小西溪"。该公园还获得了"2012年迪拜国际改善人居环境范例奖"。

过去,长桥溪因人类活动遭受严重破坏,水质污染严重,生物多样性下降。杭州市政府为保护和恢复生态系统,采取了建立污水收集和地埋式处理系统等措施,通过物理、化学、生物和生态方法,成功净化了长桥溪流域的污水,防止了污染物质进入西湖,将长桥溪改造成了美丽的生态公园。接下来,将介绍两种主要的修复方法。

## 5.5.1　地埋式污水处理系统

流域内的污水被收集起来,并在重力作用下被输送到位于下游的水质调节池。该调节池的容量约为1000m³。污水在这里进行中和处理,然后通过泵输送到位于上游地下的污水处理系统(图5.5)。在这个处理系统中,污水首先进入一级强化絮凝池,然后进入竖流式沉淀池,去除大部分磷质,接着进入高效曝气生物滤池,最后进入双层滤料滤池,去除污水中的氮,并进一步除磷。目前,该处理系统的日处理能力为1000~1500m³,雨季时可以达到3000m³。该处理系统运行管理简便,节省能耗,处理成本约为每吨污水0.91元。与常见的露天污水处理系统不同,长桥溪生态修复工程的地下式污水处理系统,主体部分建设在地下,大大降低了处理过程中产生的噪声和臭味对环境的影响。而地上部分与园林景观相结合,设计为一座观景亭,与周围景观融为一体,这一设计在国内尚属首次。

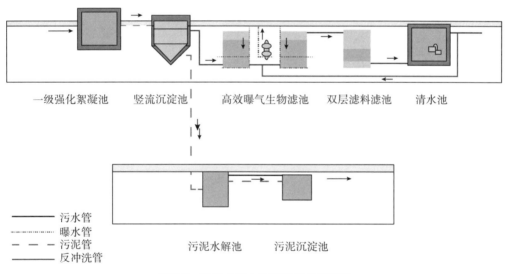

图5.5　地埋式污水处理系统处理流程

## 5.5.2　人工湿地系统

经过地埋式污水处理系统处理后的再生水被引入地表人工湿地系统。根据水生态修复的需要,管理部门考虑了水面面积、水体深度、停留时间等多种因素,决定采用湿地系统中的自由水面(也称为敞流型)湿地系统。该系统通过向地面布水,维持一定厚度的水层,并采用推流式前进,形成一层地表水流。水体从地表流出,地块纵向有坡度,并且底部未封闭,保持原貌不受扰动,只需略作人工整理。水体在流动过程中,与土壤、植物以及地表根垫层和节根上的生物膜接触,通过物理、化学和生物反应来进行水质净化。

根据湿地串联系统的原理和要求,长桥溪水系在公园内被设计成具有特定水深和水体形式。从南至北,该系统包括初级人工湿地、二级人工湿地和三级人工湿地。初级人工湿地的水深约为40cm,水景以漫滩为主,配置了挺水植物和浮叶植物;初级人工湿地不仅是景观水系的起源,而且可以初步吸收、利用和降解水体中的污染物。经过多级滚水坝的曝气充氧处理,水体中的含氧量增加,变得更加有活力。二级和三级人工湿地的水深为40~90cm,主要配置了沉水植物,可进一步处理流入的水体。

管理部门参考了湖西湿地植物调查结果和国内外的水生生态修复资料,根据长桥溪流域的水文地貌等条件进行设计,在遵循适地适种原则的前提下,选择了适应当地气候、地形和人文景观条件的植物。这些植物具有耐污和净化能力和一定的观赏价值。此外,在植物选择过程中还考虑了水生植物的生命周期和植物群落演替规律,以确保湿地中全年都有水生植物覆盖,从而创造出了四季交替变化的美景。

杭州市政府全面排查并治理长桥溪污染源,强化污水处理手段,确保了污水处理效果。同时,恢复和保护周边湿地,通过扩大湿地规模和种植水生植物提升净化能力,提高了生物多样性。此外,还沿岸建设绿道和公园,增设人工湿地和景观,为往来人群提供休闲场所。这些努力显著改善了长桥溪的生态环境,提高了生态系统稳定性。

## 【思考题】

1.水体富营养化是一种常见的水污染问题。请阐明水体富营养化的原因、影响,并提出应对策略。

2.请描述一种常见的水污染物,包括其来源、污染特点以及对水环境和生态系统的影响。

3.什么是水体修复?请列举几种常见的水体修复方法,并说明它们的作用和应用场景。

4.请解释水体沉积物对水质的影响,并举例说明。

5.请解释水生植物在水环境生态工程中的作用,并举例说明其应用场景。

6.请解释水体流态对水环境生态系统的影响,并举例说明。

7.请描述一种水质净化技术,包括其工作原理、适用范围和效果评估方法。

8.请解释水资源管理的意义和目标,并列举几种常见的水资源管理措施。

9.请分析水环境生态工程在可持续发展中的重要性,并提出衡量其可持续性的指标和评估方法。

# 第6章　湿地环境生态工程

## 6.1　湿地环境生态工程概述

　　根据《关于特别是作为水禽栖息地的国际重要湿地公约》(以下简称《湿地公约》)定义,湿地是指天然或人为、永久或暂时、静止或流动、淡水或咸水沼泽、泥沼、泥煤地或水域所构成的地区,包括低潮时水深6m以内的海域。根据公约,湿地可分为31类天然湿地和9类人工湿地。为了纪念《湿地公约》的签署,并提高公众保护湿地的意识,自1997年起,每年的2月2日被定为世界湿地日。该节日旨在引起人们对湿地保护的关注,增强人们对湿地生态系统的认识,并鼓励各国政府、非政府组织和公众参与湿地保护和可持续利用的行动。

湿地环境生态工程旨在通过恢复和管理湿地来提升其生态功能,包括生物多样性维持和洪水调节等,同时满足人类需求,保护生态系统的完整性和稳定性。

## 6.1.1　湿地生态系统的定义和特征

湿地生态系统是一种特殊的生态系统,其特点是土壤或底部处于长期或周期性浸泡或饱和状态,通常有特定的湿地植被和水文环境。湿地生态系统具有以下几个主要特征。

①水位。湿地生态系统以高水位和土壤水体饱和为特征,为植物和动物提供生存的湿润环境。湿地具有强大的水分储存能力,能在雨季吸收并储存水分,形成地下水储备,干旱时释放以补给周边地区,滋养周边植被,为动物提供食物和水源,缓解水资源短缺。此外,这种储存和释放水资源作用,也帮助维持了流域水量平衡。

②植被。湿地生态系统通常由湿地植物组成,如芦苇、香蒲、水生植物等。芦苇是湿地生态系统中最常见的植物之一,生长在湿地的浅水域,其具有强大的根系,能够牢牢地固定在泥土中,对于稳定湿地土壤和控制土壤侵蚀起着重要作用。香蒲是另一种常见的湿地植物,它与芦苇相似,也能适应湿润的环境并在水中生长,其茎直立,叶片狭长,能够提供食物和栖息地给许多水生和湿地动物。湿地中还有许多其他水生植物,如浮叶植物(如睡莲)、沉水植物(如水藻和水生蕨类植物)等,这些植物能够在水中生长,它们通过根部吸收水中的养分来生存。

③土壤。湿地生态系统的土壤通常为充满有机物的泥炭质或泥土。这些土壤富含有机质,且能够保持水分,为湿地植物提供养分,并起到洪水调节作用,改善周围环境的湿度和水分供应。湿地土壤还可以过滤沉积物,吸附和分解有害物质,提供水质净化服务。此外,湿地土壤还能够吸存大量的碳,且具有显著的蒸发散热作用,可以调节气候,降低周围地区的气温和改善城市热岛效应。这些功能有利于维持生物多样性和生态系统的稳定性。

④生物。湿地生态系统生物多样性丰富,具有多种生境如沼泽、湖泊、河流、河口和沿海地区,可为动植物提供栖息地。湿地动物种类多样,包括鸟类、昆虫、两栖动物、爬行动物和哺乳动物。湿地丰富的水源对候鸟迁徙至关重要,许多候鸟在迁徙时将湿地作为饮水和休息点。如秦皇岛北戴河地区的鸽子窝湿地(图6.1)是候鸟迁徙的重要通道和国际四大观鸟胜地之一,每年初秋时节,上百种鸟类迁徙途经这里,在这里觅食、繁衍生息。保护湿地生态系统对维持候鸟及其他动物的生态连通性和安全至关重要。

图6.1 秦皇岛北戴河地区的鸽子窝湿地公园

## 6.1.2 湿地生态系统的重要性

湿地生态系统对人类和地球的重要性体现在以下几个方面。

①具有水系统保护功能。湿地能通过植物和土壤净化水体,植物的吸附能力及根系沉积作用可降低悬浮物浓度,改善水质;同时,植物能吸收氮和磷,防止水体富营养化。湿地土壤中的有机质也能吸附和分解有机污染物,进一步提升水质。

②保护生物多样性。湿地生态系统是生物多样性丰富的区域,也是许多珍稀物种的家园,保护湿地有助于挽救受威胁物种。有研究以徐州九里湖湿地为例,探讨了用生境单元制图法提升鸟类多样性的全面改进策略,优化了湿地营造方法,突出了湿地营造策略的重要性。这种研究方法有助于维护和提升生物多样性,支持湿地可持续发展,还为理解湿地复杂性及未来保护和管理湿地提供了科学依据和实践指导。

③洪水调节。湿地可以吸收和储存大量的水,减少洪峰流量,减缓洪水的冲击、缩小波及范围。如研究人员利用多种方法对卤阳湖湿地的生态系统服务功能价值进行了评估,包括市场价值法、影子工程法、费用支出法、恢复和防护费用法、生态价值法、碳税法和造林成本法等。评估的结果显示,卤阳湖湿地生态系统的服务总价值为9357.01万元/年,其中调节价值为2190.43万元/年,占总价值的23.41%。在调节价值中,洪水调节和水质净化的价值为1330.00万元/年,占调节价值总数的60.72%,这是卤阳湖湿地生态系统重要的生态功能。

④营养循环和碳储存。湿地植物和土壤吸收、转化、释放养分,维持水域生物所需,减少水体富营养化。湿地的有机碳储存作用有助于对抗气候变化。如用生态系统服务和权衡的综合评估(integrated valuation of ecosystem services and trade-offs,InVEST)模型对杭州湾南岸滩涂湿地蓝碳及其价值15年变化进行分析,发现2003—2017年总碳储量和单位面积碳储量均上升,总碳储量从0.223亿吨增至0.765亿吨,单位面积碳储量最大值从451.27t/ha增至1775.42t/ha。滩涂蓝碳储量与植被类型紧密相关,芦苇作为优势物种,对滩涂固碳能力贡献最大。在退塘还湿情景下,预计到2030年,固碳量和蓝碳价值将进一步增加。

⑤提供旅游和休闲资源。湿地以其独特而丰富的生态景观吸引着大量的游客。湿地提供了各种旅游和休闲活动,如观鸟、赏景、划船、野营等,为当地的经济发展和居民生活质量提供了重要的支撑。盘锦红海滩景区创新思想,利用水稻收割后的稻茬,进行人工捆扎和造型,打造冬季湿地旅游景观(图6.2)。创意源于中国传统文化中农历龙年,将龙的形象与"辽"字相结合,作品在展示农田资源可持续性利用的同时,为环境发展贡献了一份力量。

图6.2 盘锦冬季湿地旅游景观(图片来自中国日报中文网)

## 6.1.3 湿地环境生态工程的定义和目标

湿地环境生态工程是一种人工干预的方法,通过模拟自然湿地的特征和功能,修复、创建或改善湿地生态系统,恢复湿地的水文特征、植被组成和生态功能,以实现湿地的保护与可持续利用,确保其生态系统服务的提供。通过采取合适的措施,修复和保护受到破坏或退化的湿地,恢复湿地的自然功能;通过重建湿地植被和提供合适的生物栖息条件,保护和增加湿地的生物多样性,如提供栖息地供各种濒危或珍贵物种生存和繁衍;通过储存和调节水分,减小洪水的峰值流量,降低洪灾风险,保护人类生命和财产安全;通过科学规划和管理,实现湿地的保护和可持续利用,平衡人类需求与湿地自然特性之间的关系。

### 6.1.4 湿地环境生态工程的发展历程

湿地环境生态工程起源于19世纪末,其发展经历了几个关键阶段。初期,欧洲和北美开始进行湿地修复实践,旨在改善水域环境和增加渔业资源。20世纪中叶至末期,随着人们对湿地生态价值的认识加深,湿地修复与环境保护相结合,湿地环境生态工程重点转向物种多样性保护和水质改善。1971年签署的《湿地公约》强调了湿地的多重价值,并推动了国际间湿地保护的合作。20世纪末至21世纪初,湿地环境生态工程发展为系统性的修复方法,注重水文、植被和生态功能的恢复。进入21世纪,湿地环境生态工程更注重生态系统服务功能,如水净化和洪水调节,并强调湿地保护与社会经济发展的协调。整体上,湿地环境生态工程从单纯的生态修复转变为综合的生态系统管理和可持续发展,强调科学研究、技术创新和社会参与的重要性。

# 6.2  湿地生态系统的功能与服务

湿地生态系统具有丰富的功能与服务,对人类和环境都有重要的价值。维护和恢复湿地生态系统的功能与服务对于环境保护、气候调节和可持续发展至关重要。保护湿地不仅有助于保护生物多样性,还能确保水资源的供应,保护沿海地区和提供经济利益。

### 6.2.1  湿地生态系统的水文功能

湿地生态系统具有重要的水文功能。湿地能够吸收和储存大量的水分,并延缓水的流失,实现水源涵养及水量调剂。一方面,水分可通过湿地植物的根系渗透,补充地下水,有助于减少土壤水分的蒸发和流失,保持土壤湿润,维持水源的供给。另一面,湿地可以吸收和存储大量的雨水,并延缓水的通过,减少洪水的发生或降低其破坏性。

### 6.2.2  湿地生态系统的水环境调节功能

湿地生态系统对水环境有重要的保护和净化功能。除了上述在水流调剂方面的作用外,还有拦截悬浮物和去除养分的功能。

①悬浮物的拦截。湿地中的植物和土壤可以减缓水流速度,并拦截悬浮颗粒物。这些颗粒物可能包括泥沙、悬浮微生物和有机碎屑等。通过拦截这些颗粒物,可以降低水中浑浊度,改善水质,同时也可避免悬浮物质对其他生物生命活动的干扰。此外,湿地中的植物根系还可以稳定土壤,防止土壤侵蚀和水土流失。

②养分去除。湿地中的植物通过根系吸收水体中的营养盐,将其固定在植物体内,其中主要包括氮和磷。这些营养盐通常来自农业、城市排水、污水处理厂和工业废水等。此外,湿地中的植物还会与湿地土壤中的微生物共同作用,促进富营养水体中的营养循环。湿地植物在生长过程中会释放一些有机物,这些有机物与微生物相互作用,有助于湿地土壤中营养盐的释放,继续参与水体中的有机物循环。

## 6.2.3　湿地生态系统的生物多样性保护功能

湿地生态系统具有重要的保护生物多样性功能。

①生境提供。湿地生态系统是各种植物和动物的栖息地,它们为众多物种提供了适宜的环境条件,如湿度、水质和土壤类型等。湿地的特殊环境和资源条件使其成为许多濒危物种的重要栖息地,包括湿地植物、候鸟、鱼类和两栖动物等。黄海湿地是世界上最重要的候鸟中继站之一,吸引了成千上万的候鸟,勺嘴鹬、小青脚鹬、黑脸琵鹭、黑嘴鸥、卷羽鹈鹕等珍稀濒危鸟类成了黄海湿地的常客。

②繁殖和孵化地。湿地为生物提供了安全的繁殖环境,如湿地植被提供了庇护所和遮蔽物,湿地水体提供了合适的温度和水质条件。许多鸟类和水生动物选择湿地作为繁殖和孵化地。红头潜鸭在湿地的水草丛中筑巢,并在其中孵化雏鸟;许多涉禽如丹顶鹤、黑鹳等也会选择湿地作为它们的繁殖地。不少水生爬行动物也在此繁殖和孵化,例如,海龟在滨海湿地海滩上挖掘巢穴,将蛋埋在沙子中进行孵化。

③食物链支持。湿地生态系统是复杂食物链和食物网的基础,其提供了丰富的食物资源,包括植物、浮游生物、小型鱼类和昆虫等。这些食物资源支持了各种生物的生长繁殖,包括大型鸟类、鱼类和哺乳动物等。湿地中的植物如湿地花卉、浮叶植物和沉水植物是食物链和食物网的起点,它们通过光合作用将太阳能转化为化学能,并提供氧气和有机物。湿地的保护和维护对于维持食物链和食物网的完整性至关重要。

④生物交流和迁徙。湿地是许多动物迁徙和季节性生物交流的重要站点。候鸟以湿地为中转站和栖息地;迁徙的鱼类将湿地作为产卵和幼年生活阶段的栖息地,许多鱼类在洄游时会选择湿地作为过渡站,例如,鲑鱼在迁徙途中会进入河口湿地停留,适应环境并等待合适的时机进入内陆水域。湿地生态系统的连通性和资源

丰富性对于维护和促进物种间的生物交流至关重要。

### 6.2.4　湿地生态系统的碳储存和气候调节功能

湿地生态系统对碳储存和气候调节至关重要,如湿地土壤和植被能储存大量碳。由于处于缺氧环境,湿地土壤中有机质的分解被限制,而植被则通过光合作用吸收二氧化碳。尽管湿地释放甲烷,但其碳储存量大于甲烷排放。此外,湿地还能吸收和储存水分,减缓水流,降低洪峰水位,减少洪灾,保护沿海地区。湿地的蒸发作用也有助于降低气温和改善气候。综上,保护和管理湿地是应对气候变化、减少洪灾风险和维护生态平衡的关键。

# 6.3　湿地评价与监测

湿地评价与监测是对湿地的状况、生态功能和生态系统服务进行定期检测、评估和监测的过程。

## 6.3.1　湿地评价指标与方法

湿地评价是评估湿地生态系统功能和价值的过程,其目的是保护和管理湿地,促进可持续的湿地管理和保护。通过湿地评价,可以了解湿地对水质、水文、生物多样性和人类福祉等方面的影响。湿地评价指标主要包括植被指标、水质指标、土壤指标、生物指标四个方面。

### 6.3.1.1　植被指标

湿地中的植被对湿地功能和生态系统的稳定性有重要影响,可以使用植被覆盖率、植被类型、植物群落结构、物种多样性指数等指标进行评估。植被调查和样方调查是获取植被指标的常用方法。

植被调查是通过系统方法量化分析湿地植物组成与空间特征的技术手段,其核心目的是评估植被对湿地生态功能的支撑作用。植被调查的指标体系和实施流程如下。

(1)调查指标体系

①植被覆盖度:反映植物在空间上的占据情况,通常通过样方内植物冠层投影面积比例测定,是评估湿地固碳、水土保持能力的基础参数。

②植物群落结构:包括垂直分层(乔木层、灌木层、草本层)和水平分布格局,需记录各层的优势种、伴生种及层间物种关联性。

③物种多样性:采用香农-维纳(Shannon-Weiner)指数或辛普森(Simpson)指数量化,需统计样方内物种数、个体数及分布均匀度。

（2）实施流程

收集历史植被图谱和遥感数据,结合《湿地公约》分类体系划定调查区域。配置定位仪、植物标本采集工具等设备。按春(4—5月)、夏(7—8月)、秋(9—10月)三季开展动态监测,避开植物休眠期。同步采集土壤样品(0—20cm层)分析理化性质。建立植被类型数据库,绘制物种分布热力图,计算生物量碳储量[采用政府间气候变化专门委员会(IPCC)湿地碳汇测算模型]。对比历史数据评估植被演替趋势。

样方调查的主要步骤如下。

①确定调查区域:根据研究目的和范围,确定需要调查的植被区域。

②确定样方数量和分布:根据调查区域的特点,确定样方的数量和分布,样方分布应尽量均匀;样方的大小可以根据调查目的和植被类型来确定,通常为固定面积或固定长度的正方形或矩形样方。

③样方设置:在确定的位置上设置样方,可以使用固定间距的样方网格布点,也可以根据地面实际情况手动设置。

④数据采集:在每个样方内采集植被数据,记录样方内植物种类、数量、高度、盖度等相关指标。

⑤数据整理与分析:将采集到的数据整理成样方调查表或数据库,根据需要进行统计分析和植被指标计算。

无论是植被调查还是样方调查,关键是选择合适的样点或样方,并准确记录植被相关指标。同时,需要注意数据采集方法和统计分析的准确性,以确保结果科学可靠。

### 6.3.1.2　水质指标

湿地的水质状况对湿地生态系统的健康和功能具有重要影响。常用的水质指标包括溶解氧、pH值及悬浮物、营养盐(总氮、总磷)、重金属浓度等。可以通过水样采集和实验室分析的方法获取水质指标。

### 6.3.1.3　土壤指标

湿地土壤的物理和化学性质对湿地生态系统的功能起着重要作用。常用的土壤指标包括土壤湿度、有机质含量、pH值、土壤微生物等。土壤采样和实验室分析是获取土壤指标的常见方法。

#### 6.3.1.4 生物指标

湿地中的动植物对湿地生态系统的功能和稳定性有重要贡献。通过调查和监测湿地中的鸟类、鱼类、昆虫、两栖爬行类等动物群落,以及植物群落的组成和结构,可以评估湿地的生物多样性和生态系统功能。

湿地评价指标和方法的选择取决于具体的湿地类型、评价目的和评价的可行性。综合应用不同指标和方法,可以全面评估湿地的生态功能和价值。

### 6.3.2 湿地生境质量评估

湿地生境质量评估是评估湿地生态系统健康和功能的一种方法,主要针对湿地的生物多样性、水质、植被、土壤质量、生态功能等多个方面。

#### 6.3.2.1 生物多样性

评估湿地中的物种多样性,可以采用物种清点、鸟类调查、昆虫捕获等方法,了解湿地内不同物种的分布和状况。

#### 6.3.2.2 水质

评估湿地水体的化学成分和污染物含量,可以通过采集水样进行化学分析,检测水体中的悬浮物、溶解氧、营养盐、重金属等物质的浓度。

#### 6.3.2.3 湿地植被

评估湿地植被的种类组成和植被覆盖率,可以采用样方调查、植物清点、遥感分析等方法,了解湿地中的植物群落结构和植被生长状况。

#### 6.3.2.4 土壤质量

评估湿地土壤的理化性质和有机质含量,可以进行土壤样品采集和分析,测定土壤的质地、水分含量、pH值、养分含量等指标。

湿地中的砂土本身含有较多的水分,当外界振动(如地震、车辆行驶等)或应力(如水流冲击、土体载荷等)作用于砂土时,土壤中的水开始充当润滑剂,使土壤颗粒之间的接触力减小,从而导致砂土的固结力减弱。当固结力减弱到一定程度时,砂土失去了抵抗外界应力的能力,出现液化现象。

湿地砂土液化可能会导致一系列问题,如建筑物倾斜、沉降以及管道破裂等。因此,对于湿地地区的工程设计和建设来说,必须要对砂土液化进行充分评估,并采取防控措施,以确保工程安全可靠。

2023年12月18日23时59分,甘肃省临夏州积石山县发生6.2级地震,震源深度

10公里,震中位于北纬35.70°,东经102.79°。与震中隔着黄河的青海省民和县金田村是本次地震中一个特殊的重灾区,这里遭遇了极其严重的砂土液化现象。从卫星地图上可以看到当地地势相对较低,周边还有沟渠河流,强烈震动把土壤深层的地下水挤到表层,使得地表土壤呈现出类似液体的情况;当地河谷的场地效应和深厚松软的黄土沉积物更是进一步放大了砂土液化的威力。由于液化时砂土混合成如泥浆般的液体,直接让土壤失去支撑力,坐落其上的建筑非常容易倾斜、下陷甚至倒塌,所以金田村村民接受采访时表示"大量淤泥将民房直接冲垮,有的房子直接被淤泥掩埋,淤泥有三四米高"。砂土液化现象在强烈地震中很容易出现,如何有效避免砂土液化现象的发生,需要引起我们的高度重视。

### 6.3.2.5　生态功能

评估湿地的各种生态功能,包括水资源调节、水质净化、碳储存、沿海防护等,可采用数据收集和分析的方法。如利用水文模型模拟水循环过程、利用水质模型模拟污染物排放和迁移等方法来评估湿地生态功能。

以上是湿地生境质量评估的一般内容,具体的评估方法和指标可以根据不同湿地类型和评估目的进行调整和补充。评估的结果可以为湿地生态系统健康状况的监测、湿地保护和管理措施的制定提供科学依据和数据支持。

## 6.3.3　湿地生物多样性监测

湿地生物多样性监测是评估湿地生物多样性和了解湿地生态系统中不同物种分布和生存状况的方法,有以下主要方式。

### 6.3.3.1　物种调查

通过实地考察和调查,对湿地中不同物种的分布和数量进行记录。可以使用物种清点、标本采集、鸟类调查、昆虫捕获、鱼类捕捞等具体方法,了解湿地中的动植物种类、数量和分布。

### 6.3.3.2　样方调查

在湿地内设置样方进行调查,以了解湿地生态系统中的物种组成和结构。通过确定样方的大小和位置,采集样方内不同物种的数据,可以对湿地的物种多样性进行评估。

### 6.3.3.3　遥感技术

利用遥感技术获取湿地生境的空间信息,如湿地类型和植被覆盖情况等,结合地理信息系统(GIS)技术,可对湿地中不同物种的分布和动态变化进行预测和分析。各类湿地的反射率和光谱特性有所不同,可以通过遥感影像进行分类和识别。如多光谱遥感影像包括可见光和近红外波段的数据,可用于确定湿地的地表覆盖类型,如湖泊、河流、湿地草地、湿地森林等。高空间分辨率的遥感影像可以提供更精细的湿地信息。例如,利用航空影像或卫星影像可以获取湿地生境的细节,如植被类型、植被覆盖密度等。

### 6.3.3.4　DNA分析

通过DNA分析技术,可以对湿地中的微生物、昆虫等微小物种进行鉴定和定量,进一步了解湿地生态系统中的微生物多样性和微小物种组成。如宏基因组学(metagenomics)技术,宏基因组学是通过对环境样品中的DNA进行全基因组测序,然后进行功能和分类分析,揭示微生物群落结构和功能的方法。

### 6.3.3.5　数据分析

对采集到的监测数据进行统计和分析,确定物种的多样指数。以了解湿地生物多样性的状态和变化趋势。常见的多样性指数如下。

①物种丰富度指数(Species richness index),表示一个生态系统中不同物种的数量。常用的物种丰富度指数包括物种数、皮卢均匀度指数(Pielou's evenness index)等。

②香农多样性指数(Shannon diversity index)通过物种的丰度和相对数量分布来衡量物种多样性。香农多样性指数的计算公式为:$H' = -\sum [p_i \times \ln(p_i)]$,其中$p_i$表示第$i$个物种的相对丰度。

③辛普森多样性指数(Simpson diversity index)同样通过物种的丰度和相对数量分布来衡量物种多样性。辛普森多样性指数的计算公式为:$D = 1/\sum (p_i^2)$,其中$p_i$表示第$i$个物种的相对丰度。

④布里渊指数(Brillouin's index)也是一种衡量物种多样性的指数,计算公式为:$H = \ln(N!) - \sum [\ln(n!)]$,其中$N$表示总的物种数,$n$表示第$i$个物种的个体数。

这些指数可以用于比较不同生态系统或区域的物种多样性,从而评估生物多样性的保护状况和生态系统的健康程度。不同指数的选择取决于研究的目标和分析的数据类型。

湿地生物多样性监测的目的是为湿地保护和管理措施的制定提供科学依据和数据支持,促进湿地生态系统的健康和可持续发展。黄河三角洲湿地站团队建成了我国第一个滨海湿地生物多样性信息系统网站(http://yrdbd.yic.ac.cn/),信息系统涵盖了382种维管植物、23种底栖动物、367种鸟类,以及昆虫、鱼类、两栖爬行类、哺乳动物等编目数据,此外还包括生态环境专题图件图片数据库和湿地基础知识数据库等,为科学研究、保护管理、民众旅游与科普教育提供信息保障与数据支持。

## 6.3.4　湿地水质监测

湿地水质监测是评估湿地水体质量的重要手段,常用的湿地水质监测方法和技术如下。

### 6.3.4.1　水样采集

选择合适的采样点位,在不同时间段采集水样。采样点应能代表整个湿地水体的情况,需要根据湿地的特点和监测目标进行确定。为了获取准确的水质指标,样品的采集和实验室分析需要遵循相应的操作规范,采样时应注意使用无污染的采样容器,尽量避免悬浮物、沉积物和底泥的混入,要注意样品采集时的现场保护和样品保存方式。对于湿地水质的长期监测和评估,建议进行重复采样和定期实验室分析,以获得更可靠和全面的水质信息。

### 6.3.4.2　常规水质指标检测

通过实验室分析可以获得采集水样的多个常规水质指标,如溶解氧、pH值、电导率、悬浮物浓度以及氨氮、总氮、总磷、溶解有机碳含量等。这些指标可以反映湿地水质的基本状况。溶解氧是生物呼吸和氧化还原反应的关键参数,对水生生物的存活和生态系统的正常运转至关重要,其含量可以通过溶解氧仪或溶解氧电极测量仪测得。pH值是衡量水样酸碱性的指标,对水生生物的生长和代谢过程有重要影响,可以使用pH计或试纸等工具来测量水样的pH值。悬浮物的浓度反映了水中的浑浊度,与水质和光的透明度密切相关,可以通过浑浊度计或颗粒计数仪来测量水样中悬浮物或颗粒物的浓度和大小。总氮和总磷是湿地水体中的主要营养物质,高浓度的营养盐会导致水体富营养化,引起藻类过度生长和缺氧等问题,可以使用分光光度计或光谱仪等设备来测量水样中的总氮和总磷含量。重金属是湿地水质中常见的污染物之一,高浓度的重金属可能对水生生物和生态系统造成毒性影响,可以使用吸附剂、沉淀剂和分子筛等方法对水样中的重金属进行富集和分离,并使用原子吸收光谱仪、电感耦合等离子体发射光谱仪等设备进行分析和测量。

### 6.3.4.3　生化指标监测

湿地水体中的生化指标可以反映水体中营养盐和有机物的含量,如生物需氧量(BOD)、化学需氧量(COD)、叶绿素a等。这些指标可以帮助评估水体的富营养化程度和有机污染程度。BOD测定方法为在特定温度下(例如20℃)将水样与氧气接触,通过测量一定时间内水样中溶解氧的减少量来确定BOD值。这种方法需要较长的时间(通常为5d)以便有机物的充分降解,适用于真实模拟水体中的有机物降解情况。COD测定方法为使用化学氧化剂(例如高锰酸盐)将水样中的有机物氧化,通过测量氧化剂的消耗量来确定COD值。这种方法较短的时间(通常为2~3h)即可完成测定,适用于快速测定水体中的有机物含量。一般使用高效液相色谱仪或分光光度计等设备测定湿地水体中的叶绿素a含量。

#### 6.3.4.4 微生物监测

湿地水体中的微生物可以提供关于水体健康状况的信息。通过采集水样进行微生物分析,如细菌总数、大肠杆菌数量、蓝藻数量等,可以评估水体是否存在细菌或藻类污染等问题。

进行湿地水质监测时应遵循相关的监测准则和标准方法,确保数据的准确性和可比性。此外,长期连续监测能够揭示水质的季节性变化情况和长期变化趋势。如黄河三角洲湿地站团队围绕我国滨海和河口湿地环境保护与生态建设国家战略科技需求,以黄河三角洲陆海相互作用过程和区域可持续发展为主线,以长期稳定观测与监测、科学研究与示范为目标,开展黄河三角洲滨海与河口湿地生态与环境演变动态过程及机制、退化生态系统修复和生物多样性保护、滨海湿地保护与合理利用对策等方面的研究。基于黄河三角洲湿地立体监测体系,按照中国生态系统研究网络监测规范,建立了湿地监测指标体系和常规监测数据库,数据库涵盖湿地"水、土、气、生、碳通量和近海水文水质"6个方向数据资料,超过100万条记录。

### 6.3.5 湿地生态系统服务评估

湿地生态系统服务评估是指对湿地提供的各种生态系统服务进行评估、量化和估值,一般有如下的步骤。

#### 6.3.5.1 确定评估目标

确定评估的目标和范围,明确要评估的湿地类型和其提供的生态系统服务。不同类型湿地的生态系统服务功能可能不同,因此有必要明确所评估的湿地类型。湿地为人类和生态系统提供了许多重要的服务,比如水资源调节、生物多样性维护、碳存储等。确定想要评估的湿地所提供的生态系统服务,有助于更好地理解评估的目标和意义。

### 6.3.5.2 数据收集和整理

收集湿地生态系统服务相关的数据,包括湿地生物多样性、物种丰富度、土壤质量、水质状况、碳储量等。这些数据可以通过实地调查、科学监测、文献研究等途径获得。其中,碳储量可以通过测定湿地植被和土壤中的碳储量来评估,具体包括测定植物生物量、测定土壤有机碳含量等,在计算中还需考虑湿地的面积。

### 6.3.5.3 评估指标选择

根据目标和数据可用性选择适合的指标来评估湿地生态系统服务,如气候调节、土壤保持、水质净化等。气候调节功能指标有碳储量、水循环维持能力等;土壤保持功能指标有土壤侵蚀抑制能力、土壤有机质含量等;水质净化功能指标有富营养化指标、溶解氧浓度等。

### 6.3.5.4 评估方法选择

选择评估方法需考虑目标和数据特性,常见的方法有经济评估、生物多样性评估及利用生态系统模型和遥感技术评估。经济评估通过货币化湿地生态系统服务来衡量其价值,包括生态旅游、水资源和碳吸存等指标。生物多样性评估则通过物种丰富度、种类组成和稳定性等指标来评估湿地的生物多样性。生态系统模型方法是指利用数学模型和模拟技术评估湿地的生态过程和功能,如气候调节和水质净化。遥感技术则是通过卫星或无人机获取湿地数据,评估生态状况和水质变化。这些方法可以单独或组合使用,以全面评估湿地功能。

### 6.3.5.5 评估结果分析

通过比较不同时间段的评估结果,可以了解湿地生态系统服务的变化趋势,如经济价值的增减情况、生态系统服务类型的变化等。此外,需系统识别湿地生态系统服务的主要胁迫因子(如土地利用转化、工农业污染等),进而阐明其对服务功能退化或价值衰减的驱动机制。通过评估结果,还可以明确湿地生态系统对经济和社会的贡献和重要性。例如,如果评估结果显示湿地为当地经济带来了可观的旅游收入,那么可以强调湿地旅游业的重要性,并提出保护建议以确保湿地的可持续发展。

### 6.3.5.6 估值

根据评估结果,对湿地生态系统服务进行估值,包括直接使用价值、间接使用价值、非使用价值等多个维度。直接使用价值是指湿地生态系统服务可直接被人们使用和获得的价值。例如,湿地提供的渔业资源、木材、草药等可以直接被人们利用的价值。估算直接使用价值的方法包括市场价格法、生产成本法等。间接使用价值是指湿地生态系统通过各种生态过程为人类提供的间接价值。例如,湿地提供的水源保护、气候调节、水质净化等可以间接影响人类福利和健康的价值。估算间接使用价值的方法包括替代成本法、生态工程法等。非使用价值是指人们对湿地生态系统服务的非直接使用的价值,包括存在价值、遗产价值和选择价值。例如,湿地生态系统为满足人们在道德、美学和文化上的需求所提供价值。估算非使用价值的方法包括问卷调查法、个体意愿法等。

### 6.3.5.7 评估报告编写和传播

将评估结果整理成报告,通过科学文献、学术会议、政策推广等方式传播,提供给决策者和公众以支持湿地保护和管理的决策。评估报告应具有清晰的结构,包括摘要、引言、方法、评估结果、讨论和结论等部分。湿地生态系统服务的估值是一个动态的过程,估值结果可能随着时间的推移而发生变化。因此,评估报告应定期更新,以反映最新的数据和研究成果。

# 6.4 湿地生态修复与恢复

湿地生态修复与恢复是指通过一系列的措施和技术手段,如通过水文条件恢复、植被恢复、入侵物种控制、减少人为干扰、修复土壤等,恢复受破坏的湿地生态系统的结构、功能和生态过程。在湿地生态修复过程中,需要进行定期监测与评估,以了解修复效果和调整修复策略。可以通过采集和分析水质、土壤、植物和动物等指标数据,评估修复措施的效果和湿地生态系统的恢复程度。

## 6.4.1 湿地退化原因分析

湿地退化是指湿地生态系统失去其原有功能和服务能力的过程。湿地退化的原因主要包括以下几个方面。

### 6.4.1.1 水资源问题

湿地的水资源供应是其正常功能的基础,如果存在水资源紧张、水资源管理不善、过度开发或排水系统截流等问题,就会导致湿地水资源短缺,进而引发退化。以黑龙江扎龙湿地为例,2000 年由于气候原因,同期降雨量减少,加上上游水资源紧缺,湿地的来水大幅减少。最严重时,湿地核心区水域面积从 700km² 退缩到 300km²。芦苇沼泽需要常年有水覆盖,如果水资源不足的话,局部的芦苇变得稀少,湿地就会退化。自 2001 年开始,扎龙国家级自然保护区开展应急补水,用以维持湿地的基本需水量。

### 6.4.1.2 水污染和土壤质量下降

湿地位于水体的下游,对水质的净化和调节具有重要作用。然而,工业废水的过度排放、农业非点源污染和城市排水等会导致湿地水质下降,进而影响湿地生态系统的健康。在2010年左右,北京面临湿地面积大幅度减少的威胁,其中的一个主要原因是工农业生产的快速发展带来大量污染物破坏了湿地的功能。

### 6.4.1.3 资源开发和土地利用变化

湿地常常在开发后用于人类活动,如农业、城市化和工业发展等。如果没有科学合理的规划和管理,过度利用湿地资源、对湿地进行填海造地或围垦等都会导致湿地退化。根据报道,近五十年来,港口建设、滩涂围填、近岸水产养殖等围、填海活动对沿海滩涂、盐沼、红树林和海草床等重要滨海湿地造成了侵占,导致我国至少减少了7080 km²滨海盐沼湿地和340 km²红树林湿地,岸线也日益人工化和平直化,从而使得我国滨海湿地生态系统服务功能逐渐退化和简化。

### 6.4.1.4 生物入侵

外来物种入侵是湿地退化的另一个重要原因。一些外来物种竞争性强,在湿地中繁殖迅速,破坏了湿地原有的物种组成和生态系统结构。互花米草是一种多年生的植物,原产于北美洲的大西洋沿岸地区,具有高度的耐盐性和耐淹性,因此常被用于保护滨海地区的海岸线和湿地。互花米草的叶片呈线形,颜色从淡绿到深绿不等;花序为长穗状花序,花朵小而稀疏。其主要通过块茎繁殖,能够迅速扩大种群面积。在生态学方面,互花米草对滨海湿地具有重要的生态功能。它的根系能够牢固地抱持土壤,减少海岸线的侵蚀;它还为大量生物提供了栖息地,保护滨海植物和动物的生长繁殖。此外,互花米草的枯落物还可为湿地生态系统供给有机物。然而,由于互花米草具有极强的入侵力,一旦引入,很容易扩张并占据原生植物的生存空间。在中国沿海地区,互花米草的入侵已经成为一个严重的问题。它对本土植物的竞争能力强,破坏了生态平衡,同时也对航道导航和滩涂利用造成了不利影响。因此,为了保护沿海湿地生态系统的稳定和生物多样性,互花米草已被列入中国《重点管理外来入侵物种名录》,需要采取相应的措施对其进行防治和管理。

## 6.4.2 湿地生态修复原则与方法

在湿地生态修复中,需要依据一系列的原则和方法。湿地生态修复的原则与方法主要有以下几个方面。

### 6.4.2.1 自然恢复原则

尊重湿地自然恢复的能力,通过减少或停止对湿地的干扰,让湿地自然地进行修复。包括停止排放废水和污染物,停止过度采集湿地资源等。

### 6.4.2.2 水文恢复原则

湿地的水文条件对于湿地生态系统的恢复至关重要。恢复适宜的水位和水质是湿地修复的关键。可采取的措施有修复水源供给渠道、改善排水系统、水文调节等。

### 6.4.2.3 植被恢复与重建

湿地植被的恢复与重复对于湿地生态系统的重建同样至关重要。可以选择适应湿地环境和水质条件的湿地植物进行植被恢复和重建,尤其是对于特定的珍稀濒危物种,可以进行引种和繁育。

### 6.4.2.4 生境改善原则

改善湿地的生境条件有助于恢复湿地的生态结构和功能。生境改善包括修复湿地土壤,改善土壤质量和水分保持能力;控制入侵物种和采取除草等措施,维持湿地植被的生态平衡;恢复湿地周边的植被和生态廊道,增加动植物的迁移通道和交流性,等等。

### 6.4.2.5 监测与评估原则

修复项目的监测与评估是湿地生态修复过程中的重要环节。及时了解修复效果的变化和取得的成就,对修复措施进行调整和优化,有助于修复的成功。还需要制定科学合理的湿地保护规划和管理措施,限制湿地开发、划定湿地保护区,加强监管和执法,确保湿地的合理利用和长期可持续发展。

综上,湿地生态修复需要综合运用多种方法和原则,通过水文条件恢复、植被恢复与重建、生境改善等方式,促进湿地生态系统的恢复和稳定。同时,监测评估也是湿地生态修复中的重要环节。

## 6.4.3 湿地植被恢复与重建

湿地植被的恢复与重建是保护和修复湿地生态系统的关键措施之一。湿地植被在湿地生态系统中具有重要的功能,包括保持水质、防止水分过度蒸发、固定土壤和防止侵蚀等。湿地植被恢复与重建是一个复杂的过程,需要根据具体情况进行规划和实施。

### 6.4.3.1 植物选择

根据湿地的特点和需求,选择适应湿地环境和水质条件的抗逆性植物进行恢复和重建。这些植物包括湿地草本植物、水生植物、湿地乔木等。湿地草本植物生长高度低,适应湿润和多湿的土壤条件,它们的根系较浅,能够快速吸收地下水。芦苇、香蒲、香蓼等是常见的湿地草本植物。水生植物生长在水中或水边地区,适应水淹条件,它们的根系可以在水中吸收氧气和营养物质。浮叶植物如睡莲、浮萍,以及沉水植物如水藻、水生花卉等都是常见的水生植物。湿地乔木一般较高大,也能适应较为潮湿的土壤条件,它们的根系能够深入土壤内部,有利于土壤保持和土壤稳定性。水杨、桤木等都是常见的湿地乔木。在选择湿地植物时,应考虑植物的生长速度、根系形态、耐盐碱性、适宜生存温度等因素,以确保植物能够在湿地环境下持久生存并有效改善生境条件。可以通过植物筛选和试验种植来确定最适合的植物种类。

### 6.4.3.2 种植技术

采用合适的种植技术可以促进湿地植被的恢复和重建。植被种植应选择适宜的季节进行,通常,春季和秋季是最适合的季节。此外,还应选择合适的种植方法,包括直接播种、扦插、移植等。湿地植物对于湿润环境有较高的适应性,湿润的土壤可以提供充足的水分和营养,合理控制湿地的水位,防止过度干旱和水浸对于植物生长至关重要。在湿地植被的恢复和重建过程中,可以通过施肥和定期引水来提供足够的有机肥料和水源。选择适当的种植密度对于湿地植被的恢复和重建也十分关键。合理的种植密度可以促进植物之间的竞争,提高植被的覆盖率。然而,对于一些特殊的湿地植物,如稀有植物或敏感植物,需要避免过高的种植密度,以免破坏植株的地下部分和阻碍种子的传播。

### 6.4.3.3 生境改善

为湿地植被提供良好的生境条件是恢复与重建的关键。对于贫瘠或退化的湿地土壤,可以进行土壤改良。如通过施加有机肥料、覆盖腐殖质或添加土壤改良剂,以增加土壤的肥力和水保持能力。湿地植物的根系和土壤之间的相互作用对于植物生长至关重要,通过合适的根系培育和土壤管理措施,如疏松土壤、使用根系增加剂、构建植物伙伴关系、使用覆盖材料、进行合理灌溉和施肥等,可以优化植物和土壤之间的相互作用,促进湿地植物的生长和发育,提高其对水分和养分的吸收能力,从而创造更好的湿地生境。对于高度退化的湿地,可能需要进行土壤修复来恢复其生境功能,土壤修复能够改善土壤结构、提供养分和改良土壤质量。这涉及土壤的物理性质、化学性质和生物性质方面的修复。常用的修复方法有土壤剖面改良等。

### 6.4.3.4 生物多样性保护

湿地植被的恢复与重建工作应注重保护和增加湿地的生物多样性。湿地是许多珍稀濒危物种的栖息地,为了维持湿地生态系统的稳定和健康,应注重保护和引进具有保护价值的湿地植物物种。

### 6.4.3.5 维护与监测

湿地植被的恢复与重建需要持续的维护与监测。通过监测湿地植被的生长情况和水质状况,可以及时调整恢复与重建策略。植物的定期监测和管理措施包括除草、修剪、病虫害防治等。维持合适的水位、水质条件和肥料供应,对促进植被的生长和发展也十分重要。此外,需注意控制入侵物种同其他植物的竞争对植被恢复的影响。

## 6.4.4 湿地水环境修复与水质改善

湿地水环境修复与水质改善是指针对湿地退化和水污染问题采取一系列措施,旨在恢复湿地生态功能和提高水质的健康状况。

水源供给修复是湿地水环境修复的首要任务。可以建设水闸、水渠和堤坝等,将水资源引入湿地,增加湿地的水位和水流量。自然涵养区是维持湿地水源的重要地区,通过保护并恢复自然涵养区的植被和土壤,可以增加地表水和地下水的储存和供给,为湿地提供源源不断的水资源。过度抽水是湿地水源不足的主要原因之一,通过限制和管理地下水的开采,控制农业、工业和城市等领域的过度抽水,可以保持湿地的水源供给。

维护湿地生态平衡的关键在于保护其水循环系统。重建湿地自然的水文格局,包括改善水位和水动力条件,以及增加地表水和地下水的互动,是恢复湿地自然水循环过程的重要步骤。修复出水口的河流和水道,以及通过引水渠道等方法补充水源至进水口,是确保水体正常流动的基础。保护上游的森林、河流和湖泊等水源地,防止污染和水资源滥用,对于保持水循环的稳定性和可持续性至关重要。此外,增加湿地的水蓄积区,也有助于水的储存和水量调节,如通过修建堤坝和建设人工湿地、水库和储水池,为水循环提供必要的滞留时间和空间,也是水循环系统的重要组成部分。

湿地水质可以通过多种技术改善,包括人工湿地、生态滤池和生物修复等。这些方法利用植物和微生物去除污染物,改善水质。人工湿地模仿自然湿地的净化作用,有效清除水中的污染物;生态滤池通过植物和沉积物过滤杂质,去除水体中的悬浮物;生物修复利用植物根系和微生物降解污染物;漂浮湿地是将植物种植于浮动结构上,去除有机物和营养物质;活性炭滤池通过活性炭层吸附有机污染物和异味。选择技术时需考虑湿地特性、水质目标和可持续性。维护和管理是确保技术有效性的关键。同时,控制污染源、执行工业废水排放标准、监管废水处理设施,确保废水达标排放,对修复湿地水环境至关重要。

# 6.5　案例介绍

台州湾循环经济产业集聚区位于浙江省台州市东部沿海地区,规划面积约为86.73km²。由于集聚区场地是沿海吹填而成的,因此盐碱度较高且缺乏足够的淡水资源。为了降低水景观的盐度并保持水质稳定,管理部门计划在该地区建设人工湿地。台州湾湿地水生态工程是集聚区北侧湿地的一部分,总用地面积为98ha。湿地处理的水量设定为每天110000m³,包括流域循环水80000m³/d(劣Ⅴ类水)和椒江污水处理厂一级A尾水30000m³/d,出水水质要求为Ⅳ类水。根据水净化处理的目标,湿地划分出15ha的潜流湿地和60ha的表流湿地。水体经过外部水源、前段预处理池、碳调节池、垂直潜流湿地、水平潜流湿地、中心莲池、表流湿地后,完成湿地内的循环(图6.3)。

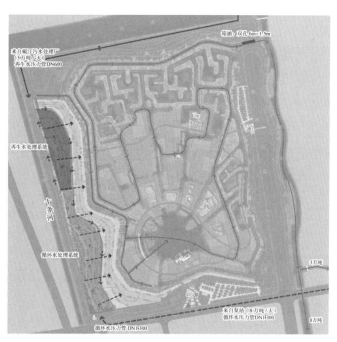

图6.3　台州湾湿地水处理流程

在设计湿地时,为确保其公共性和开放性,设计者调整表流和潜流湿地的比例,在满足水处理需求的基础上减少潜流湿地面积。通过改良传统布局,采用折线形设计,增强空间感,形成自然过渡至滨海滩涂,体现了地域历史。此外,还利用滤床并联设置的方式降低了堵塞对处理效果的影响。

在本工程中,表流湿地的创建采用了多种生境的营造方式。这些生境包括浅滩湿地、有林湿地和湖泊湿地等特色自然群落,为鸟类和其他湿地生物提供了适宜的栖息空间。在设计鸟类栖息地时,设计者也考虑到鸟类活动可能对水质造成潜在污染。因此,在主要表流湿地周围设置了浅滩芦苇带,形成了类似"裙摆"的结构,以控制鸟类集中区域与主要湿地的距离。在具体生境的植物配置方面,考虑到不同区域的水域深度,采用了挺水、浮水和沉水植物的多层次组合,创造出立体的水生态空间。在林地区域,选择了木麻黄、水松等先锋树种进行生态改造,并种植了各种浆果类植物,以吸引鸟类。此外,在铺装材料和服务设施等方面,更多地选择了石子、木材等自然材料,以增强生境友好性,并使之与整个湿地的氛围相匹配。这样可以实现自然生境与人群游憩活动区域的无缝衔接,为人们提供更好的湿地体验。

## 【思考题】

1.湿地是如何对环境起到改善和保护作用的? 请举例说明。

2.湿地生态系统对人类和地球的重要性表现在哪些方面?

3.在设计湿地环境生态工程时,你认为哪些生态过程和要素是最重要的?

4.在选择湿地植物群落时,你会考虑哪些因素? 请列举并解释其重要性。

5.如何有效管理和处理湿地中的营养物质,以避免过度营养化?

6.湿地水质监测是评估湿地水体质量的过程,常用的湿地水质监测方法和技术有哪些?

7.湿地生态修复原则是什么? 请举例说明。

8.湿地环境生态工程在未来的可持续发展中扮演着怎样的角色?

9.有哪些措施可以提高湿地环境生态工程的效益?

10.湿地水环境修复与水质改善的方法有哪些?

# 第7章　固体废物环境生态工程

【基于OBE理念的学习目标】

**基础知识目标**:准确识别城市生活垃圾、工业固体废物、农业固体废物、危险废物等不同类型固体废物,了解其来源和特点;掌握各类固体废物的物理、化学和生物特性;熟悉填埋、焚烧、堆肥、回收利用等常见固体废物处理方法的工艺流程和技术要点。

**理论储备目标**:深入理解固体废物减量化、资源化、无害化的基本原则及其相互关系;理解固体废物处理对生态系统平衡和功能的影响,以及如何通过生态工程手段实现固体废物的可持续处理。

**课程思政目标**:引导学生树立正确的价值观,使学生认识到固体废物处理不仅是一项技术工作,更是关乎人类生存和发展的重要事业;帮助学生学会在团队中发挥自己的优势,共同解决固体废物处理工程中的实际问题,提高学生的综合素质。

**能力需求目标**:培养学生在面对复杂固体废物处理问题时的创新思维和解决问题的能力;鼓励学生提出新的固体废物处理技术和方法,推动固体废物处理领域的技术进步和发展。

# 7.1　固体废物环境生态工程概述

## 7.1.1　固体废物环境生态工程的定义和背景

### 7.1.1.1　固体废物的来源及分类

固体废物,简称固废,是生产和消费活动中产生的无用固态或半固态物质。这些物质通常因失去了使用价值而被丢弃,包括提取有用成分后剩余的物质。在自然生态系统中,物质是循环的,不存在废物。从资源角度看,这些物质有潜力转化为有价值的资源,可以通过不同手段再利用。废物的概念随着时间和条件变化而变化。在生产过程中,某些物质可能在特定阶段被视为废物,但在其他阶段可能成为原料。因此,固废也被称作"放错地点的资源"。

固废来源广泛,伴随人类和动物活动产生。种类繁多,性质不同,需分类以便处理。分类方法多样,包括按来源、化学性质、危害性、物理形态分类等。新修订的《中华人民共和国固体废物污染环境防治法》详细规定了固废的分类。

工业固废包括生产活动中产生的多种废物,如粉煤灰、尾矿、冶金和化学工业废弃物等。生活垃圾主要来源于日常生活,包括易拉罐、塑料瓶、厨余垃圾等。建筑垃圾则是在建设过程中产生的,例如废弃砖块和混凝土碎块。农业固废来源于农业生产,如秸秆和废弃农膜。危险废物具有潜在危险性,包括废酸、医疗废物和放射性核废料等。此外,还有一些其他固废,如污泥和破碎仪器等。

### 7.1.1.2 固体废物的特征

①时间性。"资源"和"废物"是相对的。生产和加工过程中会产生废物,产品使用后也会变成废物。但随着循环利用技术的发展,废物可能变成资源。因此,固废的处理、处置和资源化是我们长期的挑战和任务。

②空间性。废物仅在特定的生产环节和特定方面暂时失去使用价值,在其他生产环节和其他方面可能仍然具有使用价值。某一环节产生的废物,往往成为另一环节的原料。在经济技术不发达的国家或地区被丢弃的废物,在经济技术发达的国家或地区可能被视为宝贵的资源。

③再生产低成本性。通常情况下,利用固废进行再生产的过程相较于利用自然资源生产产品成本更低,且更为节能、简便,这一特性为固废的综合利用提供了广阔的前景。

④持久危害性。固废成分复杂,包括有机物与无机物,金属与非金属等,其环境自我消化过程长且难以控制。固废对环境的危害比废水、废气更持久深远,可能数十年后才显现,且一旦造成污染,由于反应滞后和不可稀释,清除起来更为困难。

因此,与其他环境问题相比,固废问题具有"四最"特点:最难处置、最具综合性、最晚受到重视以及最贴近生活。

### 7.1.1.3 固体废物污染

在工业化之前,人类生活简单,固废主要是生活垃圾,对环境影响不大。但近几十年,随着城市化和工农业发展,固废激增,成为严重的环境问题。固体废物与废水废气不同,固体废物的环境风险具有显著的介质传导性与时效累积性,处理不当会导致土壤、水体等被污染。

固废污染呈现出以下特征。

固废通常数量庞大、种类多样、成分复杂且影响范围广泛。这些废物作为多种污染物的最终形态,尤其是从污染控制设施中排出的固废,往往含有大量有毒有害物质。例如,在废气处理过程中,洗涤、吸附和除尘等环节产生的固态或半固态废物就是如此,其在排放前需要经过最终的处理流程。

在自然环境中,固废中的一些有毒有害成分会逐渐转移到大气、水体和土壤中,参与生态系统的物质循环,并且其滞留时间较长,对环境的影响具有长期性、潜在性和不可逆转性。固废中的有毒有害成分,会通过多种途径潜在而持久地威胁人体健康,特别是在处理不当的情况下。固废的污染途径如图7.1所示。

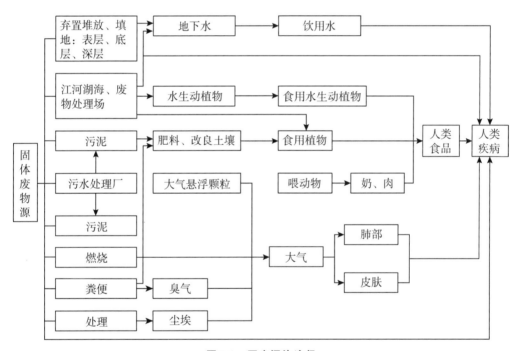

图 7.1　固废污染途径

固废污染的这两个特征决定了其在产生、运输、处理利用到最终处置的每一个环节中,都必须受到严格控制,以确保不对人类环境造成危害,即具有全程管理的特性。

## 7.1.2 固体废物环境生态工程的目标和原则

### 7.1.2.1 固体废物环境生态工程的目标

固废环境生态工程旨在通过科学方法和技术手段高效管理固废,实现其减量化、资源化和无害化处理。具体包括城市固废处理、工业废物综合利用、清洁生产和管理,减少废物对环境的影响,促进资源循环利用,支持可持续发展。该过程涉及废物的全生命周期管理,旨在降低污染和温室气体排放,保护生物多样性,保护人类健康。固废环境生态工程还致力于提高公众环保意识,通过教育和宣传活动鼓励公众参与废物减量和分类。同时,通过政策法规推动企业和个人承担环保责任,形成全社会参与环保的良好氛围,促进环保文化的普及和实践。

### 7.1.2.2 固体废物环境生态工程的原则

(1)"三化"原则

"三化"原则具体指固废的减量化、资源化和无害化。

减量化是指通过采取合适的管理和技术手段,减少固废的产生量和排放量。包括:①源头减量、源削减,开展清洁生产;②对产生的废物进行有效的处理和最大限度的回收利用,以减少最终处置量。例如城市垃圾的减量化方法主要有净菜进城、避免过度包装盒等一次性商品的使用、加强产品生态设计、推行垃圾分类、搞好废品回收利用等。工业固废的减量化措施有改变粗放经营发展模式、鼓励和支持清洁生产、开发和推广先进的生产技术和设备,以及充分合理利用原材料、能源和其他资源等。减量化不仅要求减少固废的数量和体积,还要求尽可能减少其种类,降低危险废物有害成分的浓度,减轻或消除其危险性。

资源化是防治固废环境污染的关键措施,主要方式是通过管理和技术手段回收物质和能源。包括物质回收,如回收纸张、玻璃、金属等;物质转换,如利用废玻璃和橡胶制铺路材料,利用炉渣生产水泥;能量转换,如焚烧发电和厌氧消化产生沼气。

无害化指对已经产生又无法或暂时不能综合利用的固废,采用物理化学或生物手段,进行无害或低危害的安全处理处置,达到消毒、解毒或稳定化,以防止或减少固废对环境的污染危害。

(2)全过程管理原则

随着环境保护意识的增强,人们逐渐认识到仅仅依靠末端治理来解决环境问题已经远远不够,因此开始重视从源头上进行控制,提出从"摇篮到坟墓"的全过程管理概念(图7.2),强调从产品设计、生产、使用到最终处置的每一个环节都应该考虑到环境保护的要求,确保产品在整个生命周期内对环境的影响降到最低。

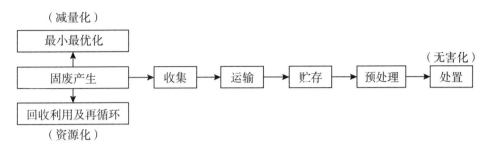

**图7.2 工业固废的全过程管理体系**

目前,在全球范围内取得共识的基本对策是"3C"原则。即避免产生(clean),在产品设计和生产过程中尽量减少污染物的产生,减少对环境的负担;综合利用(cycle),鼓励资源的循环使用,提高资源的利用效率,减少资源浪费;妥善处理(control),对于不可避免产生的废弃物,要采取科学合理的方法进行处理和处置,以减少对环境的负面影响。通过实施"3C"原则,可以有效地推动社会经济活动与环境保护的协调发展,实现可持续发展的目标。

新修订的《中华人民共和国固体废物污染环境防治法》也强调了全过程管理原则,即对固废的产生、收集、运输、利用、贮存、处理处置的全过程及各个环节都实行控制管理并开展污染防治。对危险废物,应根据不同危害特性和危害程度,采取区别对待、分类管理原则。对具有特别严重危害性质的,要实行严格控制和重点管理。

## 7.1.3 固体废物环境生态工程的应用范围

### 7.1.3.1 城市建设及日常生活

在现代城市化进程中,随着城市规模的不断扩大和人口的持续增长,城市建设活动日益频繁,伴随着大量建筑垃圾和生活垃圾等固废的产生。这些固废如果不妥善处理,将会对城市的生态环境造成严重的负面影响,包括土地资源的浪费、地下水和空气的污染,以及生物多样性的破坏等。

固废环境生态工程利用科学方法和技术手段管理城市固废。核心是分类处理和资源化利用。首先,分类分离废弃物以提高处理效率和回收质量,如分离出金属、塑料、纸张以循环利用,对建筑垃圾进行破碎筛选等。其次,用技术手段将废弃物转化为资源,实现减量化、资源化和无害化。例如,用生物处理技术将有机垃圾转化为沼气,用热解技术将塑料转化为燃料油,对建筑材料回收利用以减少原生资源开采。

### 7.1.3.2 工业领域

在现代工业生产活动中,不可避免地会产生大量工业固废,例如废渣、废料以及其他形式的固体残余物。这些固废如果不加以妥善处理,将会对自然环境造成极为严重的污染,影响生态平衡,危害人类健康。固废环境生态工程运用一系列先进的处理技术,将这些废物进行无害化处理,或者将其转化为有用的资源进行再利用。通过这种方式,不仅减少了工业生产对环境的污染,还实现了资源的循环利用,提高了资源的使用效率,在保护环境的同时,也促进了经济的可持续发展。

### 7.1.3.3 农业领域

秸秆、畜禽粪便等农业固废若处理不当,不仅会造成环境污染,还会浪费宝贵的资源。通过采用生物降解、堆肥发酵等先进的技术手段,可以有效地将这些农业固废转化为有机肥料。这种转化过程不仅能够减少环境污染,还能提高土壤的肥力,从而促进农业生产的可持续发展。此外,这种循环利用的方式还有助于减少对化学肥料的依赖,降低农业生产成本,提高农产品的质量和安全性。因此,合理处理和利用农业废弃物,对于推动农业绿色发展、实现生态文明建设具有重要意义。

### 7.1.3.4 垃圾填埋场的生态修复

固废在垃圾填埋场中处理时会产生渗滤液和温室气体,污染生态环境。渗滤液含有害化学物质,可能会污染地下水资源;温室气体则会加剧气候变化。为减小环境污染,研究人员发展了生态修复技术,如利用植物吸收污染物的植物修复技术,通过微生物分解污染物的微生物修复技术,这些生态修复技术均可净化土壤和水质。

## 7.1.4 固体废物环境生态工程与传统处理技术的对比

固废的处理方法主要包括物理法、化学法和生物法三大类;从工程角度出发,固废处理涵盖前处理(贮存、清运)、中间处理(堆肥、焚烧、热分解、破碎、压缩)以及最终处理(卫生填埋);从资源回收利用的角度来看,固废处理主要包括物质回收、能源回收和土地回收;从技术特征来看,固废处理方法主要包括卫生填埋、堆肥化和焚烧等。通常,固废处理技术主要包括传统的填埋、热处理技术和生态化处理等。

### 7.1.4.1 传统处理技术

填埋是消纳大量城市垃圾的有效手段,也是其他方法无法处理的固态残余物的最终处置方式。该方法具有处理量大、操作简便、成本低廉、不受垃圾成分变化影响等优点。大型垃圾填埋场还可回收沼气能源,且封场后的土地亦可再利用,因此该方法被广泛采用。然而,无论采用何种填埋方式,均需妥善解决垃圾填埋渗滤水和填埋气的二次污染问题。

热处理主要包括焚烧和热解两种方式。焚烧处理是实现垃圾无害化、减量化和资源化的一种有效手段,具有显著的减容效果,一般减容率可达90%,有的甚至可达95%,同时也是垃圾能源化的重要途径。焚烧法处理量大、减容性好、无害化程度高,可回收热能,是一种有前景的垃圾处理方式。然而,废物焚烧过程中易产生二噁英、苯并芘等剧毒物质,造成严重的二次污染,且焚烧法投资大、成本高,对技术水平和经济能力要求较高,故其发展受限。热解处理是利用固废中有机物的热不稳定性,在无氧或缺氧条件下对其进行热分解的过程,即将固废中的能源转化为可储存和可输送的燃料。热解过程是一个复杂的物理化学过程,主要产物为可燃性低分子化合物。由于垃圾成分复杂,热解过程的控制较为困难,有时甚至无法进行,加上技术复杂、成本高,目前,热解处理主要针对一些特定的高热废物,推广存在一定难度。

### 7.1.4.2 生态化处理技术

生态化处理指的是对固废中的有机物进行生物转化的技术,主要包括好氧堆肥和厌氧消化两种方式。

好氧堆肥是在受控条件下,通过微生物分解废物中易降解的有机成分,完成生物化学过程。该过程不仅实现了垃圾的无害化,还具有减量化和资源化的效果。通过堆肥,垃圾体积的减少可达30%,重量减轻约20%;同时,堆肥产品也是优质的有机肥料和土壤改良剂。然而,堆肥的资源化作用相对有限,它仅转化了垃圾中易降解的有机成分,使其转化为腐殖质。

厌氧消化是在无氧条件下,微生物将有机物分解转化为 $CH_4$ 和 $CO_2$ 等,并合成微生物细胞物质的生物化学过程。在过去二十余年中,厌氧消化在欧美等发达国家得到了迅速发展。目前,几种成功的工艺包括 Dranco 工艺、Kompogas 工艺、Valorga 工艺、BTA 工艺和 Biocell 工艺,其处理量在每年 $10000 \sim 100000t$。

随着生活水平的提高,城市垃圾中有机物增多,易造成二次污染。生物法是处理有机垃圾最有效的方式。研究人员正在研究高温快速发酵等新技术,以提升有机垃圾的处理效率和资源回收。环境生物技术的发展预示着有机废物工业化处理的广阔前景。

# 7.2 固体废物环境生态工程的基本原理

## 7.2.1 固体废物环境生态工程的核心原理

固废环境生态工程的核心原理主要有整体性原理、循环再生原理、生态系统稳定性原理、协调与平衡原理。

#### 7.2.1.1 整体性原理

随着人类社会生产与生活的迅猛发展,环境问题已不再呈现孤立的特性,而是表现出整体性。固废环境生态工程的主要目标之一是在生态系统内部解决这些整体性的环境问题。因此,在设计和建设固废环境生态工程时,必须首先遵循系统整体性原理,以实现人与自然之间整体效益的最大化。

固废环境生态工程涉及自然、社会和经济三个维度,需考虑环境保护、社会参与、政策法规、成本效益、生态影响等因素。成功的环境生态工程应减少污染、保护生态、经济合理,并获得社会认可。

#### 7.2.1.2 循环再生原理

物质的循环与再生是生态系统运作的基本原理之一,同时也为固废环境生态工程提供了坚实的理论支撑。在固废处理领域,通过实施废物的分类回收、再利用以及资源的有效回收等措施,实现物质的循环利用,从而减少新资源的开采和降低环境污染。此举有助于延长资源的使用寿命,提高资源的使用效率,在一定程度上缓解了资源短缺的问题。因此,物质循环原理在固废环境生态工程中的应用,不仅体现了生态智慧,也为经济、社会和环境的和谐发展提供了有力支持。

#### 7.2.1.3 生态系统稳定性原理

在固废环境生态工程中,生态系统稳定性原理主要体现在以下几个方面。

通过模拟自然生态系统的循环过程,固废处理技术能够实现废物的资源化和减量化。例如,通过堆肥化处理,有机废物可以转化为肥料,不仅减少了垃圾填埋量,还为农业生产提供了营养物质。

固废环境生态工程注重生态系统的多样性。在设计固废处理系统时,会考虑引入多种生物处理单元,如微生物、植物和昆虫等,以形成一个多层次的生物处理网络。这种多样性有助于提高系统的稳定性和抗风险能力。

固废处理过程中的物质循环和能量流动遵循生态学原理,通过优化设计,可以提高能量的利用效率和物质的循环利用率。例如,厌氧消化技术可以将有机废物转化为沼气,沼气作为一种清洁能源,可以用于发电或供热,从而实现能源的循环利用。

固废环境生态工程还强调生态系统的自我修复能力。如通过构建人工湿地等生态修复系统,可以有效处理污水和固废,同时恢复和保护自然生态系统的健康和平衡。

#### 7.2.1.4　协调与平衡原理

固废环境生态工程强调生物与环境的协调平衡。处理固废时,必须考虑生物适应性和环境承载力,避免破坏生态系统。关键方面包括:①生物处理技术将废物转为资源,减少污染;②生物修复技术利用微生物降解有害物质,恢复生态健康;③提高生物多样性以增强生态系统稳定性和抵抗力,降低外来物种入侵风险;④采用合理的固废管理策略,如分类回收和减量化,减少固废产生,减轻环境压力,促进生物与环境和谐。

### 7.2.2　固体废物环境生态工程的工作流程和方法

#### 7.2.2.1　固体废物环境生态工程的工作流程

**(1)前期调研**

前期调研主要涉及现场勘查和资料收集,是指对固废的分类、产生量、来源及其对环境所造成的影响进行一次全面而深入的调研与分析工作。如对工业废物、生活垃圾、农业废物等不同类型的固废进行详细的识别和分类,并对其产生量进行精确的统计。同时,还要追溯产生这些固废的行业、地区以及相关的经济活动,以便更好地理解废物产生的背景和原因。此外,前期调研还应深入探讨固废对土壤、水源、空气质量以及生态系统等多方面的负面影响,评估其对人类健康和生物多样性的潜在威胁,为制定有效的固废管理策略和环境污染治理方案提供科学依据和决策支持。

**(2)方案设计**

基于前期调研结果,制定处理方案,方案应详尽,以确保项目顺利实施和长期稳定运行。应做好技术路线规划,确保技术先进可靠,满足项目需求并适应未来发展。方案中的物理、化学或生物处理技术,可依据固废特性、处理效率和成本效益来选择。在进行设备选型时,也需考虑性能和成本效益,以实现最佳性价比。故在制定方案时,应估算成本,确定投资预算,确保资金合理分配和使用,避免浪费。

**(3)施工准备与资源配置**

为了确保项目的顺利启动和进行,首先需完成场地的准备工作。包括彻底平整施工场地,以确保地面坚实、水平;修建必要的道路,以便施工车辆和设备的进出以及工人和材料的运输;确保施工场地的水电接入,以满足施工过程中对能源和水资源的需求。同时,还需配置必要的施工设备和人员,根据施工计划和工程量来确定所需设备的种类和数量,包括挖掘机、起重机、混凝土搅拌机等重型机械,以及各种小型工具和安全设备等。

## （4）工程施工与质量控制

按照既定的设计方案展开建设工作,包括固废处理设施的搭建,以及相关设备的安装和后续的调试工作。在施工的每一个环节,施工方都应执行严格的质量控制措施,以确保整个工程的施工质量达到高标准,且施工安全得到保障。对每一个细节进行仔细检查,确保所有设施和设备能够按照设计要求正确安装,并且在调试过程中能够正常运行。此外,在施工过程中还应采取必要的安全措施,以预防任何可能的安全事故,确保所有工作人员的安全。

## （5）竣工验收与运营维护

工程完工后,需进行竣工验收,评估施工质量、环保效果等。如检查工程结构稳固性、材料耐用性及施工规范性,并分析环保标准达成情况及工程的环境影响;评估工程是否满足功能要求和能否长期稳定运行。为确保工程设施的稳定运行,需建立运营维护机制,包括运营管理制度、职责和操作规程,以及定期维护检修计划。还应建立应急预案应对突发情况,以减小突发情况对环境和社会的影响。

### 7.2.2.2　固废环境生态工程的技术方法

#### （1）处理处置技术

固废处理是指运用物理、化学和生物技术手段,将废物中有害物质分解为无害物质,或转化为毒性较低的物质,以适应运输、储存、资源化利用和最终处置的过程。例如,通过废物解毒、有害成分的分离和浓缩、废物的固化/稳定化处理以降低有害成分的浸出毒性等。常规处理技术主要包括以下几类。

①化学处理。主要用于处理无机废物,如酸、碱、重金属废液、氰化物、乳化油等,处理方法包括焚烧、溶剂浸出、化学中和、氧化还原。

②物理处理。包括重力选矿(简称重选)、磁选、浮选、拣选、摩擦和弹跳分选等各种相分离及固化技术。其中固化工艺用于处理其他过程产生的残渣,如飞灰及不适于焚烧处理或无机处理的废物,特别适用于处理重金属废渣、工业粉尘、有机污泥以及多氯联苯等污染物。

③生物处理。包括适用于有机废物的堆肥法和厌氧发酵法,提炼铜、铀等金属的细菌冶金法,适用于有机废液的活性污泥法(该法还可用于生物修复被污染的土壤),等等。

固废处置是指通过焚烧、填埋或其他改变废物物理、化学、生物特性的方法,减少已产生的固废数量、缩小固废体积、减少或者消除其危险成分,并将其置于与环境相对隔绝的场所,避免其中的有害物质危害人体健康或污染环境。

当前处理和处置固废的技术主要有焚烧、堆肥、卫生填埋、回收利用等。这几种处理方法各有优缺点,适用范围也不尽相同,因此根据固废的具体特点,选用适宜的处理方法是十分必要的。

**(2)资源化途径**

废物的资源化途径主要集中在以下几个方面。

①生产建材。其优势在于:消耗废渣量大,投资较少,收益迅速,产品质量高,市场前景广阔;能源消耗低,节约原材料,不会产生二次污染;可生产的产品种类繁多、性能优良,例如水泥原料与配料、掺合料、缓凝剂、墙体材料、混凝土的混合料与骨料、加气混凝土、砂浆、砌块、装饰材料、保温材料、矿渣棉、轻质骨料、铸石、微晶玻璃等。

②回收或利用其中的有用组分,开发新产品,替代某些工业原料。如煤矸石用于沸腾炉发电,洗矸泥炼焦作为工业或民用燃料,钢渣作为冶炼熔剂,硫铁矿烧渣炼铁,赤泥用于生产塑料;还可以开发新型聚合物基、陶瓷基与金属基的废物复合材料,以及从烟尘和赤泥中提取镓、钪等。

③筑路、筑坝与回填。回填后覆土,还可开辟为耕地、林地或进行住宅建设。

④生产农肥和土壤改良。许多工业固废含有较多的硅、钙以及各种微量元素,有些还含有磷和其他有用组分,因此经过改性后可作为农肥使用,但应取得肥料生产许可证和登记证,确保使用安全。

# 7.3　固体废物环境生态工程技术

## 7.3.1　植物修复技术在固体废物处理中的应用

### 7.3.1.1　植物修复技术概述

植物修复技术利用特定植物和根际微生物处理土壤中的污染物。此技术旨在消除污染物对人类和生态的影响,恢复土壤生态功能。它利用太阳能驱动的"活净化器"系统,包括植物、微生物和土壤,通过多种过程清除污染物。植物修复成本效益高,对环境友好,能提升土壤肥力,促进作物生长,且适合大面积污染土壤的现场修复。

植物修复涉及吸收、挥发、稳固和转移等多个环节。针对不同污染物,植物展现出不同的修复效率。根据植物对污染物修复机制及修复过程的差异,植物修复技术可主要归纳为以下几种类型。

**（1）植物提取**

植物提取，又叫植物萃取或植物吸取。超富集植物或具有较强积累能力的植物，其根系能够吸收、转移、储存并在地上部分富集土壤中的重金属，通过收割植物地上部分可以达到去除土壤中重金属污染的目的。目前，全球已发现超过700种超富集植物，其中代表性的种类有：As的超富集植物如蜈蚣草、风车草、芦苇等；Cd的超富集植物如龙葵、伴矿景天、杂交狼尾草等；Zn的超富集植物如东南景天、遏蓝菜、苘萝蒿等；Pb的超富集植物如黑心菊、田菁、平车前等；Cu的超富集植物如紫鸭跖草、密毛蕨、蓖麻等。因植物对重金属的吸收能力强，植物提取修复技术成为目前研究最为广泛、发展前景最广阔的技术之一。然而，这些植物普遍存在的生长周期较长、生物量较低的问题，这使得有效降低植物生长限制，筛选出生物量大、生长速度快、耐性高的植物种类成为植物提取修复技术面临的主要挑战。

**（2）植物挥发**

植物挥发是通过植物的作用将土壤中的挥发性污染物转化为气态物质，并通过植物的蒸腾作用释放至大气中。当前的研究表明，植物挥发性修复技术适用于去除Hg、As以及非金属元素硒（Se）。例如，将Hg还原酶（merA）和有机汞裂解酶（merB）的基因导入拟南芥、白杨、芥菜、烟草等植物体内，这些植物能够有效地将离子态汞转化为气态汞单质。此外，黄芪和洋麻等植物能够将土壤中的Se富集并转化为气态Se化合物，释放至大气中，从而减少土壤中Se的含量。尽管植物挥发性修复是一种有效去除易挥发性重金属的方法，但关于气态重金属释放到大气中可能引发的新污染问题仍需进一步深入研究。因此，必须考虑采取适当的回收措施。

**（3）植物稳定化**

植物稳定化是指利用植物根系及其根际区域对污染物的吸附、络合、固定和钝化作用，实现土壤中有毒物质向低毒或无毒形态的转化。例如，红麻和苎麻能显著减少径流淋溶损失量，并降低淋出液中重金属的含量，因此红麻和苎麻可作为Pb、Zn、Cu、Cd的植物稳定修复材料。芥菜和鸭茅结合生物炭和堆肥等有机改良剂，能够有效稳定土壤中的重金属污染物。然而，植物稳定修复虽能降低污染物的扩散，但并不能从根本上清除土壤中的污染物。鉴于土壤环境的潜在变化可能导致稳定化的污染物重新活化，因此在应用植物稳定修复技术时，必须对土壤进行长期的动态监测。

**（4）植物降解**

植物降解是指利用植物自身内部或外部（尤其是根际区域）代谢活动产生的酶，实现对污染物的分解与转化。植物在土壤中分泌的某些酶能够促进根际微生物的生长与活性,同时也有助于有机污染物的分解。植物降解修复技术主要适用于结构相对简单的有机污染物,对其去除效果较为显著。但需注意的是,该修复过程周期较长,通常需要3～5年的时间。

### 7.3.1.2　植物修复技术在固体废物处理处置中的应用

以陕西省榆林市工业固废(煤基固废)协同生态修复技术为例进行案例分析。

**(1)煤基固废概况**

在煤炭资源的开发与利用过程中,会产生大量的煤矸石、粉煤灰和煤泥等煤基固废。据相关研究,露天开采和井下开采每生产一万吨煤炭,分别会破坏$4.9\times10^{-3}km^2$和$2.7\times10^{-3}km^2$,并排放煤矸石20000～61000$m^3$。在煤炭发电的过程中,每产生一万兆瓦电力会排放粉煤灰500t;而在煤炭转化为油或气的过程中,每产生一万吨油或气会排放气化渣等固废2500万吨。以陕西省榆林市为例,2021年该地区排放煤矸石3396万吨,粉煤灰1026万吨,炉渣506万吨。煤基固废通常含有碳、硅、铁、铝等有效成分,以及少量重金属元素,它们既具有资源价值,又对环境产生影响,同时兼具污染源和污染汇的双重属性。因此,对这些废弃物进行资源化利用,对于保护生态环境和推动高质量发展具有极其重要的意义。

2011—2021年,榆林市的工业固废排放量呈现出显著的增长趋势(图7.3)。截至2021年,该市工业固废排放量为5668万吨,全国排名第四。主要废物包括煤矸石和粉煤灰,这些废物的广泛分布和堆积对环境造成污染。调查显示,该市固废综合利用率不到40%,低于全国平均水平(59%)和国家固废污染防治目标(73%)。总体而言,该市工业废物综合利用产业规模小,缺少高附加值项目;此外,相关政策不完善,企业参与度低,市场活力不足,产业可持续发展面临挑战。

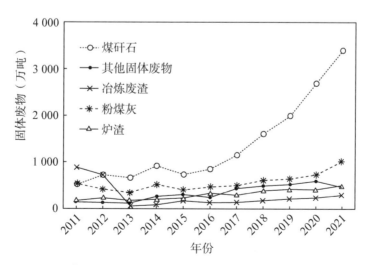

图7.3　榆林市主要固废排放量(数据来自榆林市生态环境局)

中国工业固废处理遵循减量化、资源化、无害化原则。相关管理办法和指导意见鼓励粉煤灰和煤矸石的综合利用,特别是在塌陷区治理、矿井充填和土地生态修复等领域。政策指引支持能源聚集区发展创新措施和地方特色技术模式,其中煤基固废的资源化梯级利用是关键。研究显示,利用煤基固废制备土壤调理剂能有效改善矿区土壤环境,促进植被修复,实现废物的有效利用。

**(2)煤基固废协同生态修复可行性解析**

**1)理论可行性**

固废利用研究主要涉及建材、土壤改良等领域。无害化处理与本地化消纳是固废处理的适宜路径。研究显示,以固废制备的土壤调理剂重金属含量符合国家标准。利用矿山处理工业固废是修复生态环境、节约土地资源的有效模式。人工技术土壤和煤矸石肥料等创新利用有助于土壤团聚体形成和植物生长。粉煤灰基调理剂能增加土壤微生物多样性,提高土壤-植物系统的可持续性。

**2)技术方法**

通过分析"植物→煤→煤矸石/粉煤灰"的转化过程,可以观察到,煤基固废中蕴含着多种植物生长所需的营养成分(表7.1),这些成分能够显著增强土壤的水分保持和养分保持能力,同时提高微生物群落的多样性。研究发现,典型的煤基固废(煤矸石/粉煤灰)中的重金属含量普遍低于《土壤环境质量 农用地土壤污染风险管控标准》(GB 15618—2018)中的规定(表7.2),并且多个地区已经开展了利用煤基固废进行生态修复的实践与研究(表7.3)。基于土壤学中的"质地理论"、农学中的"测土配方"理论以及微生物活化技术,研究人员对煤基固废进行了结构功能、营养功能和环境功能的改造,制备出用于土壤生态修复的材料。由于所制备的土壤生态修复材料以煤基材料为原料,将其应用于生态修复的土壤中,不仅有助于提升土壤肥力,还能促进植物地下和地上生物量增长,进而增加生态系统碳汇。

表7.1　典型煤基固废营养元素

| 名称 | 粉煤灰 | 煤矸石 |
|------|--------|--------|
| 有机质(g/kg) | 14.20 | 6.81 |
| 碱解氮(mg/kg) | 8.50 | 9.30 |
| 速效磷(mg/kg) | 92.08 | 76.90 |
| $SiO_2$(%) | 61.81 | 59.22 |
| $Al_2O_3$(%) | 21.51 | 29.72 |
| $Fe_2O_3$(%) | 7.39 | 1.58 |
| $CaO$(%) | 1.72 | 0.26 |
| $MgO$(%) | 1.39 | 0.68 |
| $K_2O$(%) | 2.69 | 1.55 |

表7.2　典型煤基固废重金属含量

| 名称 | 粉煤灰 | 煤矸石 | 国家标准 |
|---|---|---|---|
| Cr(mg/kg) | 22.30 | 42.50 | 250.0 |
| Ni(mg/kg) | 14.20 | 23.90 | 220.0 |
| Cu(mg/kg) | 4.50 | 34.00 | 100.0 |
| Zn(mg/kg) | 60.00 | 45.20 | 300.0 |
| Se(mg/kg) | 12.70 | 3.70 | 25.0 |
| Cd(mg/kg) | 0.36 | 0.34 | 0.6 |
| Pb(mg/kg) | 10.20 | 15.80 | 170.0 |
| Hg(mg/kg) | 0.03 | 0.03 | 3.4 |

表7.3　煤基固废用于生态修复的技术及实例

| 固废种类 | 立地条件 | 实施地点 | 主要内容 |
|---|---|---|---|
| 粉煤灰 | 盐碱土 | 山东滨州 | 耐盐菌复配工业固废改良盐碱土 |
| | 赤红壤 | 华南某地 | 复合土壤调理剂修复土壤Cd污染 |
| | 砂土 | 宁夏银川 | 粉煤灰配施有机肥改良风沙土 |
| | 矸石 | 辽宁阜新 | 微生物菌剂混施对煤矸石及苜蓿的影响 |
| 煤矸石 | 褐土 | 北京 | 煤矸石复配玉米秸秆、聚丙烯酰胺对植 被生长及重金属的影响 |
| | 沙土 | 内蒙古呼和浩特 | 煤矸石与城市污泥混合制备植生基质 |

### (3)煤基固废协同生态修复实践探索

#### 1)场地概况

土壤调理剂主要由粉煤灰和煤矸石构成,其中激发剂的含量占总量的75%～85%。试验地的土壤类型包括风沙土、盐碱土和红土,其重金属含量均低于国家规定的标准。

风沙土试验地(以下简称风沙地)位于陕西省榆林市牛家梁(东经109°45′27″,北纬38°22′50″),平均海拔介于1100～1200m之间,年平均气温为10.4℃,年无霜期为150d,年降雨量为446.5mm。

盐碱土试验地(以下简称盐碱地)位于陕西省榆林市榆阳区芹河镇(东经109°32′52″,北纬38°12′22″),地处毛乌素沙漠南缘,地下水位介于2.5～15m之间。土壤总盐分含量为1.2g/kg～2.8g/kg,主要为中度盐碱土。春季地下水位上升,气候寒冷,易发生翻浆现象,春夏之交易受盐碱胁迫。

排土场试验地位于陕西省榆林市方家畔煤矿(东经110°18′52″,北纬38°51′22″),试验在露天煤矿排土场进行。该排土场分为平台系统和边坡系统,边坡系统的坡度为38°。边坡上覆盖着红土、黄土母质及岩土混合物,碎石质量占总质量的4%～11%。土壤中砂粒(0.05～2.00mm)、粉粒(0.02～0.05mm)和黏粒(小于0.02mm)的质量分数分别为19.0%、35.2%和45.8%。

2）试验设计

风沙地与盐碱地试验。风沙地（SD）与盐碱地（SA）试验为同步对比试验，均采用随机区组设计。试验小区规格为3m×3m，设置3个不同土壤调理剂施肥处理和1个对照（CK），即CK（0t/km²）、SD-T1/SA-T1（15000t/km²）、SD-T2/SA-T2（30000t/km²）和SD-T3/SA-T3（45000t/km²）四个试验处理，每个处理包含3个独立重复。测试植物为中科羊草。试验于2020年4月28日布设，观测期为2020年5月—2022年8月，其中生物量测试为2022年8月。

排土场试验。野外试验的边坡经过人工平整后被划分为3个独立重复观测小区，每个小区面积为50m×10m。试验植物由燕麦、沙打旺、中科羊草、猪毛菜、油菜花和紫穗槐六类物种组成种子包，播种量为4500t/km²。试验于2021年5月19日布设，CK为不施肥，处理（TR）为施肥4500t/km²，观测期为2021年6月—2022年8月。

3）结果分析

土壤调理剂的制备为矿区复垦土地的高效化治理提供了可能性，其能够改善矿区土壤的理化性质，提升矿区边坡土壤的保水保肥能力，促进植物生长及增强其抗逆性，从而实现"以废治废"的目标。在榆林典型脆弱生态修复区（包括风沙地、盐碱地和煤矿排土场）施用土壤调理剂后，土壤理化性质的变化特征（表7.4）表明，土壤肥力指标显著提升，而土壤pH值未显示出统计学上的显著变化。在典型立地条件下施用土壤调理剂后，植物生物量的变化特征如图7.4、图7.5所示。在风沙地和盐碱地中，科羊草的地上生物量均显著增加，与对照组相比，风沙地生物量的增幅为34.0%至58.7%，盐碱地生物量的增幅为15.9%至57.2%，平均增幅分别达到50.3%和36.0%。值得注意的是，与对照组相比，排土场新构土体条件下植物地上生物量的增幅为21.6%至49.0%，平均增幅可达39.9%。因此，施用土壤调理剂后，沙地、盐碱地和排土场植物地上生物量的平均增幅分别为50.3%、36.0%和39.9%。

表7.4 典型立地条件不同处理土壤理化性质变化

| 立地条件 | 指标 | 处理 | | | |
|---|---|---|---|---|---|
| | | CK | SD-T1/SA-T1（TR） | SD-T2/SA-T2 | SD-T3/SA-T3 |
| 风沙地 | 有机质（g/kg） | 2.5±0.1 | 3.0±0.24 | 2.7±0.1 | 3.3±0.2 |
| | 有效氮（mg/kg） | 16.2±0.8 | 24.6±1.23 | 28.3±1.4 | 34.3±1.7 |
| | 速效磷（mg/kg） | 17.6±0.9 | 19.0±1.00 | 28.3±1.4 | 33.4±1.7 |
| | 速效钾（mg/kg） | 58.0±2.9 | 84.1±4.20 | 89.8±4.1 | 90.0±4.6 |
| | pH | 8.5±0.1 | 8.5±0.10 | 8.5±0.1 | 8.4±0.1 |

续表

| 立地条件 | 指标 | 处理 | | | |
|---|---|---|---|---|---|
| | | CK | SD-T1/SA-T1（TR） | SD-T2/SA-T2 | SD-T3/SA-T3 |
| 盐碱地 | 有机质（g/kg） | 10.2±0.2 | 14.3±0.40 | 13.6±0.1 | — |
| | 有效氮（mg/kg） | 17.4±0.03 | 22.5±0.10 | 28.4±0.2 | — |
| | 速效磷（mg/kg） | 35.0±0.3 | 38.8±1.00 | 37.5±0.3 | — |
| | 速效钾（mg/kg） | 119.8±0.5 | 106.1±0.30 | 110.1±0.1 | — |
| | pH | 8.6±0.1 | 9.0±0.10 | 8.2±0.1 | — |
| 排土场 | 有机质（g/kg） | 5.1±0.5 | 6.1±0.80 | — | — |
| | 有效氮（mg/kg） | 18.1±1.2 | 33.6±3.20 | — | — |
| | 速效磷（mg/kg） | 14.5±1.0 | 22.8±1.00 | — | — |
| | 速效钾（mg/kg） | 70.0±2.3 | 72.8±2.30 | — | — |
| | pH | 8.2±0.1 | 8±0.10 | — | — |

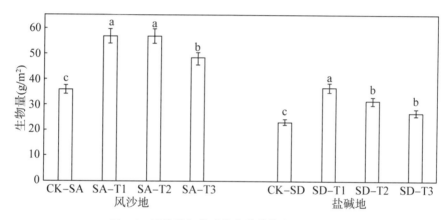

图 7.4　风沙地和盐碱地中科羊草生物量变化

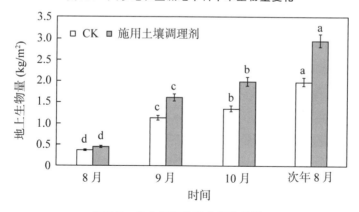

图 7.5　排土场植物地上部生物量

从上述分析中可以看出,利用煤基固废进行协同矿山生态修复不仅在技术上是可行的,而且在市场方面也展现出巨大的潜力。这种方法对煤炭开采过程中产生的固废进行有效利用,不仅解决了废物的处理问题,还能够改善矿山的生态环境,实现资源的循环利用。这不仅有助于减少环境污染,还能为相关企业带来经济效益,推动绿色矿业的发展。

## 7.3.2 微生物修复技术在固废处理中的应用

### 7.3.2.1 好氧堆肥

堆肥是一种古老的技术,曾是农业肥料的主要来源。它通过发酵杂草、落叶和动物粪便等有机废物,产生农业生产所需的肥料,现在已实现机械化。堆肥对土壤改良和农业生产至关重要,随着有机废物增多,堆肥处理要求更严格。有机废物资源化是处理固废的关键,堆肥技术也因此更受重视,因为它既经济又环保。

**(1)好氧堆肥的基本原理**

好氧堆肥是在充足的氧气供应条件下,好氧菌对有机废物进行吸收、氧化和分解的生物化学反应过程。在这一过程中,微生物通过自身的生命活动,包括氧化还原反应和生物合成作用,将部分吸收的有机物氧化成简单的无机物,并同时释放出供自身生长和活动所需的能量。此外,微生物还将另一部分有机物转化合成为新的细胞质,从而促进微生物的不断生长繁殖,产生更多的生物体。好氧堆肥的原理如图7.6所示。在堆肥过程中,有机物的生化降解会产生热量,若这些热量超过向环境的散热,就会导致堆肥物料的温度升高,堆体在短期内可达到60~80℃,随后逐渐降温直至达到腐熟状态。在此过程中,堆肥物料经历了复杂的分解和合成反应,微生物种群也相应地发生着变化。参与有机物生化降解的微生物主要有嗜温菌和嗜热菌两种,它们的活动温度范围不同,嗜温菌在15~43℃之间,最适宜温度为25~40℃;嗜热菌则在25~85℃之间,最适宜温度为40~50℃。堆肥的温度变化过程可分为初始阶段、高温阶段和熟化阶段,如图7.7所示,每个阶段都有其独特的微生物种群。

①初始阶段。耐温性较低的嗜温性细菌开始分解有机物中易于降解的成分,如葡萄糖和脂肪等。同时释放热量,温度逐渐升高,达到15~40℃。

②高温阶段。在初始阶段,部分微生物因高温而死亡,嗜热菌开始迅速繁殖。在充足的氧气供应条件下,大部分难以降解的有机物(如蛋白质和纤维素等)继续被氧化分解,同时释放大量热能,使温度进一步上升,达到60~70℃。当易降解的有机物基本分解完毕后,嗜热菌因缺乏营养而停止生长,产热过程随之停止,堆体温度逐渐下降。当温度稳定在40℃时,嗜温性微生物重新占据优势,进一步分解剩余物质,堆肥基本达到稳定状态,形成腐殖质。

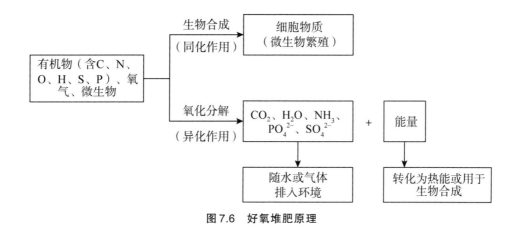

图 7.6　好氧堆肥原理

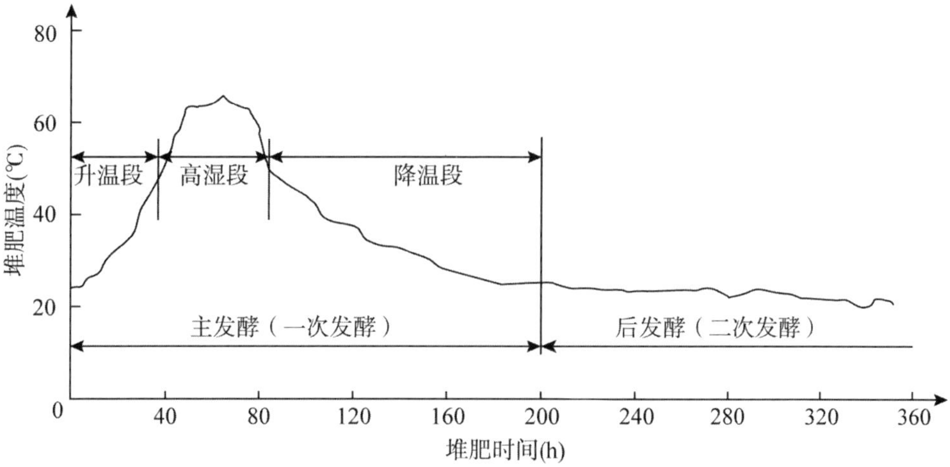

图 7.7　堆肥物料温度变化曲线

③熟化阶段。堆肥冷却后,一些新的微生物(主要是真菌和放线菌)开始借助残余的有机物(包括死亡的细菌残体)生长,从而完成堆肥过程的最终阶段。堆肥产物达到稳定化和无害化,施用时不会影响农作物的生长和土壤的耕作能力。成品堆肥呈褐色或暗灰色,温度较低,具有土壤特有的气味,无恶臭,无明显纤维状物质。

**(2)堆肥工艺过程及影响因素**

1)堆肥工艺程序

传统堆肥技术主要采用厌氧的野外堆积法,该方法存在占地面积大、处理时间长等缺点。相比之下,现代化堆肥生产通常采用好氧堆肥工艺,其流程包括前处理、一次发酵(主发酵)、二次发酵(后发酵)、后处理、脱臭和贮存等环节。

①前处理阶段。对收集的垃圾、家畜粪便、污泥等原材料进行水分和碳氮比调整，并在必要时添加菌种和酶。若以城市生活垃圾为原料，由于其中含有大块和不可生物降解的物质，需进行破碎和去除处理，以免影响垃圾处理机械的正常运行，同时也可防止堆肥发酵仓容积的浪费，还能保障堆肥产品的质量。

②一次发酵(主发酵)阶段。可在露天或发酵装置中进行，通过翻堆或强制通风供氧。发酵开始后，易分解的有机物如糖类首先被降解，参与降解的微生物包括好氧细菌、真菌等，如枯草芽孢杆菌、根霉、曲霉、酵母菌等，降解产物为二氧化碳和水，同时产生热量使堆体温度上升，微生物吸收有机物中的碳、氮等营养元素而不断繁殖。以生活垃圾为主体的城市垃圾及家畜粪尿的好氧堆肥，一次发酵期通常为3～10d。一次发酵工艺参数主要包括含水率(45%～60%)、碳氮比(30/1～35/1)、温度(55～65℃)、周期(3～10d)。发酵终止指标为无恶臭，容积减量25%～30%，水分去除率10%，碳氮比为15/1～20/1。

③二次发酵(后发酵)阶段。一次发酵后的半成品被送至二次发酵工序，其中尚未分解的易分解有机物和较难降解的有机物进一步分解，转化为腐殖质、氨基酸等稳定的有机物，得到完全腐熟的堆肥产品。二次发酵时，物料通常堆积1～2m高，并配备有防止雨水流入的装置，发酵过程中需适时进行翻堆和通风。二次发酵时间一般为20～30d。二次发酵工艺参数主要包括：含水率(<40%)、温度(<40℃)、周期(30～40d)。发酵终止指标为：堆肥充分腐熟，含水率小于35%，碳氮比小于20/1，堆肥粒度小于10mm。

④后处理阶段。在经过两次发酵的物料中，几乎所有有机物都已分解并细化，数量减少，但仍存在前处理工序中未能完全去除的塑料、玻璃、金属、小石块等杂物，因此需进行分选工序去除杂物，并根据需要进行再破碎(如生产精制堆肥)。

⑤脱臭阶段。部分堆肥工艺和堆肥物在堆制结束后会产生臭味，必须进行除臭处理。常用的脱臭方法包括化学除臭剂除臭，碱水和水溶液过滤，熟堆肥、沸石或活性炭吸附等。在露天堆肥时，可在堆肥表面覆盖熟堆肥，以防止臭气逸散。较为常用的除臭装置是堆肥过滤器，臭气通过该装置时，恶臭成分被熟堆肥吸附，进而被其中的好氧微生物分解；也可使用特种土壤代替熟堆肥，这种过滤器被称为土壤脱臭过滤器。

⑥贮存阶段。堆肥一般在春秋两季使用，暂时不能使用的堆肥需妥善贮存，可堆存在发酵池或装入袋中，保持干燥、通风。密闭或受潮都会影响堆肥的质量。

2)影响因素

堆肥过程的核心在于选择适当的堆肥工艺条件,以促进微生物降解过程的顺利进行,从而获得高质量的产品。影响堆肥效果的因素众多,为了营造更佳的微生物生长、繁殖及有机物分解环境,在堆肥过程中必须对供氧量、原料含水率、碳氮比、碳磷比、pH等主要因素进行控制。

3)堆肥方法

好氧堆肥方法分为间歇式堆肥和连续式堆肥。

间歇式堆肥又称露天堆肥,是一种传统的周期性堆肥方法,将新收集的垃圾、粪便、污泥等废弃物分批混合堆积。一些城市利用单一垃圾原料,通过堆积和微生物作用,将废弃物转化为类似腐殖土的物质。这个过程包括5周的初期发酵和6~10周的熟化稳定,总共需要30~90d。该方法需要一个坚实且不渗水的场地,面积要足够大以处理城市的废弃物。然而,由于发酵周期长、操作卫生条件差和产品质量低,这种传统堆肥方式已被现代化方式取代。

连续式堆肥是一种现代化的堆肥作业方式,普遍采用成套密闭式机械进行连续进料与出料的发酵过程,原料在特定设计的发酵器内完成中温和高温发酵阶段。该方式具有发酵周期短、能有效杀灭病原微生物、防止异味产生、堆肥品质优良等特点。连续堆肥装置主要包括立式发酵塔、卧式发酵滚筒、筒仓式发酵仓等多种类型。

立式堆肥发酵塔是密闭的多层结构,通常由5~8层组成,内外层由水泥或钢板构成,每层底部有活动翻板。堆肥物料从塔顶进入,通过机械运动和重力逐层向下移动。塔内通风由强制鼓风或自然通风实现,顶部有抽风装置和除臭系统。空气通过通风管线引入,通过活动翻板缝隙进入上层,从顶部排出以实现供氧和散热。堆肥物料在塔内好氧发酵5~8d后排出,温度自上而下升高,最高在底层,臭气得到处理。该设备搅拌充分、处理量大、占地小,但成本较高。

卧式堆肥发酵滚筒是一种卧式发酵仓,用于处理城市垃圾、污水和污泥混合物。垃圾经由板式给料机和皮带输送机送至磁选机去除铁质,然后进入低速旋转的发酵仓。在仓内,废物被旋转破碎、混合和搅拌,沿筒体斜置方向移动,与空气接触并经微生物发酵,数日后成为堆肥排出。堆肥经振动筛分为细粒和粗粒,部分粗粒返回发酵仓,细粒堆肥经选出机去除杂质后成为高纯度产品,可直接使用或进一步腐熟。

筒仓式发酵仓通常是单层结构,深度为4~5m,主要用钢筋混凝土建造。底部有排料装置如螺杆出料机,顶部有废气处理设施。原料从顶部投入,筒仓直径逐渐增大以防止架桥,典型的堆肥周期为10d,每天处理约十分之一筒仓体积的堆肥。取出的堆肥放在另一个通气筒仓中。这种垂直堆放方式占地面积小,但需预先混合原料以解决压实问题。

## 7.3.3　土壤修复技术在固体废物环境生态工程中的应用

### 7.3.3.1　固化/稳定化技术

固化/稳定化技术涵盖了固化与稳定化两个概念。固化技术指的是将污染物包裹起来,使其呈现颗粒状或板块状形态,从而达到相对稳定的状态;而稳定化技术则是通过氧化、还原、吸附、脱附、溶解、沉淀、生成络合物等一种或多种作用,改变污染物的存在形态,以降低其迁移性和生物有效性。尽管这两个专业术语经常被并用,但它们各自具有不同的含义。

固化/稳定化修复技术通常采用的方法是先利用吸附剂如黏土、活性炭和树脂等吸附污染物,随后浇注沥青,再添加凝固剂或黏合剂(如水泥、硅土、小石灰、石膏或碳酸钙),使混合物呈凝胶状,最终固化成硬块。其结构类似矿石,显著降低了金属离子和放射性物质的迁移性,从而减小了其对地下水的污染威胁。

固化/稳定化技术是危险废物管理中的一项关键技术,在区域性集中管理系统中占据着重要地位。经过其他无害化、减量化处理的固废,必须在全部或部分经过固化(或稳定化)处理后,方可进行最终处置或利用。作为废物最终处置的预处理技术,固化/稳定化技术在国内外已得到广泛的应用。危险废物从产生到处置的全过程如图7.8所示。

危险废物固化/稳定化处理的目标是通过物理包裹或化学反应降低污染物的迁移性和浸出风险,使其在后续处置中实现安全隔离。稳定化通常包括与添加物混合以降低毒性、减少污染物迁移。固化则会改变废物的工程特性,如渗透性、强度。两者均旨在减少废物的毒性和迁移性,改善工程性质。主要方法包括水泥固化、石灰固化、熔融固化、塑料固化、自胶结固化和药剂稳定化等。

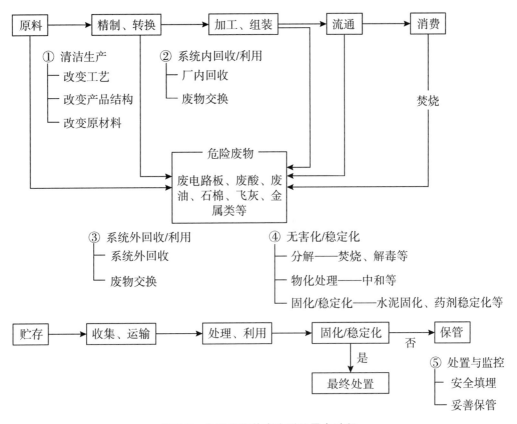

图7.8 危险废物从产生到处置全过程

**(1)水泥固化/稳定化**

水泥作为一种无机胶结材料,在水化反应后能够形成坚硬的固化体,因此在废物处理领域,水泥固化技术被广泛采用。基于水泥的固化/稳定化技术已成功用于处理含有多种金属的电镀污泥,如 Cd、Cr、Cu、Pb、Ni、Zn 等;同时,水泥也被用于处理含有复杂危险废物的污泥,包括含多氯联苯、油类及油泥、氯乙烯和二氯乙烷、多种树脂、塑料、石棉、硫化物及其他物质的污泥。水泥固化/稳定化处理对于 As、Cd、Cu、Pb、Ni、Zn 等重金属的稳定化效果显著。

火山灰是一种与水泥相似的材料,能在水的作用下与石灰反应生成类似混凝土的产物,通常被称为火山灰水泥。火山灰材料包括烟道灰、平炉渣、水泥窑灰等,其结构主要为非晶型硅铝酸盐。烟道灰作为最常用的火山灰材料,其主要成分包括约45%的二氧化硅($SiO_2$)、25%的氧化铝($Al_2O_3$)、15%的氧化铁($Fe_2O_3$)、10%的氧化钙($CaO$),以及各1%的氧化镁($MgO$)、氧化钾($K_2O$)、氧化钠($Na_2O$)和硫酸盐。此外,根据不同的来源,烟道灰还可能含有一定量未完全燃烧的碳。由于其高 pH 值特性,火山灰材料同样适用于无机污染物,特别是重金属污染废物的稳定化处理。

环境生态工程导论

在桶中加入水泥的处理方法(图7.9)是将废物、水泥、添加剂和水在独立的混合器中混合,充分搅拌后注入处置容器。该方法所需设备较少,能够充分利用处置容器的容积;然而,混合器需要进行清洗,这不仅耗费人力,还会产生一定量的洗涤废水。

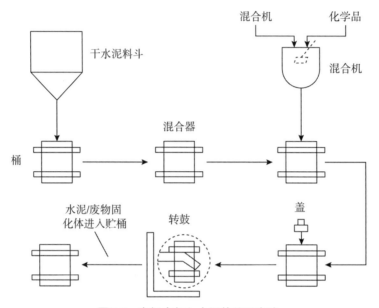

**图7.9 在桶中加入水泥的处理方法**

在外部加入水泥的处理方法(图7.10)是直接在最终处置使用的容器内进行混合,随后利用可移动的搅拌装置进行搅拌。该方法的优点在于不会产生二次污染物。然而,由于处置所用的容器容积有限(通常为200L的桶),充分搅拌存在困难,且必须保留一定的无效空间;在大规模应用时,操作控制也较为困难。因此,该方法适用于处理危害性大但数量不多的废物,例如放射性废物。

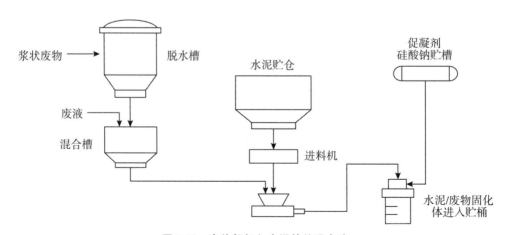

**图7.10 在外部加入水泥的处理方法**

针对水泥固化的缺陷,可在多个方面进行改进。例如,通过引入纤维和聚合物等材料增强水泥的耐久性;利用天然胶乳聚合物对普通水泥进行改性以处理重金属废物,从而提升水泥浆颗粒与废物之间的键合力。同时,聚合物填充了固化块中的微小孔隙和毛细管,可有效降低重金属的浸出率。此外,采用改性硫铝酸盐水泥处理焚烧炉灰,显著提高了固化体的抗压强度和抗拉强度,增强了其对酸性及盐类(如硫酸盐)侵蚀的抵抗力。

### (2)石灰固化

石灰固化通常采用的方式是添加氢氧化钙(即熟石灰)以实现污泥的稳定化。在该过程中,石灰中的钙与废物中的硅铝酸根反应,生成硅酸钙、铝酸钙的水化物或硅铝酸钙。与其他方法类似,在废物中同时添加少量添加剂(例如,在存在可溶性钡的情况下加入硫酸根),可以进一步增强稳定效果。使用石灰作为稳定剂,其效果与使用烟道灰相似,均能提高 pH 值。该方法主要用于处理含有重金属等无机污染物的污泥。

### (3)塑料固化

塑料固化技术通过混合危险废物、催化剂和填料,并利用塑料引发共聚反应,形成稳定固化体。该技术分为热塑性和热固性塑料固化两种方式,其中热塑性塑料固化更常用,如在高温下熔融聚乙烯和聚氯乙烯树脂材料,在包裹危险废物后冷却固化。塑料固化技术的优势在于材料密度低、添加剂少,但操作复杂且固化剂成本高。

### (4)熔融固化

熔融固化技术,亦称玻璃化技术,其与目前广泛应用于高放射性废物处理的玻璃固化工艺的主要区别在于,通常无需添加稳定剂,但从原理上讲,仍属于固废的包容技术范畴。该技术将待处理的危险废物与细小的玻璃质材料,如玻璃屑、玻璃粉混合,混合造粒成型后,在1500℃的高温下熔融,形成玻璃固化体。借助玻璃体的致密结构,确保固化体的永久稳定。

熔融固化技术在实施过程中,需要将大量物料加热至熔点以上,无论是采用电力还是其他能源,均需耗费大量的能量和费用。然而,相较于其他处理技术,熔融固化技术的最大优势在于能够生产出符合建筑材料标准的高质量产品。因此,在进行废物的熔融固化处理时,除了必须满足环境保护标准外,还应充分考虑熔融体的强度、耐腐蚀性以及外观等方面是否符合建筑材料的要求。此外,熔融固化过程中可能会产生一定量的二次飞灰,其处理难度通常较大,通常可以采用结晶法来回收各种盐分以降低二次飞灰污染风险。

**(5)药剂稳定化**

采用药剂稳定化技术处理危险废物,不仅能够实现废物的无害化,还能有效控制废物的体积,进而提升危险废物处理与处置系统的整体效率和经济效益。此外,通过优化螯合剂的结构与性能,可以增强其与废物中有害成分的螯合作用,从而提高稳定化产物的长期稳定性,并减少最终处置过程中废物对环境的潜在影响。

在应用药剂稳定化技术处理危险废物的过程中,针对废物中含有的不同重金属,可以选择多种稳定化药剂,包括石膏、漂白粉、硫代硫酸钠、硫化钠、磷酸盐、硅酸盐以及高分子有机稳定剂等。

### 7.3.3.2　水泥窑协同处置技术

长期以来,人们一直期望通过低温湿法处理工业固废。然而,由于工业固废成分复杂,湿法和低温处理难以实现其分离和无害化。采用高温技术,使各种有机成分在不同温度下挥发分离,高温残渣则进入水泥窑协同处理,也是一种可行的方法。水泥回转窑在运行环境、自身温度、停留时间、处理规模等方面的特点使其非常适合焚烧处置工业废物,包括危险废物。水泥窑可以从三个方面处置利用工业废物:燃料、原料和单纯的添加物。水泥窑处置工业废物工艺流程如图7.11所示。

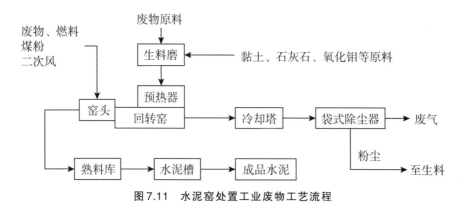

**图7.11　水泥窑处置工业废物工艺流程**

水泥窑处理各类工业废物的关键,在于采用先进工艺对成分复杂的废弃物进行分类预处理,并选择恰当的投放位置与方式。优先考虑使用热值高且稳定的废物作为替代燃料。同时,选择含钙、铝、铁、硅含量较高的工业废物来替代部分原料。对于无法作为替代原料和燃料的工业废物,筛选出那些能够通过水泥加水制成水泥石包裹的废物,预处理后进行窑内处置。

### 7.3.3.3　填埋技术

20世纪50年代前,垃圾处理主要为露天堆放和简单填埋,未采取有效防护措施,造成严重污染。之后,发达国家开始建设卫生填埋场,该方式因建设简单、成本低、环保措施完善,并能产生可再生能源,成为国际上广泛采用的垃圾处理方式。在美国,约 70% 的垃圾通过此方式处理。中国自 20 世纪 80 年代开始建设卫生填埋场,目前处理量约占城市生活垃圾总量的 85%,预计未来仍将是主要处理方法。卫生填埋技术具有成本低、管理便捷、处理彻底等优点,但也存在占地面积大、稳定化周期长、减量化和资源化程度不高等问题。通过防渗、压实等手段,卫生填埋场对固废的处理更加安全、有效,处理过程中产生的气体和渗滤液也得到了有效利用。

近年来,人们越来越关注卫生填埋场的生物处理功能,这对垃圾稳定化至关重要。传统卫生填埋场的生物处理功能较弱,因此,研究人员提出了生物反应器型垃圾填埋的概念。这种填埋方式通过渗滤液循环、水分调节和养分调理等措施,可为微生物提供良好的生长环境,加快垃圾生物降解,缩短稳定化时间,并增加填埋气体产量。据报道,生物反应器型垃圾填埋场的稳定化时间可缩短至不足此前的 1/5,填埋气体产量可提升 75%,填埋用地可减少约 20%。

## 7.3.4  其他环境生态工程技术在固体废物处理中的应用和发展趋势

### 7.3.4.1  蚯蚓养殖处理有机废物技术

(1)蚯蚓在生态环境中的作用

蚯蚓作为土壤中主要的动物类群,隶属于环节动物门寡毛纲,同时也是陆地上数量庞大的动物类群之一,在陆地生态系统中扮演着至关重要的角色。它们促进了植物残枝落叶的分解,参与了有机物的分解与矿化,并且在混合土壤、改善土壤结构、提升土壤的透气性和排水性以及深层渗透能力方面发挥着重要作用。

研究发现,蚯蚓在分解有机物的过程中对环境碳、氮循环有积极作用。几乎所有蚯蚓种类都参与有机物降解。在蚯蚓体内,有机物通过酶和微生物作用转化为易吸收的物质,如碳水化合物、蛋白质和纤维素,这些物质最终以蚯蚓粪便形式排放,有助于形成营养丰富的土壤结构。蚯蚓活动能促进土壤孔隙形成,增强土壤通气性和透水性,促进氮循环。目前,蚯蚓已成为生态环境研究和治理的重要工具,被广泛应用于医疗、畜牧、食品生产、环境净化等领域,特别是在土壤污染监测、污染物处理和环境质量提升方面。蚯蚓及其提取物产品的开发也已成为研究热点。

(2)农业固体废物的蚯蚓堆置处理技术

传统的有机固废堆肥技术涉及对固废的分拣、破碎以及对堆肥产品的深加工。蚯蚓在土壤中的活动能够破碎、分离固废,促进土壤造粒,其消化酶也能降解土壤中的有机污染;蚯蚓粪是一种天然的优质土壤改良剂,可作为天然有机肥料。鉴于这些优点,利用微生物与蚯蚓共同构建的有机固废新型组合生物处理技术,近来受到环保科技工作者的关注,并在实践中得到应用。

1)蚯蚓堆制技术

蚯蚓堆制技术是将蚯蚓处理有机物的特性与传统堆肥技术相结合的一种方法。该技术利用蚯蚓食性广泛(包括腐食性)、食量大的特点,将经过一定处理的废物作为饵料饲喂蚯蚓,通过蚯蚓的活动和生理生化作用,将农业有机废物转化为有机肥料。在堆制过程中,蚯蚓通过大量吞食有机废物,通过混合、肠道机械研磨和酶的消解作用,将农业有机废物中的有机物和无机盐分解、矿化,并转化为可利用的蚓粪形式。蚯蚓养殖处理有机废物技术模式如图7.12所示。此外,蚯蚓可选择性地食用培养基料中的微生物,并通过与蚯蚓肠道内有益微生物的协同作用,影响农业有机物料的分解效率。

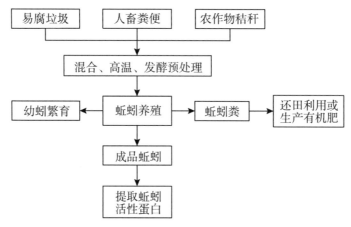

图7.12　蚯蚓养殖处理有机废物技术模式

2)适用蚓种

蚯蚓品种繁多,其中适合人工养殖的品种有限,它们具有强大的分解能力、高繁殖率和适应性。根据在土壤中的活动深度,蚯蚓分为表层、内层和深层种,表层种蚯蚓尤其适合处理有机废物,这些蚯蚓食性广泛、繁殖快、适应性强。常见的养殖品种包括爱胜蚓属和环毛蚓属,其中赤子爱胜蚓(即红蚓)和大平二号因其高效分解能力而特别受欢迎。赤子爱胜蚓因其高纤维素酶含量,被广泛用于农业废物处理。

3)蚯蚓堆制技术的适用性

当前,蚯蚓堆制技术已被应用于多种农业废物的处理,这些废物几乎包括了日常生产和生活中所有类型的有机废物,例如禽畜粪便、作物秸秆以及有机污泥等。有研究指出,不同种类农业废物的混合比例以及湿度等因素,均会对蚯蚓的养殖产生影响。例如,在室内接种研究中,赤子爱胜蚓在未腐熟的牛粪中繁殖率最高,而在未腐熟的猪粪中生长状况最佳。此外,不同比例的秸秆与牛粪混合物对蚯蚓繁殖和生长的影响研究也表明,农业废物的混合比例对蚯蚓的繁殖和生长具有显著的影响。

4)蚯蚓堆制技术的关键影响因素

蚯蚓偏好温暖湿润的环境,在人工条件下四季皆可繁殖,通常需要考虑的影响因素包括温度、湿度、酸碱度、盐度、通气、光照、密度和食物种类等。如蚯蚓体表分布着多种化学感受器,使其对环境中的盐度变化极为敏感;蚯蚓全身的感觉细胞对光刺激反应敏感,在人工养殖过程中应避免强光照射。为了实现有机质最大程度的分解,必须综合考虑这些因素,以确定最适宜蚯蚓生长的环境条件。蚯蚓的生活行为和消化作用对有机物料的影响及作用机制,对于进一步深入探讨农业废物的蚯蚓堆肥处理具有重要的实践指导意义和理论价值。

### 7.3.4.2　昆虫转化有机废物

在有机废物的昆虫转化中,目前研究和应用较为成熟的有家蝇、大头金蝇、黑水虻、白星花金龟、黄粉虫等。

**(1)家蝇**

家蝇是一种繁殖快、适应力强的双翅目昆虫,能在恶劣环境下生存,食物来源多样,包括残渣和腐败物,是生态系统中重要的分解者。它们不易感染细菌和病毒,这可能是因为体内抗菌肽的作用。在农业有机废弃物处理方面,家蝇作为环保昆虫被广泛研究和应用。

在已广泛应用于实践的三千余种昆虫中,家蝇以其生命周期短、繁殖能力强、易于人工控制以及适合工厂化生产等特性,被视为一种可再生资源。蝇蛆的蛋白质含量高达59.39%,其中必需氨基酸占总氨基酸含量的44.09%;不饱和脂肪酸占脂肪酸总量的64.50%,维生素 $B_1$ 含量为19.50mg/100g、维生素 $B_2$ 含量为282.27mg/100g。此外,蝇蛆还含有17种微量元素和多种生物活性物质,其中对高等动物及人体生命活动至关重要的微量元素,如锌、钙、硒、锗的含量分别高达4.40mg/kg、31.12mg/kg、0.18mg/kg、0.005mg/kg。利用家蝇可分解农副产品下脚料,转化畜禽粪便和有机废弃物,生产高蛋白质产品,具有巨大的开发潜力。使用蝇蛆处理猪粪,可使猪粪的干物质量减少31.14%,总重减少53.04%。蝇蛆处理猪粪和鸡粪仅需5d,每1kg蝇蛆在成蛹前,能转化10~12kg猪粪或4~6kg鸡粪,处理结束时猪粪和鸡粪的重量分别减少约43.81%和26.89%。经过蝇蛆处理的猪粪和鸡粪,含水量降低,质地蓬松,颗粒细小。与处理前相比,猪粪的全氮和全磷含量分别下降35.76%和10.22%,鸡粪的全氮和全磷含量分别下降60.00%和16.40%。

## (2)大头金蝇

在各类昆虫中,丽蝇科幼虫在有机废物转化方面尤为突出,包括丝光绿蝇、红颜金蝇以及大头金蝇等。大头金蝇已被证实对多种有机废物如人粪、马粪、猪粪、餐厨垃圾、未使用的鲜烟叶以及果蔬残渣等具有一定的转化能力。利用大头金蝇幼虫转化有机废物,可以有效地实现经济效益与环境保护的双重目标。研究发现,利用大头金蝇幼虫处理餐厨废物,可实现完全的减量化效果,减少约46%的油脂含量;处理1t餐厨废物能够产生290kg有机肥料以及118.7kg的老熟幼虫,在这些幼虫的干重中,粗蛋白占约50%,粗油脂占25%~30%。

大头金蝇对猪粪的转化表现出色。其产出的幼虫被视为优质的生物柴油原料。在猪粪的半规模化养殖中,若向每千克新鲜猪粪接种0.5g大头金蝇卵(每盒猪粪6kg,平铺约5cm),则每吨新鲜猪粪可产出约20kg的大头金蝇干物质,相当于5L生物柴油,转化效率较高。大头金蝇利用猪粪生产生物石油工艺如图7.13所示,以大头金蝇为核心的猪粪转化体系,不仅能够产出幼虫作为生物柴油的原料,还能产生有机肥料,实现了资源的循环利用,具有显著的产业化潜力。

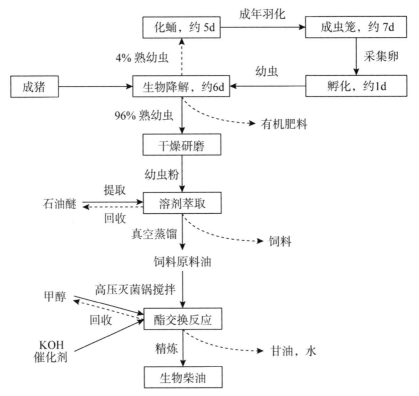

图7.13　大头金蝇利用猪粪生产生物石油工艺

**（3）黑水虻**

黑水虻属于水虻科的腐生性昆虫，其食性广泛，主要以禽畜粪便、餐厨垃圾以及动物尸体等有机废物为食。黑水虻昆虫体内富含蛋白质、氨基酸和油脂，可用于生产动物蛋白饲料。由于其食性广泛、吸收转化率高、繁殖速度快、生物量大、易于管理、饲养成本低廉以及动物适口性良好等众多优点，其幼虫被誉为"凤凰虫"。成虫生命周期短暂，而幼虫生长周期较长，能显著转化有机废物，并具有灭活大肠杆菌和沙门氏菌的能力。黑水虻幼虫的中肠具有特定的形态特征和生理功能，能够分解这些多样化的有机废物。幼虫的中肠可分为三个不同的区域，各自具有不同的管腔pH值：前中肠呈酸性（pH=6.0），中肠中部为强酸性（pH=2.0），后中肠则呈碱性（pH=8.5）。中肠管腔的pH值对酶活性、营养物质的溶解、化合物的解毒以及肠道菌群的形成方面有着重要的影响。研究发现，经过武汉品系黑水虻幼虫处理的猪粪、鸡粪和牛粪，其干重分别减少了53.4%、61.7%和57.8%。此外，每100g（干重）的上述三种粪便分别能产生16.90g、12.50g和10.96g（干重）的幼虫。黑水虻处理猪粪后，得到的虫体干重最高可达处理前粪便干重的15%。餐厨垃圾经过黑水虻处理后，减重率可达到约70%，转化率最高可达约40%。

黑水虻技术产品包括残渣和虫体生物质。残渣可用作有机肥料，其营养成分和pH值适合植物生长，且含有促进植物生长的几丁质。虫体生物质富含脂肪，脂肪酸组成受底物影响，且可转化为符合国际标准的生物柴油。黑水虻幼虫富含蛋白质，研磨成粉后可部分替代鱼粉用于鱼类饲料，且已被批准用于鲑鱼喂养。黑水虻作为替代鱼粉的经济选择，有助于提高资源再利用效率，减少环境影响，实现经济可持续性。

**（4）白星花金龟**

白星花金龟属于鞘翅目昆虫，其幼虫被称为蛴螬，属于腐食性昆虫。在自然界中，它们主要以腐败的秸秆、杂草、枯枝落叶以及畜禽粪便为食。鉴于白星花金龟幼虫在食用有机废物后产生的粪便呈现颗粒状，干燥且无异味，从而避免了后续的成型处理步骤，其在自然界中作为"清道夫"的作用引起了人们的关注。目前，关于白星花金龟转化有机废物、虫体利用价值以及虫粪砂价值方面的研究较为广泛。研究者们已经探讨了利用白星花金龟幼虫处理发酵玉米秸秆、食用菌渣、平菇菌糠、大球盖菇菌糠、东亚飞蝗虫粪砂等多种有机废物的可能性。

经过白星花金龟转化的有机废物呈现出干燥且无异味的状态，其腐熟过程迅速，主要优势在于其粪便呈现颗粒形态，省去了后续的成型工序。幼虫对秸秆展现出显著的转化能力，经过25d的发酵过程，白星花金龟对秸秆的转化率可达到

$63.82\% \pm 30.90\%$，而利用率则为 $17.51\% \pm 8.5\%$。

（5）黄粉虫

黄粉虫隶属于鞘翅目昆虫，又称面包虫，原为仓储害虫，全球分布广泛。其蛋白质含量高达56%，被誉为"动物蛋白饲料之王"，氨基酸和微量元素配比合理，营养价值高，具有饲用、食用和医疗保健价值。黄粉虫人工饲养超过百年，是重要的产业化资源昆虫，主要用于新型动物蛋白生产和科学研究。此外，其还长期作为特种经济动物如蝎子、牛蛙、鳄鱼的蛋白质饲料。黄粉虫食性广泛，能消化多种粮食和蔬菜副产品，因其生长快、繁殖力强、适应环境能力强，可用于处理农业有机废物。黄粉虫还能有效转化畜禽粪便、蔬菜尾菜、米糠、豆饼粕等生物发酵料。

用黄粉虫处理牛粪三日，最高转化率可达百分之百；在黄粉虫饲料中加入55%的酵化鸡粪，增重效果显著。黄粉虫亦能有效处理厨余垃圾，在最佳条件下，其对厨余垃圾的利用率可达38.88%，此时饲料含水量为14.5%。厨余垃圾营养全面且丰富，能够确保黄粉虫生长发育不受营养成分的限制。研究显示，使用西瓜皮、香蕉皮等作为黄粉虫饲料的添加剂，其养殖效果优于麦麸加面粉的对照组，且废物转化率高，当添加量为50%时，黄粉虫增重效果最为显著，发育速度最快。

# 7.4 案例介绍

## 7.4.1 污泥的生态修复工程案例研究

### 7.4.1.1 我国污泥泥质特性

污泥是污水处理过程中产生的副产品，集中了污水中的污染物，包括重金属、难降解有机物、持久性有机物、微塑料等，同时也富含营养物质如碳、氮、磷等，因此它在本质上兼具"资源"与"污染"的双重特性。污泥的物质组成见表7.5。污泥中的有机质通过厌氧消化过程可以转化为甲烷等高热值的生物气体（沼气）及氢气等能源。同时，通过蛋白质提取等技术手段，可以回收污泥中的宝贵资源。经过适当处理的污泥稳定化产物，不仅能够用于土地改良（提供营养物质和有机质），还能作为建筑材料（无机物部分），从而最终实现污泥的稳定化、无害化和资源化。

相较于发达国家，我国城镇污水处理厂产生的污泥具有有机质含量较低、含沙量较高、产量较大的特点。因此，在选择污泥处理和处置的技术路线时，必须考虑这些特定属性，充分权衡其作为资源和污染的双重特性，以期达到环境、经济和社会效益的最优化。

表7.5 污泥物质组成

| 污泥物质 | 组成 | 含量范围(mg/kg) |
| --- | --- | --- |
| 资源性物质 | C | 321.3~355.7 |
| | N | 7.4~54.9 |
| | P | 2.2~48.3 |
| | K | 0.8~17.5 |
| 污染性物质 | 重金属(Zn、Cu、Cr、Pb、Ni等) | 0~27300 |
| | 有机污染物(抗生素、多环芳烃、多氯联苯等) | 0~33810 |
| | 微塑料(聚烯烃、聚丙烯酸、聚酰胺等) | 1.6~56.4(103个/kg干重) |
| | 其他(致病菌、矿物油等) | 0.01~23 |

### 7.4.1.2 工程案例

**(1)厌氧消化工程案例——长沙市污水处理厂污泥集中处置工程**

长沙市污水处理厂污泥集中处置工程采用了"污泥热水解预处理+高含固厌氧消化+污泥脱水+干化"这一先进的厌氧消化处理工艺(图7.14)。该工程是国内首个拥有自主知识产权的污泥热水解与高含固厌氧消化相结合的示范项目,标志着该技术在国内的首次应用。其日处理能力达到500t(以含水率80%计),工程总投资接近4亿元人民币。

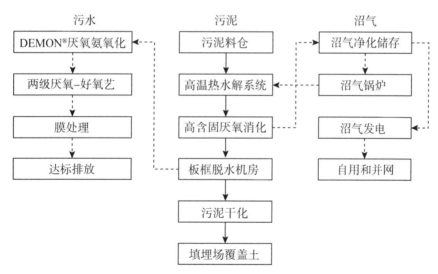

图7.14 长沙市污水处理厂污泥集中处置工程工艺流程

该工程的污泥原料经过热水解预处理后,实现了有机质的溶出和黏度的降低,为后续的高含固厌氧消化创造了条件,从而有助于产生生物能源,如沼气。处理后的残余物经过脱水和干化处理,可作为填埋场覆盖土,实现了资源的循环利用和环境治理。该工程有效地解决了城市生活污泥的处理问题。

通过实施这一示范工程,我国在城市污泥生物质源回收及资源综合利用技术领域取得了重大进展,为城市污泥处理的能源化与资源化问题提供了有效的解决方案。

**(2)好氧堆肥工程案例——青岛污泥处置工程**

青岛娄山河水务资源有限公司采用"连续运行槽式翻抛加负压供氧除臭一体化工艺"(图7.15),其设计日处理污泥的最大能力达到300t,总投资额为1.56亿元。该工艺具有占地面积较小、产品质量稳定、生物发酵周期短、自动化程度高等特点。通过沿槽长划分不同供氧区域,并配置分区风机,配合变频控制技术,实现了根据发酵阶段的不同,精确地提供供氧通风控制。此外,采用负压供氧方式,不仅实现了供氧,还同时收集了大部分工艺气体,有效提升了臭气收集效率,降低了能耗,减少了运行成本。

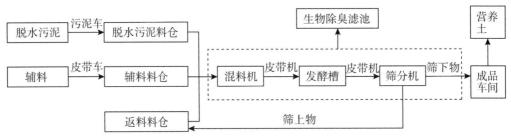

**图7.15 连续运行槽式翻抛加负压供氧除臭一体化工艺流程**

实施效果方面,该项目将含水率为76%的污泥处理为含水率低于40%的熟化有机营养土,实现了污泥减量化超过60%,并有效灭杀了其中的病原菌和寄生虫卵等,达到了污泥无害化处理的目标。目前,该营养土已应用于园林绿化和土壤改良等领域,且其技术检测指标满足《农用污泥污染物控制标准》(GB 4284—2018)中 A 类的相关要求,显示出其在农业利用方面的潜在优势。

社会效益方面,该项目的建成有效缓解了青岛市在污泥处理处置方面的滞后状况,保障了青岛市的可持续发展,有助于城市形象的提升,在将青岛建设成为环境优美城市、为市民提供更优质的生活环境的事业中做出了积极贡献。

生态效益方面,通过实施"减量化、稳定化、无害化"的污泥处理,将污泥转化为可用于园林绿化、土壤改良的营养土,以及填埋场的覆盖土等资源,消除了城市污泥对水体和土地造成二次污染的风险,对环境保护做出了重要贡献。

**(3)其他资源化应用**

污泥的成分极为复杂,其中蕴含着丰富的有机物以及氮、磷等营养元素。对污泥的资源化利用,主要体现在两个方面:物质的回收和能源的利用。通过产甲烷、产氢、产热等途径,可以实现污泥中能源的回收;同时,通过提取污泥中的蛋白质、聚羟基脂肪酸酯(PHA)、磷等物质,利用污泥作为污水处理中脱氮除磷的碳源,以及提取金属和制备生物碳土等途径,可以实现物质的回收。以下将对污泥资源化过程中一些物质回收的方法进行详细说明。

1)蛋白质回收

剩余污泥中富含大量有机物,其含量可达污泥干重的70%。在这些有机物中,蛋白质占据主导地位,其比例为40%~60%。也有研究表明,剩余污泥中的有机物包含约61%的蛋白质、11%的碳水化合物、不足1%的脂质以及超过27%的未明成分。蛋白质也是微生物细胞内含量最高的有机物,如在细菌干重中,其比例占到50%~60%。鉴于污泥中丰富的蛋白质含量,其具有巨大的回收利用潜力。

目前,从剩余污泥中提取蛋白质的方法包括物理法、化学法、生物法以及这些方法的组合。从污泥中提取的蛋白质可应用于动物饲料、农作物肥料等领域,相关研究已较为广泛。有研究显示,利用剩余污泥中回收的蛋白质作为动物饲料是可行的,经过碱处理、超声处理、酸沉降和干燥回收后的蛋白质成分与商业蛋白饲料中的蛋白质成分相当。此外,有研究以脱水污泥中的蛋白质为原料,开发了氨基酸螯合微量元素肥料的生产工艺;研究从造纸厂二沉池废水中回收蛋白质,用作木材黏合剂;还有研究利用剩余污泥水解产物作为缓蚀剂,其表面吸附作用能有效抑制钢在酸性介质中的腐蚀反应。

2)制聚羟基脂肪酸酯

传统塑料难以降解且易对环境造成破坏,据估计,每年有490万~1270万吨塑料流入海洋。生物降解塑料是指在自然环境或特定条件下能够被微生物分解的一类塑料。相较于传统塑料,生物降解塑料具有易于分解且对环境影响较小的优点。根据生产原料的不同来源,生物降解塑料主要分为聚乳酸(PLA)、聚羟基丁酸酯(PHB)、PHA等类别。目前,PLA和PHA已在工业生产中得到应用,但其生产原料成本较高,导致其价格仍然高于传统塑料。挥发性脂肪酸(VFA)是厌氧消化过程的中间产物,也是PHA生产中广泛使用的原料,尤其是产酸阶段产生的VFA可用于PHA的生产。利用污泥作为原料进行厌氧消化产VFA,不仅可以实现污泥的资源化利用,还能有效降低PHA的生产成本。

关于污泥厌氧发酵制备VFA的研究已广泛开展。在pH值为11、温度为60℃、发酵时间为7d的条件下,通过污泥厌氧发酵,PHA的最大产率可达56.5%。有研究指出,污泥发酵过程中产生的VFAs是生产PHA的理想碳源。

### 3)磷回收

磷作为一种不可再生资源,对于生物体的生命活动至关重要。然而,自然水体中磷含量的过度增加与磷资源的稀缺构成了一个基本的矛盾。因此,从磷去除到磷回收的理念转变已成为一种必然趋势。在污水处理过程中,污泥中富集了原水中95%的总磷(TP),因此,从污泥中回收磷的研究已经得到了广泛的关注。

为了从污泥中回收磷,首先必须对污泥进行预处理,以确保其中的磷能够充分释放。目前,预处理方法主要分为生物法和化学法两大类。生物法包括厌氧消化和好氧消化等技术,其中好氧消化法经常与其他方法结合使用。化学法涉及水热处理、酸热处理、碱热处理、氧化预处理、超声波预处理等多种技术。至于污泥中磷的回收方法,则包括吸附解吸法、化学沉淀法、鸟粪石结晶法等。鸟粪石结晶法因操作简便,并且能够同时实现部分氮的回收,受到了广泛的研究和应用。

## 7.4.2 城市垃圾填埋场的生态修复工程案例研究

### 7.4.2.1 武汉市金口垃圾填埋场生态修复治理工程

#### (1)金口垃圾填埋场背景介绍

武汉市是中国内陆的重要枢纽,截至2014年,面积8494.41km²,人口约1033.8万。该市年清运垃圾295万吨,急需无害化处理。金口垃圾填埋场位于汉口西北郊,面积超40万平方米,建于1998年,处理垃圾约502万立方米。由于建设标准低、资金有限,填埋场存在缺陷,加上居民投诉,市政府决定提前关闭。2005年7月1日,金口填埋场停止运营。尽管封场处理,但残留垃圾仍产生污染物,造成二次污染和安全隐患。

#### (2)填埋场场地调查

研究团队在进行了详尽的工程地质勘察和污染调查后(涵盖了全线地形、地貌、岩性、地质构造、不良地质、水文气象等工程地质条件以及填埋气、渗滤液、垃圾土、周围大气、水、土壤等污染状况),将金口填埋场的污染区域划分为四个区域。北部扩征区被定为Ⅰ区,而南部填埋库区则细分为Ⅱ、Ⅲ、Ⅳ三个区域。Ⅰ区呈直角梯形,垃圾堆填历史较长;Ⅱ区形状近似长方形,位于大填埋区的西半部分,垃圾堆填历史较短;Ⅲ区也近似长方形,位于大填埋区的东半部分,主要作为垃圾翻填区,垃圾填埋历史较短;Ⅳ区同样近似长方形,位于沿张公堤的堤防控制区,垃圾填埋历史较长。根据场地污染调查情况和《生活垃圾填埋场稳定化场地利用技术要求》(GB/T 25179—2010)中填埋场场地稳定化利用的判定要求(表7.6),金口垃圾填埋场修复后将作为永久性公园,各项指标至少应达到中度利用要求,部分人流密度较大的区域(如北门)应达到高度利用要求。根据前期场地调查,Ⅰ区与Ⅱ区接近低度利用场地标准要求,属于非稳定区;Ⅲ区与Ⅳ区接近中度利用场地标准要求,属于基本稳定区。四个区域均无法满足拟建工程建设要求,因此需要进行生态修复。

表 7.6　填埋场场地稳定化利用的判定要求

| 利用方式 | 低度利用 | 中度利用 | 高度利用 |
|---|---|---|---|
| 利用范围 | 草地、农地、森林 | 公园 | 一般仓储或工业用房 |
| 封场年限* | 较短,≥3 | 稍长,≥5 | 长,≥10 |
| 填埋场有机质含量 | 稍高,<20% | 较低,<16% | 低,<9% |
| 地表水水质 | 满足 GB 3838 相关要求 | | |
| 堆体中填埋气 | 不影响植物生长,甲烷浓度≤5% | 甲烷浓度1%~5% | 甲烷浓度<1%,二氧化碳浓度<1.5% |
| 场地区域大气质量 | — | 达到 GB 3095 三级标准 | |
| 恶臭指标 | — | 达到 GB 14554 三级标准 | |
| 堆体沉降 | 大,>35cm/a | 不均匀,(10~30)cm/a | 小,(1~5)cm/a |
| 植被修复 | 恢复初期 | 恢复中期 | 恢复后期 |

注:封场年限从填埋场完全封场后开始计算。

**(3)金口垃圾填埋场治理方案和效果**

金口垃圾填埋场的治理方案在设计、建设、运行及验收阶段,均经过了专家的多次考察、比选和论证。该方案充分借鉴并优化了国内外现有的治理方式,并与第十届中国国际园林博览会(以下简称园博会)建设紧密结合。在项目建设与运营阶段,管理单位针对各种问题及时采取了合理的措施,旨在实现经济性与治理效果的双重目标。

根据前期的调查研究,Ⅲ区与Ⅳ区的填埋龄较长,已达到基本稳定状态,因此适宜采用规范的封场修复方法。而Ⅰ区与Ⅱ区由于填埋龄较短,若采用规范封场修复,将对场地未来作为园博会及城市公园的使用带来长期的环境与安全隐患,故此方法并不适宜。原地筛分处置方法总费用预计为4.0亿~4.4亿元,且工期过长,无法满足项目要求。经过综合评估,基于好氧反应器原理的好氧快速降解方法在短期内实现简易垃圾填埋场治理方面,相较于其他方案具有显著优势。因此,管理单位最终决定采用Ⅲ区与Ⅳ区规范封场、Ⅰ区与Ⅱ区好氧修复的综合治理方案,总投资约2亿元。主要工程内容包括堆体整形、堆体覆盖、地下防渗墙建设、好氧修复系统(包括各种井、管道、风机、泵、控制与检测系统、监控、预警系统等)安装及调试、填埋气和渗滤液导排与收集以及监测系统、碟管式反渗透(DTRO)成套设备及辅助设施、浓缩液处理设施、填埋气体火炬燃烧系统(含脱硫、储气罐)、填埋气体氧化燃烧系统的实施调控等。经过十二个月的满负荷好氧修复运行,金口垃圾填埋场所有技术指标均达到了《生活垃圾填埋场稳定化场地利用技术要求》(GB/T 25179—2010)规定的中度利用要求。金口垃圾填埋场生态修复前后对比见图7.16。

金口垃圾填埋场的生态修复项目是迄今为止世界上规模最大的老垃圾填埋场原位好氧修复案例,其修复难度和工艺复杂程度前所未有。该项目通过生态修复治理废弃垃圾填埋场,实现了变废为宝,极大改善了周边环境状况,彻底消除了垃圾长期堆填给周边居民带来的环境污染和安全隐患,为我们提供了一条生态城市的发展思路。园博会结束后,园址得以保留,不仅带来了良好的社会效益和经济效益,也为创建一个更加清洁、卫生的城市,发展城市旅游做出了贡献。

图7.16 金口垃圾填埋场生态修复前后对比

【思考题】

1.什么是固废的"三化"原则?请分别阐述其含义,并举例说明如何在实际工程中实现这些原则。

2.分析不同类型的固废(如城市生活垃圾、工业固废、危险废物等)对环境和人类健康可能产生的潜在风险和危害。

3.简述常见的固废处理技术(如填埋、焚烧、堆肥等)的基本原理、工艺流程以及各自的优缺点。

4.填埋是一种常用的固废处理方法,但也存在一些环境问题。请探讨填埋场可能引发的环境问题,并提出相应的解决措施。

5.焚烧处理固废可以实现减量化和能源回收,但也面临一些争议。请分析焚烧过程中可能产生的二次污染问题,并探讨如何通过技术手段和管理措施来减少这些污染。

6.请阐述堆肥的基本原理、影响堆肥效果的因素,并讨论堆肥产品的质量标准和应用前景。

7.随着电子废物的产生量不断增加,其处理和回收利用成为一个重要的环境问题。请分析电子废物的特点和危害,探讨目前电子废物处理和回收利用的现状、存在的问题和可能的解决途径。

8.在固废管理中,源头减量是非常重要的一环。请提出一些在工业生产、农业活动和日常生活中实现固废源头减量的建议和具体措施。

# 第8章　大气环境生态工程

**【基于OBE理念的学习目标】**

　　**基础知识**：理解大气环境生态工程的基本概念和原理，掌握大气环境生态工程的定义、范畴和研究对象，并理解其中的基本理论。

　　**理论储备**：了解如何监测和评估大气中的污染物和污染源，掌握大气污染控制的基本技术和措施，包括大气污染物的排放控制、治理设施的设计和管理方法等。

　　**课程思政**：深入了解大气环境的重要性和生态系统的脆弱性，培养环境保护意识，传播生态文明观念，倡导绿色发展理念；培养团队合作意识和沟通交流能力，提高团队协作和协同创新能力，能够为解决复杂的大气环境问题提供合作方案和途径。

　　**能力需求**：能够运用大气生态系统保护和修复的相关技术和方法，包括生态系统的保护、恢复和改造措施等。

## 8.1　大气环境污染与生态工程概述

　　党中央、国务院高度重视大气污染防治工作。习近平总书记指出，蓝天保卫战是污染防治攻坚战的重中之重，要以京津冀及周边、长三角、汾渭平原等重点区域为主战场，大力推进挥发性有机物、氮氧化物等多污染物协同减排，持续降低细颗粒物浓度。为深入贯彻党中央、国务院决策部署，生态环境部会同国家发展改革委、工业和信息化部、交通运输部等26个部门联合制定了《空气质量改善行动计划》，并于2023年11月30日由国务院印发实施。这是国家继《大气污染防治行动计划》《打赢蓝天保卫战三年行动计划》之后发布的第三个"大气十条"。人民群众的健康和福祉与空气污染息息相关,应促进环境空气质量持续改善,不断增强人民群众的蓝天幸福感。

空气中存在各种污染物质,如二氧化硫、氮氧化物、颗粒物、挥发性有机物等,当这些污染物质的浓度超过环境承载力时,可对人体健康和生态系统造成危害。目前,大气环境污染已对人类健康造成了严重的影响,包括引发呼吸系统疾病、心血管疾病、癌症等。2013年,世界卫生组织下属国际癌症研究机构发布报告,首次指出大气污染对人类的致癌作用,并视其为普遍和主要的环境致癌物。

大气污染导致了多种环境问题,包括光化学烟雾、酸雨、温室效应和臭氧层破坏。其中温室效应特别受到关注,它是由二氧化碳和甲烷等气体吸收地面释放的大量长波热辐射引起的,会导致地球表面温度升高。全球变暖引发冰川融化、海平面上升和极端天气,对地球的自然生态和人类社会产生重大影响;气候变化可能破坏生物栖息地和食物链,导致物种灭绝和生态平衡破坏;极端气候事件如干旱、洪水和热浪会损害农作物和渔业资源,引发经济损失和粮食安全问题。此外,气候变化还可能对人类健康产生直接和间接的影响。

大气环境生态工程利用生态系统的自净能力,通过调整和优化生态系统结构、功能和过程,改善大气环境质量和减少大气污染物的排放,从而保护人类健康和生态环境。

## 8.1.1　大气环境污染及其影响

大气环境污染是指空气中存在的有害物质或污染物超过一定浓度,对人体健康和环境造成负面影响的现象。以下是大气环境污染的常见形式及其影响。

### 8.1.1.1　颗粒物污染

可吸入颗粒物($PM_{10}$)和细颗粒物($PM_{2.5}$)会进入人体呼吸系统,引起呼吸道疾病、心血管问题和肺部损害。$PM_{2.5}$是指环境空气中直径小于或等于$2.5\mu m$的颗粒物,包括空气中悬浮的微小固体颗粒或液滴,其来源包括燃烧过程(如汽车尾气、电力厂排放、工业生产等)、道路尘埃、建筑工地、农业活动以及天然源(如风扬起的尘土、花粉)等,其成分包括有机物、元素碳、硝酸根离子、硫酸根离子等(图8.1)。

$PM_{2.5}$颗粒物的直径较小,因此可以在空气中悬浮较长的时间,并深入到呼吸道的更深部位。短期暴露于高浓度的$PM_{2.5}$可能导致眼部和呼吸道刺激、咳嗽、喉咙痛等。而长期暴露于高浓度的$PM_{2.5}$会增加患心血管疾病、呼吸系统疾病、肺癌等疾病的风险。

为了减少PM$_{2.5}$对健康的影响,许多地方都采取了控制颗粒物排放、改善空气质量的措施,例如加强工业排放控制、限制车辆尾气排放、开发清洁能源等。此外,人们也可以采取个人防护措施,如佩戴口罩、保持室内空气清洁等,以减少暴露于高浓度PM$_{2.5}$的风险。

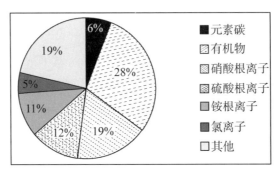

图8.1　PM$_{2.5}$组分(资料来源于人民日报;由国家大气污染防治攻关联合中心提供)

#### 8.1.1.2　臭氧污染

尽管臭氧在高层大气中具有保护作用,但在地面层形成的臭氧却是一种有害的污染物。高浓度的地面臭氧会导致呼吸困难、咳嗽和气喘等健康问题,长期暴露还可能引发慢性呼吸道疾病、肺功能降低、心血管问题和免疫系统问题,也会对农作物和其他植物造成损害,影响农业产量和生态环境。臭氧的主要形成过程是光化学反应,即在太阳光照条件下,NO$_x$和挥发性有机物(VOCs)在大气中反应生成臭氧。这些NO$_x$和VOCs的来源包括工业排放、交通尾气、油漆和有机溶剂等。在夏季,高温和强光促进臭氧生成,臭氧污染加剧。应对措施主要是减少NO$_x$和VOCs排放,包括优化交通、限制工业排放、使用清洁能源、推广低污染产品和生产工艺。对于个人,则建议避免在污染严重的环境中或强烈阳光下长时间活动。

#### 8.1.1.3　二氧化硫污染

二氧化硫的过量排放会导致大气污染,尤其是在工业和交通领域。二氧化硫污染可引发酸雨、损害生态系统、影响农作物,并可能引起呼吸问题。控制二氧化硫污染对保护环境和健康至关重要。应对措施包括使用清洁能源、改进工业过程、安装脱硫设备、执行排放标准、加强监测和执法。个人也可通过减少能源消耗和使用清洁能源来减少二氧化硫排放。

#### 8.1.1.4　氮氧化物污染

氮氧化物污染是指大气中氮氧化物浓度超过安全水平,对环境和人体健康产生负面影响的现象。造成大气污染的主要是一氧化氮(NO)和二氧化氮(NO$_2$)。氮氧化物主要来自煤炭、石油、天然气燃烧和工业排放,尤其是在交通和电力行业。农业活动,如化肥使用和养殖业,也是排放源之一。氮氧化物污染会破坏臭氧层、引发酸雨、产生大气颗粒物,以及影响生态系统和生物多样性;对人体健康,特别是呼吸和心血管系统也有严重危害。

### 8.1.1.5　一氧化碳污染

一氧化碳是一种无色、无味、无臭的有毒气体。它是燃烧过程中产生的主要废气之一,主要来源包括汽车尾气、工业生产和家庭燃烧等。当人体吸入过量的一氧化碳时,它会与血红蛋白结合,降低血液的氧气运输能力,导致组织和器官缺氧,严重时可导致中毒甚至死亡。一氧化碳也会对大气环境产生负面影响,它是形成臭氧和细颗粒物的前体,会加剧大气污染问题。

大气污染危害人体健康和生态系统,破坏植被、水体和土壤,威胁生物多样性,并加剧全球气候变化。厄尔尼诺是太平洋赤道地区海水温度异常升高的现象,可导致全球性异常天气,如干旱、洪涝、风暴和高温,影响农业、渔业、水资源和生态系统,从而影响社会经济和人类生活。研究人员通过监测和研究厄尔尼诺事件,利用气候模型和数据分析预测其影响,帮助各国准备应对措施。

## 8.1.2　生态工程在大气环境治理中的作用和意义

生态工程在大气环境治理中发挥着重要的作用。生态工程包括湿地、湖泊、森林等自然系统的恢复和建设,这些生态系统可以吸收和净化空气中的污染物,帮助减少大气污染物的释放和扩散,其具体作用表现在以下几个方面:

植被对调节大气气体浓度和降低颗粒物浓度水平至关重要。通过光合作用,它们吸收二氧化碳并释放氧气,有助于控制气候变化。同时,植被还能吸附和储存甲烷和氧化亚氮等其他温室气体,减少它们对大气的损害。此外,植被能捕获尘埃和污染颗粒,降低空气中的颗粒物浓度,对改善空气质量、预防健康问题有重要作用。因此,保护和恢复植被是提升空气质量的关键措施。

生物滞留池和湿地是人工构建的水体系统,这些系统利用植物、微生物和土壤的生物和化学过程来处理和降解污染物。如在生物滞留池和湿地中,植物起到了重要的作用,它们通过吸收和固定颗粒物以及吸收二氧化碳,降低空气中的颗粒物和温室气体含量。此外,湿地中的微生物也参与了氮氧化物的降解和转化过程,有助于改善空气质量。

绿色屋顶,也称生态屋顶或草屋顶,是建筑物顶部种植植被的措施,有助于城市绿化和环境改善。它能吸收二氧化碳和有害气体,改善空气质量,降低城市热岛效应。植被的蒸腾作用和蓄水效应有助于降低建筑物表面温度,改善城市气候。此外,绿色屋顶还能减少雨水径流,帮助洪水控制,改善隔音效果,增加野生动物栖息地。

图8.2 绿色屋顶建筑"塔帕屋"(taperá house)

大气环境生态工程恢复和保护生态系统,提供净化空气、调节气候、维护生物多样性等服务,对可持续发展至关重要。此外,它支持环境监测和管理,通过监测网络和数据分析系统实时监测大气环境变化,为环境政策提供依据;还能够推广绿色技术,促进环境保护与经济协调发展。综上,大气环境生态工程在提供生态服务、支持环境监测和管理方面具有深远意义,有助于保护生态系统健康,促进人与自然和谐共生,为可持续发展目标的实现提供基础。

### 8.1.3 大气环境生态工程的发展历程

大气环境生态工程的发展历程可以追溯到20世纪初的环境保护运动以及20世纪50年代的环境生态学研究。其主要发展节点如下。

①20世纪70年代。随着环境污染问题的日益严重,人们开始关注和研究大气环境治理的生态学方法。生态学家和环境科学家开始探索生态工程在大气环境治理中的应用,如植被恢复、湿地建设等。

②20世纪80年代。这个阶段是大气环境生态工程发展的关键时期。研究人员深入探索和推广生态系统在大气污染物去除中的作用,以及人工生态系统在大气环境修复中的潜力。相关研究和实践纷纷涌现,生态工程在大气环境治理中的效果逐渐被认可。

③20世纪90年代。在这一阶段,随着环境保护意识的进一步提升,全世界对大

气环境生态工程的研究和实践再度扩大。逐渐形成了以气溶胶和颗粒物控制、植物吸收废气和湿地处理为核心的大气环境生态工程技术体系。

④2000 年至今。进入 21 世纪,大气环境生态工程得到了更为广泛的应用和推广。各国政府和机构纷纷加强政策法规的制定和实施,促进生态工程在大气环境治理中的应用。同时,科学技术的进步也为大气环境生态工程的发展提供了更多支持,如遥感技术、环境模拟和监测等。

总体而言,大气环境生态工程在过去几十年间经历了不断的研究与实践,逐渐形成了一套完整的技术体系,并在大气环境治理中发挥着越来越重要的作用。未来,随着环境问题的不断加剧,大气环境生态工程有望得到更大的发展和应用,为解决空气污染问题提供更多有效的解决方案。

# 8.2　大气环境污染治理技术

治理大气污染可采取多种技术。包括控制污染源排放,如烟气脱硫、脱硝、除尘,以及工业排放的固废焚烧、生态化工处理和工艺改造;使用湿式除尘器、静电除尘器和活性炭吸附设备等净化设备去除大气污染物;利用植被绿化、湿地修复和水体净化等自然生态技术净化空气;推广低碳能源,提高能源效率,减少温室气体排放;优化建筑能源使用和城市布局,降低能源消耗;加强监测和评估,及时了解污染情况,指导治理工作。

## 8.2.1　大气污染物的种类和来源

大气污染物主要来自于各种人类活动和自然过程,一些常见的大气污染物的种类和来源如下。

汽车尾气排放:包括二氧化碳、一氧化碳、氮氧化物、挥发性有机物和颗粒物等。

工业排放:包括燃煤、燃油和化学品生产等过程中释放的二氧化硫、氮氧化物、颗粒物、挥发性有机物等。

燃烧排放:包括家庭燃烧、垃圾焚烧和野外火灾等产生的二氧化碳、一氧化碳、氮氧化物、颗粒物和挥发性有机物等。

农业活动:包括化肥使用、农药使用和畜禽养殖等过程中产生的氨气、甲烷和氮氧化物等。

化学品释放:包括工业生产、废弃物处理和化学品使用等过程中释放的有机化合物和挥发性有机物等。

自然释放:包括火山喷发、植物挥发和生物活动等过程中产生的二氧化碳、一氧化碳、甲烷和氮氧化物等。

不同污染物对环境和人体健康的影响不同。如二氧化硫、氮氧化物和颗粒物主要导致大气酸化、雾霾和呼吸系统疾病;挥发性有机物和臭氧则会引发光化学烟雾。这些污染物对大气环境的影响与其浓度有关,并且它们相互之间也存在复杂的交互作用。因此,减少大气污染物的排放和控制其浓度是保护环境和人类健康的重要举措。

## 8.2.2 大气环境污染治理常用技术

### 8.2.2.1 排放控制技术

通过在排放源头对污染物进行捕集、净化和处理来减少大气污染物的排放。常见的排放控制技术包括烟气脱硫、脱氮、除尘等技术。烟气脱硫的原理是让烟气中的二氧化硫与碱性吸收剂(如石灰石乳浆、石膏乳浆等)接触反应,将二氧化硫转化为石膏或其他无害物质,以降低二氧化硫排放量。烟气脱氮则是在燃烧过程中注入氮氧化物还原剂(如氨水、尿素溶液等),使其转化为氮气和水蒸气,从而减少氮氧化物的排放。除尘技术是指利用颗粒物捕集装置(如静电除尘器、布袋除尘器、湿式电除尘器等)来捕集烟气中的颗粒物,防止其直接排放到大气中。

### 8.2.2.2 车辆尾气治理技术

车辆尾气治理技术主要包括安装尾气净化装置(如三元催化转化装置和颗粒捕集装置)和实施尾气排放控制技术两方面。三元催化转化装置是一种利用催化剂促使一氧化碳、氮氧化物和不完全燃烧产物在化学反应中转化为无害物质的装置。颗粒捕集装置是一种捕捉汽车尾气中颗粒物(如炭黑、金属颗粒等)的装置,其通过过滤和捕集的方式,减少颗粒物的排放。汽车尾气排放控制技术包括汽车发动机的优化设计、燃料改进、替代燃料使用、电动车辆的推广等,目的是降低尾气排放量和改善尾气质量。这些技术的应用可以有效减少车辆尾气中的有害物质排放,减少空气污染和健康风险,促进交通环境的改善。政府和汽车制造商都在大力推动车辆尾气治理技术的研发和应用,以降低汽车尾气对环境的负面影响。

### 8.2.2.3 低碳能源利用技术

采用清洁、低碳的能源替代高碳能源,包括推广可再生能源、提升能源利用效率和研发低碳燃烧技术等。可再生能源包括风能、太阳能、水能、生物能等,这些能源的利用不会产生温室气体,并且具有可再生性。通过提升能源利用效率,减少能源浪费。例如,改善建筑物的保温隔热性能,使用高效节能的电器和设备等。低碳燃烧技术是指利用燃烧技术降低碳排放的方法。例如,采用高效燃烧设备和技术,进行低碳燃烧,可减少燃料的消耗和碳排放。此外,还有其他低碳能源利用技术,如碳捕集与储存技术、核能利用技术等。这些技术的应用可以提供更清洁、可持续的能源供应,减少对传统煤炭、石油等高碳能源的依赖,有助于改善环境质量、减缓气候变化。目前,全球各国都在加大低碳能源利用技术的推广和应用力度。

### 8.2.2.4　煤矿瓦斯利用技术

煤矿瓦斯的综合利用可以减少温室气体排放,如瓦斯抽采、利用和燃烧等处理手段。瓦斯抽采是指通过井口或巷道等将煤矿中的瓦斯抽出,并进行安全处理。瓦斯抽采技术包括直接抽采、间接抽采和混合抽采等,可以有效地降低瓦斯爆炸的风险,减少矿井事故的发生。瓦斯利用和燃烧是指将抽采出来的瓦斯进行利用,以减少瓦斯的排放。其主要技术包括瓦斯燃烧发电、瓦斯热利用和瓦斯化工利用等。通过高效的燃烧设备和燃烧控制系统,可以利用瓦斯产生电力或热能,减少对传统能源的需求。瓦斯处理技术主要包括脱硫、除尘和分离等工艺。这些工艺可以将瓦斯中的有害物质(如硫化氢、烟尘等)去除,提高瓦斯的纯净度和利用效率。煤矿瓦斯利用技术的实施可以减少温室气体的排放,降低环境污染,同时提高能源利用效率。在实际应用中,需要根据矿井的特点和技术条件,选择适合的瓦斯利用技术,并加强瓦斯抽采和瓦斯处理的管理和监控,以确保安全运行和环境保护。

### 8.2.2.5　锅炉清洁化技术

锅炉清洁化技术主要指采用高效、清洁的燃烧技术,减少锅炉燃烧过程中的污染物排放。高效的锅炉燃烧器通常具有科学的燃烧室设计和燃烧控制系统,可以提高燃料的燃烧效率,充分利用燃料的能量,减少燃料的浪费和氮氧化物、颗粒物等污染物的排放。在实际应用中,需要根据锅炉的特点和实际情况,选择适合的清洁化技术,并合理优化锅炉运行参数,以达到最佳的清洁效果。

### 8.2.2.6　生物降解技术

微生物能降解空气污染物,两种常用方法是生物滤池和生物反应器。在生物滤池中,滤料层由有机或无机物构成,为微生物提供生长环境。污染空气穿过滤料层,其中的污染物即被微生物降解;合适的湿度、温度和氧气浓度可提升降解效率。生物反应器可为微生物提供适宜的环境条件,如适宜的温度、湿度和 pH 值,以悬浮式、固定式或流化床式的设计处理空气污染物。在采用生物反应器处理空气污染物时,需选择合适的微生物菌株,确保处理效果和效率,并妥善处理废水或废气以避免二次污染。

### 8.2.2.7　预防和治理措施

为预防和治理大气污染,需重点采取以下措施。建立完善的大气监测网络,及时掌握空气质量状况与污染源,采取预警和控制措施。制定严格的污染物排放标准,整治不达标企业。完善大气环境保护法律体系,严格执法,严惩违法排放。提升公众环保意识,倡导低碳生活,鼓励公众参与环保行动。推动污染治理技术研发,推广清洁能源和低污染技术,减少污染物排放。加强国际合作,共享技术和经验,促进全球大气污染治理。

# 8.3　大气环境生态修复工程

## 8.3.1　大气环境生态修复工程的基本原理及应用

### 8.3.1.1　植被的作用

通常情况下,种植或恢复植被可提升覆盖率,减少土壤侵蚀、水分蒸发和颗粒物扩散,改善空气质量。然而,也有研究显示城市树木在热浪期间可能加剧空气污染。例如,城市灌木释放的化学物质在气温上升时可与一氧化氮等化合物反应形成地面臭氧,导致空气污染。

### 8.3.1.2　湿地的吸附降解作用

湿地具有较强的气体吸附和氧化能力,能够吸附并降解空气中的有机污染物和重金属等有害物质。通过恢复湿地,可以减轻大气中的污染物负荷。此外,城市湖泊湿地热容量巨大,对局地温湿环境的调节作用显著,其中,湿地环境的空气湿度变化将导致空气颗粒物发生吸湿增长、沉降,多数研究发现城市中自然植被和水体丰富的区域具有较低的颗粒物浓度。

### 8.3.1.3　水体的净化作用

修复水体生态系统本身不能直接改善空气质量,但可以间接地对水体周围空气质量产生影响。修复水体生态系统可以减少有害物质的输入,改善水体的自净能力,从而降低水体中污染物的浓度。当水体中的污染物减少时,水体在蒸发过程中向大气释放的污染物也随之减少,同时水体与大气之间的污染物交换作用减弱,从而降低了空气中污染物的来源。此外,通过修复水体生态系统,可以抑制水体中藻类的过度生长,减少富营养化现象;同时,周围空气中的挥发性有机物和颗粒性污染物的浓度也将得到改善。

### 8.3.1.4　有机物的降解作用

农业有机废物和生活垃圾等若处理不当,会分解产生甲烷和二氧化碳等温室气体,加剧气候变化和空气污染。采用堆肥、厌氧消化等技术,可促进废物降解,将其转化为稳定形式,减少有害气体排放。这样不仅能降低大气中有机污染物浓度,改善空气质量,还能减少土壤和水体污染,保护生态系统。

### 8.3.1.5　生物多样性的保护

提高生物多样性有助于提升生态系统的稳定性和抵抗力,增强其对气候变化的适应性和生态服务功能,如氧气供应和空气净化,从而改善空气质量。此外,提高生物多样性还能减少农药使用和环境污染,改善土壤和水质。因此,保护生物多样性是保护生态系统和改善大气环境的关键策略。

## 8.3.2　大气环境生态修复工程的效果评估

### 8.3.2.1　空气质量改善

通过监测大气污染物的浓度和空气质量指数(AQI),评估生态修复工程对空气质量的改善效果。空气质量指数是根据不同污染物的浓度综合计算得出的一个指数,用于评估空气质量的优劣程度。空气质量指数一般包括六个级别,从优到劣分别是优、良、轻度污染、中度污染、重度污染和严重污染。比较修复前后的数据,可以评估修复工程对大气污染的减少程度。空气质量指标通常包括大气中各种污染物的浓度,如颗粒物($PM_{2.5}$和$PM_{10}$)、臭氧、二氧化硫、二氧化氮、一氧化碳等的浓度。这些污染物是常见的大气污染物,其浓度的高低直接影响空气的质量。

### 8.3.2.2　生态系统功能恢复

评估生态修复工程对生态系统功能的影响,主要通过监测物种丰富度和生态系统稳定性等指标来实现。对物种丰富度的监测应关注修复区域内物种数量和多样性,包括植物、动物和微生物,以及不同物种组成和相对比例的变化;需特别注意优势物种或关键物种的引入情况;监测功能群比例和组成,如草本、灌木、乔木等,以及它们对生态系统功能的影响。评估生态系统的稳定性,包括物质循环的持续性、物种间相互作用和能量流动的稳定性;监测生物量和生产力的变化,以评估修复工程对生态系统功能恢复和提升的效果。

### 8.3.2.3　天然资源保护

评估修复工程对天然资源保护的效果,主要应关注土壤和水资源。监测土壤质量指标,如有机质、养分、结构和酸碱度,以及土壤侵蚀情况,以评估土壤保护效果;同时,检测土壤中有害物质含量,如重金属和农药,以评估土壤污染的改善效果。监测水体水质指标,包括pH值、溶解氧和营养盐含量,以及水量和水位变化,评估修复工程对水质提升和水资源保护的贡献。此外,还需评估修复工程对地表径流和地下水补给的影响。

#### 8.3.2.4 社会经济效益

评估修复工程的社会经济效益,包括评估修复工程对旅游业、可持续发展水平等方面的促进作用等。评估修复工程对当地旅游业的影响,包括游客数量、旅游支出、旅游业就业机会等。比较修复前后旅游业的状况,分析修复工程对旅游业增长的贡献。评估修复工程对当地经济、社会和环境可持续发展目标实现程度的影响;分析修复工程对当地可再生能源产业、绿色产业等的促进作用;考虑修复工程对当地就业机会的影响,包括直接和间接就业;评估修复工程的投资回报以及长期经济效益。比较修复工程前后的经济情况,包括社区收入、财产等方面的变化。分析修复工程对当地基础设施的影响,考虑其对商业和产业发展的促进作用。

#### 8.3.2.5 政策落地情况

评估修复工程政策的实施效果,包括其有效性、社会参与度等。比较政策目标与实际效果,分析政策制定的目标、指标和评估机制。评估政府资金、税收减免等支持措施的有效性。考虑各利益相关方,如政府、企业、社区和其他非政府组织的参与程度,以及政策制定过程中各方意见的纳入情况。评估社会对政策的接受度和在政策落地过程中参与度,以及政策对经济、社会和环境可持续发展的影响。分析政策对社会公平和福利的影响,特别是对弱势群体的保护和支持情况。

评估大气环境生态修复工程的效果,需要进行定性和定量分析,应结合大气污染监测数据、生态学调查数据、社会经济统计数据等多方面的信息,综合考量各项指标。

# 8.4 大气环境生态系统服务功能

大气环境生态系统服务功能涉及其对人类和全球生态系统的有益服务。它通过调节太阳能辐射来控制地球温度,通过影响蒸发、凝结、降水来调节地表水分,维持湿度平衡。气流循环和辐射共同作用于热量与水分的传递,通过垂直运动与跨纬度输送缓解温度和湿度的分布不均,形成全球大气环流系统,实现温度调节。大气环境生态系统服务功能影响着全球气候,对全球生态系统和人类社会的稳定与可持续发展至关重要。因此,保护和改善大气环境质量是全球环境保护的关键议题。

## 8.4.1 大气环境生态系统概述

大气环境生态系统是一个大气、陆地和水体相互作用的生态系统。它涉及大气层、陆地生态系统和水生生态系统,三者通过物质循环、能量流动紧密连接。

大气层是大气环境生态系统的重要组成部分,涵盖了大气成分(氧气、氮气、二氧化碳等)、大气温度、大气湿度等特征。大气层对于维持生物生存和发展至关重要,但其同时也是大气污染的传播和扩散场所。

陆地生态系统包括森林、草地、湿地和农田等,它们在大气环境生态系统中具有重要的功能和作用。森林和草地可为生物提供栖息地,是食物链的基础,还可通过光合作用吸收二氧化碳并释放氧气,净化空气中的颗粒物和有害气体。湿地能够净化空气中的有害气体,吸附颗粒物等污染物,具有调节降雨和储存水资源的功能。农田则通过人类的耕作和种植活动,参与大气中的碳氮循环过程。

水生生态系统包括河流、湖泊、湿地和海洋等,它们在大气环境生态系统中扮演着重要角色。如湖泊和湿地能够净化水体中的污染物,为生物提供栖息地和繁殖场所;海洋对于大气中的二氧化碳的吸收和封存有重要作用,同时也是气候调节和生物多样性的重要保障。水生生态系统通过水循环和生物活动,参与大气中的水分和能量的交换。

大气环境生态系统是一个内部组分相互作用并具有自我调节机制的复杂系统。保护和修复大气环境生态系统对于减少污染物排放、改善空气质量和保护生物多样性具有重要意义。

## 8.4.2 大气环境生态系统的服务功能

大气环境生态系统具有重要的服务功能,对人类和其他生物有着重要的影响和贡献。

### 8.4.2.1 空气净化

大气层通过自然气候和生物活动净化空气。温度变化、风和降水等自然现象是关键机制,影响着颗粒物和污染物的分布与沉降,如大气中的颗粒物和污染物会随降水沉降到地面,减少其在空气中的浓度,从而净化大气环境。植被通过光合作用吸收二氧化碳,释放氧气,同时吸附和降解颗粒物和有害气体,净化空气。

### 8.4.2.2　水循环调节

大气环境生态系统对水循环和调节至关重要。它通过蒸发和降水等过程,调节水资源分布。太阳能驱动水蒸发形成水蒸气,随后在气温下降或大气饱和时凝结成水滴,形成降雨。雾和云是水资源的一部分,雾由悬浮的微小水滴构成,云则是水蒸气凝结成的水滴或冰晶集合体,它们通过降水返回地面,维持水循环。

### 8.4.2.3　气候调节

气候是地球生态系统运行的重要驱动因素,对地球生态系统的重要性不可忽视。气候的变化会对物种的生存、繁衍和迁徙产生重要影响,可能导致物种灭绝或产生适应性变化。大气环境能够影响温度、湿度、气流等要素,对全球气候具有调节作用。

### 8.4.2.4　生物多样性维护

大气环境提供栖息地和迁徙通道,支持各类动植物的生存和繁衍,维持生物多样性的稳定和健康。生物多样性不仅体现了自然界的美丽,也对生态平衡、物种适应和生态系统功能具有重要作用。保护大气环境,支持各类动植物的生存和繁衍,是保护生物多样性的重要措施。

### 8.4.2.5　自然资源提供

风能和太阳能是可再生能源,可通过风力发电机和光伏发电设备转化为电能和热能。利用这些能源可以减少化石燃料的使用和温室气体排放,对抗气候变化,对实现可持续发展和环境保护至关重要。

总之,大气环境生态系统的服务功能是多样且重要的,它为人类提供了空气净化、水资源调节、气候调节、生物多样性维护和自然资源提供等重要服务。因此,保护和维持大气环境生态系统的健康和平衡对于人类的可持续发展至关重要。

## 8.4.3　大气生态系统服务功能的评估和价值化

评估大气生态系统的服务功能有许多方法和指标。以下是一些常用的方法和指标。

### 8.4.3.1　生态系统服务价值评估

生态系统服务价值评估是将大气生态系统的服务功能转化为经济价值的一种方法。通过该方法,可以计算大气生态系统对人类社会的经济贡献,例如净化空气和调节气候的效益、所提供水资源和食物的价值等。

### 8.4.3.2 成本-效益分析

成本-效益分析是一种将大气生态系统服务功能的成本与效益进行比较的方法。在考虑大气生态系统的服务功能时,成本-效益分析可以帮助评估保护、恢复或改善大气生态系统所需的投入与从中获得的回报之间的关系。成本包括直接成本和间接成本。直接成本是指用于保护、恢复或改善大气生态系统服务功能的资金、劳力和资源等;间接成本可能包括环境损失、健康影响等难以直接量化的成本。效益也分为直接效益和间接效益。直接效益可以通过大气质量改善、污染物排放下降等方面体现;而间接效益可能包括提升生态系统健康、改善气候、促进生产力等方面的收益。大气生态系统的成本-效益分析可以帮助政府、企业和社会组织更好地理解投入与回报之间的关系,制定更有效的保护和管理策略,促进可持续发展和生态平衡。

### 8.4.3.3 自然资本会计

自然资本会计是一种将大气生态系统的服务功能纳入经济核算的方法。通过自然资本会计,可以更全面地评估和记录大气生态系统的服务功能对经济和社会的贡献,包括空气净化、气候调节、碳汇等。这些服务对人类福祉和经济发展具有重要作用,但通常在传统的经济核算中被忽视或低估。将大气生态系统服务功能的价值纳入经济核算,可以更好地反映生态环境对经济的支撑和影响。这有助于政府、企业和社会更好地认识到生态环境的重要性,促进可持续发展战略的实施和生态环境的有效管理。

### 8.4.3.4 生态系统健康指标

生态系统健康指标可以用来评估大气生态系统的健康和功能。例如,通过监测空气质量、温室气体排放量、植被覆盖率等指标,可以评估大气生态系统的状况和服务功能的变化。监测大气中颗粒物、臭氧、二氧化硫等污染物的浓度可以评估空气质量,从而揭示大气生态系统受到污染的程度。监测二氧化碳、甲烷、氧化亚氮等温室气体的排放量有助于评估大气生态系统对气候变化的贡献。监测植被覆盖率和植被结构可以获取植被的健康状况,及其对大气生态系统的影响,例如吸收二氧化碳、调节气候等。

大气生态系统的服务功能和价值不仅局限于经济层面,还包括社会和生态层面。因此,在评估和价值化大气生态系统的服务功能时,需要综合考虑多个维度和利益相关方的观点。

# 8.5　大气环境生态工程的可持续发展

大气环境生态工程的可持续发展旨在改善空气质量,确保生态系统的健康和可持续性。关键在于保护和修复湿地、森林等生态系统,增强它们的净化和气候调节功能。主要手段是实施管理措施减少人类活动对生态系统的破坏,确保生态系统服务的持续提供。具体包括:发展清洁能源、提高能源效率、促进可持续交通等措施减少对化石燃料的依赖;推广节能减排技术,减少工业和农业对大气的负面影响;加强大气环境管理,建立相关法规和政策,规范排放;监测大气质量,及时解决污染问题,强化污染源管理;加强国际合作,共同应对大气污染和气候变化。此外,可持续发展需要政府、公众和利益相关者的共同努力,应提高公众意识,鼓励全社会参与环境保护,加强政府、企业、社区和非政府组织间的合作。

## 8.5.1　大气环境生态工程的可持续性原则

大气环境生态工程的可持续性原则强调以下几点:综合规划以减少对生态系统的干扰;优先保护和恢复生态系统;利用可再生资源以降低能耗;鼓励社区参与;支持技术创新;建立监测评估体系;加强教育宣传。这些原则旨在确保项目的长期可持续性,并对大气环境产生积极影响。

## 8.5.2　大气生态工程技术的创新与发展

大气生态工程技术的创新与发展是为了提高其效率和效果,解决空气污染和气候变化等环境问题。大气生态工程技术的创新与发展有以下几个方向。

①空气净化技术创新。科技发展推动了空气净化技术的创新,如利用电除尘和光催化氧化等技术降低空气中的颗粒物和有害气体含量,改善空气质量。电除尘技术通过静电力吸附颗粒物,而光催化氧化技术利用光能激活催化剂促进有害气体分解。这些技术在工业和民用领域得到广泛应用。此外,生物过滤、等离子体和纳米材料技术等其他创新方法也在不断研发中。随着技术进步和成本降低,高效空气净化设备将更普及,为人们提供更清洁健康的生活环境。

②植物修复技术创新。研究和推广对大气污染物具有吸附和还原作用的植物物种,优化其栽培和管理技术,提高植物修复的效果和规模。

③水体修复技术创新。将水体调整和大气净化相结合,开发和应用新型水体修复技术,如湿地净化、生物过滤等,以减少大气污染物对水体的二次污染。

④可再生能源应用创新。加强对太阳能、风能等可再生能源的开发和利用,并

在大气环境生态工程中推广应用,减少对传统能源的依赖。

⑤智能监测与控制技术创新。将智能监测和控制技术同物联网和人工智能技术相结合,旨在开发智能大气环境监测和治理系统。这些系统可实时监测大气环境,智能分析数据,发出预警,并采取治理措施。它们通过物联网技术连接监测设备,形成信息共享网络,收集污染物数据并传输至中央系统。人工智能技术可智能化处理数据,识别污染趋势,预测污染事件,并提出预警。这些系统还能精确控制污染源,自动调整减排设备或发出减排指令,确保排放安全。在特定场景下,能结合GIS和移动通信技术,实现污染源的实时追踪和动态管理。

⑥基于生态系统的综合治理技术创新。整合生态学、环境科学和工程技术,采用生态工程手段,建立具有自净和自修复能力的大气环境生态系统。

⑦跨界合作与创新。促进学术界、产业界和政府部门之间的交流与合作,共同研究和推动大气生态工程技术的创新与应用。

综上所述,通过技术创新与发展,大气生态工程可以更好地净化空气、保护生态系统,从而改善人类居住环境,实现可持续发展。

### 8.5.3　大气环境生态工程的政策和管理措施

加大对违反大气污染防治法规行为的处罚,确保企业和个人遵守环保法规。建立督查检查机制,对大气污染源进行监督检查,及时发现并处理问题。实时监测大气污染物浓度和空气质量,建立覆盖广泛的监测网络,确保数据的准确性和公开性,提高公众对空气质量的关注度。实施减排管理措施,减少污染物排放,推动产业结构调整和绿色发展。制定严格排放标准,加强监督检查,实施在线监控系统,制定激励政策鼓励企业减排。通过生态修复提高大气净化能力,种植植被、保护湿地、建设城市绿地,加强对自然生态环境的保护。加强跨区域合作,建立联防联控机制,共同应对大气污染,促进信息共享和技术交流。鼓励科技创新,增加科研投入,建立科研平台和创新联盟,培养专业人才,推动技术进步。举办环保活动,普及环保理念,提升公众环保意识,提高公众环保知识储备,建立公众参与机制,促进公众直接参与大气环境保护。

## 8.6　案例介绍

许多城市都面临着大气污染问题,因此,一些城市开展了绿色城市项目来改善大气环境质量。绿色城市项目会推广使用可再生能源,如太阳能、风能等,用于城市的能源供应,减少对传统化石能源的依赖,降低碳排放;增加城市绿地和树木数量,提高城市的绿化率,吸收二氧化碳、净化空气、缓解城市热岛效应,改善城市空气质量;推广城市公共交通工具,鼓励步行和自行车出行,减少汽车尾气排放,缓解城市交通拥堵状况,改善空气质量;推广绿色建筑技术,提高建筑能效,采用节能减排措施,降低建筑能耗,减少碳排放。总的来说,通过实施绿色城市项目,可以有效改善环境质量,提升居民生活品质,同时也可为城市可持续发展贡献力量。

## 8.6.1　杭州三江汇地区绿色城市

三江汇地区位于钱塘江、富春江、浦阳江三江交汇核心区域,也是著名的《富春山居图》的起源地。作为杭州"南启"战略关键区域,三江汇地区将成为展示城市魅力和创新生活的重要平台。该区域总面积约34.3km²,三面临江,沿岸线长达16.3km,内部河道交错,绿地覆盖率超过40%。东部和南部分布着大量具有历史、文化、农业和生态价值的圩田区域。凭借得天独厚的地理位置、丰富多元的生态文化底蕴以及政策支持,该区域具备了推动城市绿色发展的独特优势。

以"当代富春山居"为核心主题的绿色城市设计方案,融合了当地地域文化和可持续发展理念,将绿色城市设计原则融入具体城市规划中。该方案考虑了场地规划愿景、自然环境、产业文化等因素,回应了当前面临的问题与挑战,并提出了四大设计策略(图8.3)。以三江汇地区作为杭州历史和未来的纽带,描绘出一幅独具山水画意的未来田园城市景观,展现出东方城市人文自然的特色,旨在为未来更多地区的绿色城市设计实践提供启示和借鉴。

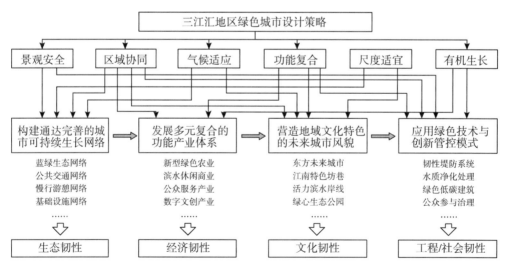

图8.3　绿色城市设计路线

## 8.6.2　温哥华绿色城市

温哥华位于加拿大不列颠哥伦比亚省西侧的低陆平原区,濒临太平洋,是加拿大西部的政治、文化、旅游和交通中心。根据 2022 年加拿大统计局数据,温哥华总面积为 115km²,市区人口约为 66.22 万人。作为加拿大最大的港口城市,温哥华因其便捷的海陆区位和"加拿大雨都"的称号而闻名。然而,该城市面临较高的气候风险,大约有 8% 的土地受到风暴和海水破坏的威胁。人口和城市规模的双重增长趋势,以及全球气候变化带来的洪水、海平面上升、极端高温和森林退化等挑战,都要求温哥华采取更绿色的城市发展模式并增强城市发展的韧性来做出应对。

城市是一个综合系统,碳排放问题牵涉经济、能源、交通、建筑、基础设施等多个领域。为了实现绿色低碳发展,需要在所有领域进行全面规划,确立总体发展路线。绿色低碳发展的核心在于推动建筑、交通、能源等领域产业的转型升级,实现经济发展与环境保护的脱钩,提升城市公共空间和环境品质,为城市注入新动力,吸引人才流入。推动城市绿色低碳发展需要彻底解决过去建设中缺乏整体性、系统性、包容性的问题。

温哥华市议会在 2020 年后制定了以降低能耗、优化可再生能源、开发新能源为核心的绿色发展方向。议会通过了《可再生城市战略》(*Renewable City Strategy*)和《完全废弃物 2040 战略规划》(*Complete Zero Waste 2040 Strategic Plan*)。同时,还制定了与这些战略衔接的《可再生城市行动规划》(*Renewable City Action Plan*)和《气候紧急行动规划》(*Climate Emergency Action Plan*)。

这些战略和规划提出了一系列目标(图 8.4),包括到 2030 年使新建建筑实现碳中和,减少碳排放量 50%;到 2040 年实现"零垃圾社区";到 2050 年实现 100% 使用可再生能源。这些分阶段目标旨在推动温哥华朝着更绿色、更可持续的方向发展,以应对气候变化带来的挑战。

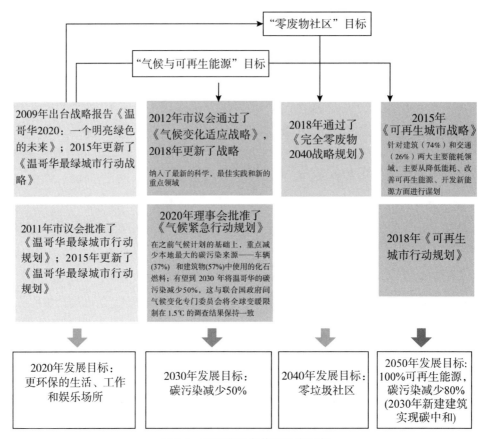

图8.4 温哥华绿色战略分期目标

**【思考题】**

1.大气环境的污染对人类健康和生态系统有何影响？为什么大气环境生态工程对于减少大气污染至关重要？

2.请描述一种大气环境生态工程项目,包括项目的实施步骤、目标和预期效果。这个项目如何帮助减轻大气污染问题？

3.什么是生态修复技术？请列举几种常见的大气环境生态工程中使用的生态修复技术,并解释它们的工作原理。

4.请介绍大气环境中常见的几种污染物及其来源。

5.大气环境生态工程的设计实施需要跨学科的合作,包括环境科学、生态学、工程学等领域。你认为跨学科合作对大气环境保护的重要性是什么？如何促进跨学科合作的有效进行？

6.大气环境生态工程的政策和管理措施包括哪些？

7.大气环境生态系统的服务功能包括哪些？

# 第9章　新型技术与应用

## 9.1　信息工程技术及应用

信息工程技术作为当代社会管理的重要需求和趋势，其发展水平已成为衡量管理现代化的关键标志。将信息工程技术融入环境保护领域，能够显著提升环境管理的效能，打破时间与空间的束缚，推动环境保护及生态工程由传统粗放的指标控制模式向现代精细的技术决策模式转型,从而在形式、内容及技术层面实现质的飞跃。近年来,环境信息工程技术日益成为中国环保工作的核心服务与支持工具,其中,"3S"[遥感(RS)、地理信息系统(GIS)、全球定位系统(GPS)]技术、数据库技术、办公自动化技术、网络建设技术、网络通信技术以及管理信息系统开发技术等领域更是未来工作的重心。

依据信息工程技术的定义,环境信息工程技术是以现代高新技术为依托,以环境信息为研究对象,旨在实现环境管理数字化、网络化和智能化的信息工程技术。其核心技术涵盖环境信息的获取、分析处理及二者集成的技术。本节将重点阐述3S技术在环境生态工程中的实际应用。

## 9.1.1 遥感技术及其应用

### 9.1.1.1 遥感技术概述

(1)遥感技术的定义

RS技术是一种远距离感知技术,在广义层面上,它涵盖了远距离对事物进行探测与感知的各类技术手段。具体而言,RS技术是指在不与物体发生直接物理接触的情况下,利用专门的仪器(即传感器)远距离探测并接收来自目标物体的多种形式的信息(包括电场、磁场、电磁波、地震波等),随后通过信息传输系统进行处理与分析,最终实现对物体及相关现象的属性、空间分布特征及变化规律的识别与解析。

在20世纪60年代,RS技术基于航空摄影测量迅速发展,并随着空间、信息工程技术和电子计算机技术的进步,以及地学和环境学的需求,演变为以人造卫星、宇宙飞船和航天飞机为平台的航天RS技术。该技术实现了对地球资源和环境的立体监测,扩展了人类的观测范围。RS技术在城市规划、资源勘查、环境保护等多个领域展现出了优势和应用潜力,且其应用深度和广度持续拓展,成为推动相关领域发展的重要力量。作为多学科研究的技术支撑,RS技术已成为现代信息工程技术的重要组成部分,具有广阔的发展前景。

(2)遥感技术的特点

作为对地观测的综合性手段,RS技术的诞生与发展源于人类对自然界深入探索与认知的迫切需求,其具有独特且无可替代的技术特性。具体而言,该技术具备以下几方面的显著优势。

大尺度数据获取能力。RS可分为地面遥感、航空遥感(80km以下)和航天遥感(80km以上)。通过航摄飞机或卫星,能够迅速覆盖并捕捉大范围地域的详尽信息。一张陆地卫星图像,其覆盖范围可达3万余平方千米,这种宏观视角对于地球资源评估与环境分析具有不可估量的价值。

高效快速的信息更新周期。得益于卫星围绕地球持续运转的特性,RS技术能够实时捕捉并更新所经区域的最新自然现象数据,从而实现对地理信息的动态监测与实时更新。相较于传统的人工实地测量与航空摄影测量,其信息获取速度之快、周期之短,显得尤为突出。

跨越自然条件限制的信息采集能力。在地球表面,存在诸多自然条件极端恶劣、人类难以涉足的区域,如沙漠、沼泽、高山等。而RS技术,特别是航天RS技术,不受地面条件限制,能够轻松穿越这些障碍,及时获取宝贵的地理资料。

多样化的信息获取手段与庞大的信息量。针对不同任务需求,RS技术可灵活选用不同波段与遥感仪器进行信息采集。从可见光到紫外线、红外线乃至微波,各种波段的应用使得RS技术能够穿透地表、水体等障碍物,深入探索地物内部信息。此外,RS技术所获取的信息量极为庞大,其处理需求已远远超出人力所能及的范围。

### 9.1.1.2　遥感技术在环境生态工程中的应用

RS技术在资源详查、海洋资源利用动态监测、灾害监测与评估、大气污染监测、水污染调查、热效应监测、农林资源调查与开发、生态环境动态监测等多个领域已经得到了较为广泛的应用。但其潜力远未完全释放,正随着技术的不断进步与应用被不断挖掘。

（1）资源详查

在传统资源详查中,RS技术以其高效、精准的特性,大大缩短了勘查周期,降低了人力物力成本。通过高分辨率卫星影像与无人机航拍数据的结合,我们能够清晰地识别出矿产资源的分布、植被覆盖的变化以及土地利用的现状,为资源规划与管理提供了强有力的数据支持。此外,随着人工智能与大数据技术的融入,RS技术还能实时监测资源利用的动态变化,以便及时发现并预警非法开采、过度利用等行为,为资源的可持续利用保驾护航。

（2）海洋资源利用动态监测

海洋资源的开发与利用正成为各国关注的焦点。RS技术凭借其强大的穿透力与覆盖范围,能够深入探索海底地形,监测海洋温度、盐度等环境参数,为海洋油气勘探、渔业资源评估等提供重要依据。同时,面对海洋污染、生态破坏等严峻挑战,RS技术通过监测赤潮、绿潮等海洋灾害的发生与演变,为环境保护部门提供了及时、准确的决策支持。可以预见,随着技术的不断进步,RS技术将在海洋资源开发与环境监测中发挥越来越重要的作用。

### (3)大气污染监测

通过解译大比例尺、高分辨率 RS 影像,可以明确统计出烟囱的精确数量、直径规格及其空间布局,并详细分类记录机动车辆的数量与类型,探讨烟囱活动与燃煤、燃油消耗量之间的关联性,获取它们之间的相关系数。随后,结合城市的气象监测数据,包括风向频率、风速变化等关键因素的相关数据,以及城市的具体环境条件,对城市的大气质量进行全面、科学的评估。

### (4)水污染监测

由于水体中溶解或悬浮的污染成分浓度各异,水体在颜色、密度、透明度及温度等物理特性上产生显著变化。这些物理特性的变化进一步引发了水体反射光能量的不同,从而在 RS 影像上形成色调、灰阶、形态及纹理等特征的显著差异。基于这些 RS 影像所展示的特征,通常能够识别出水体的污染源、污染范围、面积以及污染物的浓度。

### (5)热效应监测

RS 技术可监测地球表面温度、植被和冰川变化,揭示环境趋势,为全球环境变化研究提供关键数据,支持策略制定。在中国,沿海地区及主要内陆城市已成功应用RS 技术,深入研究城市环境,评估环境质量。例如,红外 RS 技术可有效监测城市热岛效应,还能监测河流海水倒灌和污水渗漏,为环境保护提供数据支持。

### (6)农林资源调查与开发

通过高精度 RS 影像和少量野外调查,可以精确掌握农业和林业资源。将这些数据数字化并输入计算机系统,利用 GIS 技术进行深入的空间分析,再结合 GPS 技术即可确定资源的具体位置和数量。采用 RS 技术监测作物生长、土壤湿度和养分,精准评估农田生物量,可为农业生产提供指导。结合气象数据和作物模型,RS 技术还能预测产量,制定灌溉施肥方案,推动农业精细化管理和可持续发展。综上,RS 技术的应用提升了农业效率和资源利用率,促进了生态环境的保护和改善。

### (7)生态环境动态监测

动态监测旨在通过对目标区域在多个时间节点上的生态环境状况进行量化评估与对比分析,揭示出其随时间与空间变化的内在机制与规律,构建其动态变化过程。在生态环境监测领域,通过整合各类卫星 RS 数据中的关键指标,可实现对土地利用模式演变、作物生长周期以及草场健康状况与沙漠化趋势等关键环境因素的深入洞察。有助于更准确地把握生态环境的动态特征,为制定科学合理的环境保护与可持续发展策略提供了强有力的数据支撑与决策依据。

## 9.1.2 地理信息系统及其应用

### 9.1.2.1 地理信息系统概述

**(1)地理信息系统的定义**

GIS是一个在计算机软件和硬件支持下,运用系统工程和信息科学理论,对具有空间内涵的地理数据进行科学管理和综合分析的技术系统。它可为多个领域提供信息,尤其在环境管理和研究中应用广泛。如GIS强大的数据管理和空间分析能力使其在环境生态工程中具有巨大潜力。

**(2)地理信息系统的特点**

基于标准化的原则,GIS为地理数据的维护提供了极大的便利,有效节省了时间和经费。GIS的标准化原则涵盖了支持GIS工作的数据结构及数据交换格式的统一标准化,同时确保了GIS工作基础数据接口的标准化。此外,该原则还包括建立开放地理信息系统(Open GIS)的互操作标准,以及积极探索网络GIS数据和空间数据处理服务的标准方法。

GIS融合了地理学现代理论与计算机技术,其强大的分析能力远超过传统手段。凭借卓越的空间分析能力,GIS在地理数据的修改、更新和分析方面展现出巨大的优势,显著提高了工作效率。其独特的空间和属性数据管理以及空间分析功能,也是任何其他普通软件所无法比拟的。在环境科学领域,GIS的定量、快速、动态、易更新及模拟分析等优势,是常规评价方法难以达到的。

由于GIS数据遵循统一的空间坐标系统,因此不同领域之间的数据和成果可以轻松实现共享和自由交换,大大增强了数据的通用性,促进了跨部门之间的数据集成,为项目的战略决策提供了全面的支持。此外,通过"WEBGIS"平台,GIS的成果可以迅速发布,实现信息的实时共享。

### 9.1.2.2 地理信息系统在环境生态工程中的应用

GIS在环境生态工程领域的应用展现出其显著的优越性。它不仅能够实现环境信息的高效整合与管理,还能通过技术手段生成传统方法难以获取的深层次信息,从而大幅提升环境分析的精准度。此外,GIS还具备强大的综合能力,能够实现对环境的全面分析、动态监测、模式化评价,还可辅助决策,为环境生态保护与管理提供强有力的支持,展现出巨大的应用潜力和价值。

**(1)地理信息系统在环境规划中的应用**

环境规划是针对特定区域的综合性工程,旨在通过调查、监测、评价和规划流程,预测经济发展对环境的影响,并提出工业调整、布局优化和污染防治策略,以实现可持续发展。此过程需要高效整合和分析多源信息数据,采用多样化输出方式。GIS能集成空间和属性信息,实现分层管理和逻辑联系,与基础数据和图形库结合,为环境规划提供精准决策支持,增强决策的直观性和有效性。未来,环境规划将更注重快速响应环境挑战和精准预测环境变化,GIS将利用其独特优势,为决策者提供专业洞见,助力科学制定环境管理策略。

**(2)地理信息系统在水环境质量评价中的应用**

水是重要资源,对社会和经济至关重要,但其污染问题严重。因此,加强水资源监测和管理至关重要。GIS可组织水质监测数据和空间数据,并提供查询、修改和编辑功能,实现数据快速整合更新。其空间和图形分析功能有助于深入分析数据,制作专题图,支持污染治理方案的制定。GIS在水资源开发的各阶段都能发挥关键作用,包括模拟水资源分布、处理现场数据、分析水质评价因子、评估水质状况,从而为水资源环境的保护与管理提供决策支持。

**(3)地理信息系统在大气环境动态监测中的应用**

大气环境广泛且流动性强,GIS在大气环境动态监测和分析中发挥着重要作用。GIS的空间分析功能帮助我们了解污染物分布,掌握其空间特征和超标情况。其与数据库技术结合能帮助收集企业污染信息,建立地理信息数据库。例如,欧洲的区域空气污染信息与模拟(RAINS)模型利用GIS精确监测和管理$SO_2$排放,有效改善了大气环境。

**(4)地理信息系统在环境影响评价中的应用**

环境信息数据库是环境影响评价的关键,其构建和应用至关重要。在评价过程中,必须全面了解项目详情、环境标准、法规政策和区域内的自然生态、社会经济、环境质量、污染源分布等信息。由于环境信息量大且多样,且大部分与地理位置相关,GIS成为处理这类信息的首选。GIS能高效整合相关数据,融合环境评价模型,进行深入分析和预测,为环境决策提供科学依据;GIS还具备数据管理、更新和追踪能力,有助于监督环境影响评价和工程项目的执行情况;此外,GIS的空间分析功能支持环境预测模型的高效应用。因此,GIS在环境影响评价中的作用包括整合管理环境数据、分析环境因素的动态变化、比较不同时间点的环境影响、揭示环境质量演变规律,并可结合环境预测模型进行科学预测。

## 9.1.3 全球定位系统技术和北斗导航卫星系统及其应用

### 9.1.3.1 全球定位系统技术和北斗导航系统概述

(1)全球定位系统定义与特点

GPS是一项高度集成的卫星导航技术,它基于三角测量原理,以人造卫星作为信号源,发射无线电导航信号。用户的接收设备捕捉这些信号后,经过复杂的解码过程,分析卫星的具体位置,计算其与卫星的距离,或利用多普勒效应等,精确确定目标物体的地理位置与运动速度。GPS具有高精度定位能力,操作简便,能快速测定三维坐标;它允许测站间无需直接通视,降低了成本,提高了布点灵活性,且支持全天候作业,不受天气影响。此外,GPS功能全面,应用广泛,不仅可用于测量和导航,还提供测速和测时服务。GPS最是初为军事开发的,现已广泛应用于多个领域,并展现出巨大的应用潜力和发展前景。

(2)北斗卫星导航系统定义与特点

北斗卫星导航系统(Beidou navigation satellite system,BDS)是中国基于国家安全与经济社会发展的重大需求而独立研发并投入运行的。该系统作为国家级的关键时空基础设施,致力于为全球用户提供连续、实时、高精度的定位、导航与授时服务。BDS定位系统含空间段、地面段和用户段。空间段含多颗不同轨道卫星;地面段含主控站、时间同步/注入站、监测站及星间链路设施;用户段含北斗和兼容其他系统的芯片、模块、天线等,还包括终端设备、应用系统与服务设施。

自BDS服务启动以来,已应用于多个关键领域,如交通、农业、水文、气象、通信、电力、救援和公共安全,有力支持了国家基础设施的稳定运行,并带来了经济和社会效益。BDS的导航解决方案也被多个行业采用,影响了消费、共享经济和民生,促进了新应用模式和经济形态的发展。中国计划进一步推动BDS的应用和产业化,以服务国家现代化和人民生活,同时为全球科技和社会进步做出贡献。

### 9.1.3.2 全球定位系统技术和北斗导航系统在环境生态工程中的应用

利用GPS/BDS对环境监测站点进行精确定位,可实现环境数据的动态、实时采集与处理。通过将GPS/BDS与摄影测量技术相结合,能够明确划定环境质量评价区域,并动态地测定各类污染源(包括点状、面状及线状污染源)的具体位置、覆盖范围及其空间关系。此外,在野外环境数据的采集与信息化过程中,GPS/BDS也发挥了导航定位的重要作用。

### (1)对环境污染的监测

在宏观层面,构建GPS/BDS控制网络,并以此为基础实施像控点测量工作。这一举措旨在为航空遥感相片的定向过程提供必要的加密点,进而支持对宏观区域及关键区域污染状况信息的精准采集与提取。在微观层面,GPS/BDS同样展现出其独特价值,如可用于监测沟头的前进速度、沟底的下切速度以及沟缘线的后退速度,甚至能够实现对典型污染样点的精确监测。

针对人为活动引发的环境污染问题,GPS/BDS同样发挥着重要作用。其应用包括三个方面:①通过利用GPS/BDS定期观测开挖面与堆积面的变化情况,可及时掌握人为活动对环境的潜在影响;②借助GPS/BDS进行现场测量,能够准确计算挖填方量、堆积量及弃土弃渣量,为环境管理提供量化依据;③GPS能在最短时间内高效确定开荒、毁林面积和水土保持设施被破坏的具体数量,为环境监管与修复工作提供有力支持。

### (2)工程规划放样

建设环境生态工程需要系统性地评估土地使用情况、水土流失具体状况以及地面坡度等核心数据。在过去,这些数据的收集主要依赖于人工外业测量或地形图资料的查阅,但这种方法不仅耗时费力,而且所得地形图往往无法及时反映最新的地貌变化。相比之下,GPS/BDS已成为一种更为高效、准确的数据采集手段。它能够轻松实现图斑的追踪、样点侵蚀量的精确测量以及坡度的准确判定,特别是在项目设计的初期,GPS/BDS的应用对于水土保持工程的设计优化具有重大意义。例如,利用GPS/BDS构建高精度的数字地面模型(DTM),并通过计算机设计软件来辅助完成如拦泥坝等工程的设计。

在工程施工放样方面,传统的工具如经纬仪、水准仪、皮尺及罗盘等,不仅操作烦琐,而且在复杂地形条件下,施工放样的难度较高,精度难以保障。相比之下,GPS/BDS中的实时动态(RTK)技术,凭借其高效、准确的定位能力,能够迅速找到目标点,大大提高了施工效率和精度。对于定位精度要求不高的场景,如梯田、造林地等,使用GPS/BDS手持机进行定位放样,更是简便快捷,有效降低了施工难度。

### (3)耕地退化动态监测

随着经济的快速发展,耕地退缩问题日益凸显,亟需一种高效手段来严密监控耕地的动态变化。当监测区域耕地资源呈现扩张或退缩趋势时,遥感技术经过长期积累,能够较为显著地反映出这些变化。针对市、县级行政区域,可以通过分析卫星RS图像信息来精确判定明显的、大面积的耕地变化。然而,对于小范围或突发性且影响重大的耕地变化,卫星RS图像可能无法清晰捕捉或无需借助RS技术即能大致确定其范围,此时,凭借 GPS/BDS 即可实现变化区域的精确定位。

(4)在环境影响评价中的应用

此处以矿山环境影响评价为例,详细阐述 GPS 接收机在环境评价过程中的具体应用方式。

①绘制环境敏感目标分布图。首先,需将矿区范围的拐点坐标转换为 GPS/BDS 接收机默认使用的坐标系。随后,将转换后的坐标输入 GPS/BDS 接收机中,通过现场实地踏勘并利用 GPS/BDS 进行精确定位,以明确环境保护目标及主要工业设施的具体位置。在此基础上,可测量出各目标之间的相对距离。若存在如公路等穿越矿区的环境敏感目标,可借助 GPS/BDS 的航迹功能,直观地展示公路在矿区内的走向、长度等关键信息。最后,将 GPS/BDS 接收机采集的数据导入计算机,进行进一步的数据处理与图形绘制,生成环境敏感目标分布图,为环境影响评价工作提供坚实的数据基础与直观的视觉支持。

②绘制水系图。在环境影响评价过程中,有时会遇到项目区域水系资料匮乏或水系情况不明等问题。针对此类情况,可将已转换的矿区范围拐点坐标输入谷歌地球(Google-earth)软件中。结合谷歌地球提供的地形高程信息及现有资料,可大致判断项目区的水系分布与流向。进而,以谷歌地球的底图为基础,利用 Photoshop 等专业绘图软件,绘制出较为精确的水系图,为环境影响评价提供详尽的水文信息。

③其他应用。GPS/BDS 接收机还具备测量面积的功能,可应用于矿山工业场地、废石场、贮矿场等区域的面积测量。然而,需要注意的是,当测量区域面积较小时,若 GPS/BDS 接收机的精度不足,可能会导致测量结果存在一定的误差。因此,在实际应用中,该功能更适用于大面积区域的测量或配备高精度 GPS/BDS 接收机的场景。GPS/BDS 接收机除了能准确显示所在位置的经纬度信息外,还可显示海拔高度。这意味着,只需在待测场地的顶部和底部设置测量点,即可获取场地的高度数据。但值得注意的是,普通 GPS/BDS 接收机在测量高度时可能存在较大误差,这可能会削弱测量结果的实用性和准确性。

## 9.1.4 "3S"技术的应用案例

案例研究以卫星遥感影像作为核心数据源,以其他非遥感数据为辅,并采用遥感影像处理软件(ENVI)对遥感数据进行精准分类处理。结合 ArcGIS 软件与景观分析软件,进一步深化数据分析的广度和深度。在此基础上,遵循景观生态学的核心原理,对广西南宁市武鸣区 1998~2021 年间的动态变化及其背后的驱动机制进行了系统性分析。

RS信息主要来源于中国遥感卫星地面站所接收的美国陆地卫星(Landsat)系列卫星(包括 Landsat4、Landsat5、Landsat7 和 Landsat8)所提供的专题制图仪(thematic mapper,TM)及增强型专题制图仪(enhanced thematic mapper plus,ETM+)影像数据。为确保影像的清晰度和可识别性,所选遥感影像的云层覆盖率均严格控制在5%以下;同时选用 Landsat TM 影像,其分辨率为5~30m。为辅助遥感影像准确判读,研究人员还搜集了地形图、植被分布图及土壤类型图等相关资料。此外,为验证分类结果的准确性,还在野外进行了实地影像的拍摄工作。

研究人员在遥感数据的分类处理上采用监督分类法,并依据各类地块独特的光谱特征进行了目视解译。最终,研究区域被精确划分为林地、耕地、裸土、居民地及水体这五种土地利用类型。

基于遥感影像处理软件 ENVI 5.3,针对遥感影像实施辐射定标与大气校正处理。对于每期影像,均采用两景数据进行镶嵌接边处理,并借助武鸣区的shp文件完成影像裁剪。此外,依据遥感数据源的色调、形态、纹理特征,结合野外实地调查的照片资料,构建武鸣区的解译监督样本。

在数据处理流程中,首先利用ENVI 5.3软件进行监督分类。随后,在ArcGIS 10.32平台上进行细致的目视判读修正,以进一步提升分类的准确性,建立详尽的土地利用空间数据库,并完成属性数据的录入。最终获得较为准确的土地利用变化信息,为后续的决策分析和规划工作提供了坚实的数据支撑。

利用 RS、GPS、GIS 技术和 Fragstats 软件(一种景观格局分析软件),分析了武鸣区土地利用和景观格局。结果表明,人类活动增加导致耕地、裸地和建设用地破碎化加剧。如采矿导致农业用地减少和破碎化;尽管采矿业发展减少了裸地破碎化,但对环境了构成威胁,特别是矿粉污染空气。未来规划需平衡环境保护与资源管理,以实现可持续发展。

# 9.2 绿色经济技术及应用

## 9.2.1 清洁生产技术及应用

### 9.2.1.1 清洁生产概述

(1)清洁生产的产生背景

随着工业化进程的加速和人口的不断增长,环境问题日益成为全球关注的焦点。传统的生产模式往往以牺牲环境为代价,追求经济效益的最大化,导致了资源的过度消耗、污染物的排放增加以及生态环境的破坏。针对生态环境问题，人类社会始终在不懈地寻找有效的解决之道。20世纪80年代后，人们对以往工业生产与环境管理实践进行了深入反思，认识到稀释排放、废物处理及循环回收利用等"先污染后治理"的策略，已无法应对日益严峻的环境挑战，反而加剧了资源浪费和环境污染。过去的发展模式不仅损害了人类的生存环境，也制约了经济的可持续发展。

因此，发达国家开始将污染防治的重心转向源头控制，强调在生产过程中预防污染物的产生，实现工业生产的全过程控制（图9.1）。1992年，在里约热内卢召开的联合国环境与发展大会通过了《关于环境与发展的里约宣言》与《21世纪议程》等重要文件，正式确立了"可持续发展"的战略目标。其中，"清洁生产"作为实现这一目标的关键举措之一，强调通过预防污染、减少资源消耗和废弃物产生等手段，促进工业生产与环境保护的协调发展。

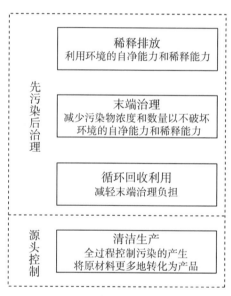

图9.1　污染防治策略的演变

(2)清洁生产的概念

清洁生产是一种通过预防污染、提高资源利用效率、减少废弃物排放等手段，实现生产过程与环境的协调发展的生产方式。它强调从源头控制污染，通过采用先进的工艺技术和设备，优化生产流程，减少原材料和能源的消耗，降低废弃物的产生和排放，从而减轻对环境的压力。同时，清洁生产还注重资源的循环利用和废弃物的无害化处理，以实现资源的最大化利用和环境的最低限度影响。

1996年，联合国环境规划署（UNEP）正式定义了清洁生产，清洁生产是一种创新性的思维模式，专注于产品生产的整个生命周期，强调在整个生产过程、产品设计及服务提供中,持续实施全面的环境预防战略,旨在提升生态效率并降低人类及环境的风险。它要求在生产环节中节省原材料与能源,避免使用有毒材料,并减少废弃物的数量,降低其危害性;在产品设计中,清洁生产致力于降低产品从原材料开采到最终废弃处理整个生命周期中对环境的负面影响;而在服务领域,则倡导将环境因素纳入服务的规划与实施中。

清洁生产是一种既能满足人类需求,又能高效利用自然资源与能源,同时保护环境的生产方法与措施。其核心在于优化人类生产活动的规划与管理,力求实现资源消耗与能耗的最小化,并通过废弃物的减量、资源回收与无害化处理,或在生产过程中将其消除,帮助实现可持续发展。

### 9.2.1.2 清洁生产应用

#### (1)工业清洁生产

##### 1)工业清洁生产概念

工业清洁生产旨在通过应用清洁生产技术和其他工程手段,实现节能减排和提高生产效益。随着清洁生产理念的深化,相关工程技术正逐步系统化,并且在生态工业体系建设中扮演着越来越重要的角色。这些工程技术包括替代、减量、再利用、信息化集成和再资源化技术,旨在提高资源效率、节约资源、实现精确控制、延长产品使用周期和转化废弃物为资源。

##### 2)工业清洁生产技术

①节能技术。节能是清洁生产的重要目标,节能技术不仅能提升企业经济效益,还通过减少能耗降低污染物排放,间接达成环保目标。同时,清洁能源的推广也有助于减少污染。节能主要是指直接节能,即节省生产和生活中的一次及二次能源。当前,节能技术研究的重点在于提升能源转化效率与终端利用效率。具体节能技术包括:燃烧节能技术,如采用高效燃烧设备和系统性的管理规范与操作标准,提高燃烧效率;传热节能技术,通过增强辐射、对流及导热性能来提升传热效率;绝热节能技术,采用轻质高效绝热材料来减少热损失。

②水循环利用和梯级利用技术。微污染水净化技术旨在处理受有机物污染的饮用水,主要污染物有氨氮、总磷、有机物等。治理方法主要是使用强化的传统工艺,并增加预处理与深度处理步骤,如强化臭氧-生物活性炭工艺,提升总有机碳(TOC)去除率并延长活性炭寿命。中水回收技术主要用于非饮用水领域,如工业废水、生活废水等的回收利用。研究人员研究人员已成功开发并应用组装式中水回用设备、MBR生物反应器等。蒸汽冷凝水回用技术旨在回收高温冷凝水,这些冷凝水

中可能含有无机盐、碱性物质及微量有机物,需根据水质要求进行必要处理,以提高水的重复利用率,实现节能节水的目标。

③工业废气、固废的处理技术。控制$NO_x$、$SO_2$排放方法包括:使用低硫燃料减少$SO_2$排放,如采用洗煤工艺降低煤中的硫含量;改进燃烧技术,如使用流化床降低$NO_x$、$SO_2$排放;烟道气脱硫,利用石灰或生石灰石转化$SO_2$;针对特殊气体,选择适合的物理化学方法如吸附、吸收等进行处理。工业固废的处理需根据固废的性质、数量及毒性设计资源化方案。如采用沉淀、萃取等传统技术结合离子交换、膜分离等高新技术,回收有用成分,并进行无害化处理;同时,还需考虑固废间的相互作用,提升资源化效率。

### (2)农业清洁生产

#### 1)农业清洁生产概念

农业清洁生产是将工业清洁生产的核心理念与全面预防的环境策略,不断贯穿于农业生产的各个环节及后续服务中,以提升生态效率。它倡导采用环境友好的绿色农业投入品(如环保肥料、生态农药、可降解地膜等),革新农业生产技术,以削减农业污染物的总量与毒性,从而减轻生产与服务流程对环境和人类健康的潜在威胁。《中华人民共和国清洁生产促进法》第二十二条明确指出,农业生产者应当科学地使用化肥、农药、农用薄膜和饲料添加剂,改进种植与养殖技术,实现农产品的优质、无害和农业生产废物的资源化,防范农业环境污染,禁止将有毒、有害废物用作肥料或用于造田。

农业清洁生产包括两个全过程控制、三个主要内容和两个目标。

①两个全过程控制。农业生产全过程控制,涵盖从耕地准备、播种、幼苗培育、作物抚育直至最终收获的每一个环节,在各环节均采取必要措施以预防污染的发生;农产品生命周期的全过程控制,即在种子选育、幼苗成长、植株健壮、果实成熟,直至农产品的食用与加工等各个阶段,均采取必要的措施,以实现污染的全面预防与控制。

②三个主要内容。清洁的投入,包括采用清洁的原料、农用设备及能源,应特别注重清洁能源的使用,包括清洁利用、节能减排及能源利用效率提升;清洁的产出,主要强调清洁的农产品在食用及加工过程中不得对人体健康及生态环境造成危害;清洁的生产过程,即采用清洁的生产流程、技术与管理手段,尽可能减少或避免化学农药的使用,确保农产品兼具科学营养价值及无毒无害特性。

③两个目标。通过资源的综合高效利用、短缺资源的替代、资源的循环利用及能源的二次利用等节能降耗与开源节流措施,实现农用资源的合理开发与可持续利

用,推动农业的可持续发展;致力于减少农业污染的产生、迁移、转化与排放,提升农产品在生产及消费过程中与环境的相容性,从而降低整个农业生产活动对人类及环境可能带来的风险。

2)农业清洁生产体系

农业清洁生产体系由两个方面构成:农业生产技术体系与农业清洁生产经营管理体系(图9.2)。

农业生产技术体系包含一系列精细化的技术规范,具体分为六大子体系:①标准化生产技术体系为农业生产提供了明确的标准和流程;②农产品质量安全监测体系确保了农产品的品质和安全;③农业投入品替代及农业资源高效利用技术体系促进了资源节约和环境友好;④产地环境修复和地力恢复技术体系致力于恢复土壤生态,提升土地质量;⑤农业废物资源化及其清洁生产链接技术体系实现了废物的有效转化和清洁生产的闭环;⑥农业信息化技术体系通过信息工程技术的深度应用,推动了农业生产的智能化和现代化。

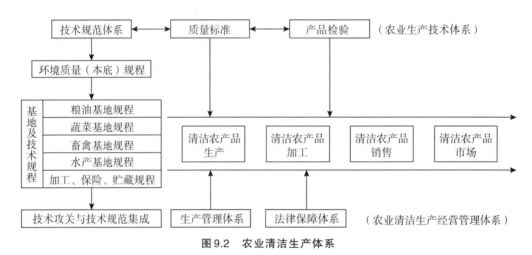

图9.2　农业清洁生产体系

农业清洁生产经营管理体系包含生产管理体系与法规保障体系两大方面。生产管理体系通过科学的管理方法和手段,确保了农业生产的规范性和高效性;而法规保障体系则通过制定和执行相关法律法规,为农业清洁生产提供了坚实的法律基础和保障。

3)农业清洁生产综合技术

农业清洁生产综合技术包括种植业清洁生产技术和养殖业清洁生产技术。其中,种植业清洁生产技术主要如下。

①节水灌溉技术。渠道工程防渗技术对灌溉至关重要。在输水过程中,渠道若未采取防渗措施,其水利用率仅能达到一半。采用如水泥护坡、塑料薄膜覆盖等防

渗手段,能大幅减少水分渗漏,提高60%~90%的输水效率。田间灌溉方面,传统的沟灌和漫灌方式耗水量大,而喷灌和滴灌等新技术则能显著提升节水效果,同时促进作物增产,灌溉效率可超过90%。此外,对现有地面灌溉技术的改进,如调整畦沟尺寸、采用闸管灌溉及波涌灌溉等,也是提高节水效果、实现增产的有效途径。

②农田培肥技术。农田培肥是提升土壤质量的关键措施,可综合调整土壤物质、营养及生态状况,构建匹配种植制度的培肥系统。主要手段有:间作、套作、轮作豆科作物以减少化肥使用,提高土壤健康水平;强化有机肥使用,全面滋养作物,提升土壤保水保肥能力及透气性,改善农产品质量;实施配方施肥,基于土壤、作物及肥料分析定制施肥方案,融合有机、无机肥料,均衡大、微量元素,合理搭配基肥与追肥,促进作物优质高产,并维持土壤长期肥力。

③无公害农药技术。无公害农药具有高效、安全、易降解特点,对有害生物有良好的防治效果,对人畜等无害。按来源分为矿物、动物源、微生物、植物性及化学合成五类。其潜在危害包括毒性、持久性和无选择性。通过优化使用方式,如轮换、交替、混合使用,避免抗药性产生;同时配合常规农药使用,可确保常规农药无公害性。使用时需注重操作技术水平,确保施药均匀。

④生物防治病虫害技术。轮作和间、混作方式可利用作物间的特性差异减轻土壤传播的病害和虫害。其中,间作和混作可增加生物多样性,优化生态环境。调整种植和收获时间,打乱害虫生活周期,也可降低其危害。此外,还能利用天敌如鱼类、鸡以及捕食性昆虫等自然控制病虫害。

⑤地力恢复技术。该技术的核心在于培育沃土、供应高效肥料、打造安全环境、聚焦高质量农田建设,其目标是全面提升耕地质量和综合生产力。保护性耕作技术通过秸秆覆盖、免耕播种等手段减少土壤扰动,控制病虫害,实验显示,该技术的增产效果可达8%~12%。该技术的关键在于免耕、少耕机具,对机具通用性、稳定性及出苗均匀性有较高要求。因作物耕作制度和农艺要求各异,保护性耕作技术体系需因地制宜、灵活多样。

⑥地膜污染控制技术。地膜治理策略包括可降解塑料的推广以及从生产至回收的全链条优化。针对当前地膜回收难题,如品种单一、功能有限、厚度不足等,政府倡导使用厚度≥0.014mm的耐老化地膜,以提升回收便利性。同时,优化农艺操作,把握最佳揭膜时机,也可降低废膜产生,如棉花地膜在特定生长期揭膜,回收率可高达95%。地膜回收机械的研发也是关键,应加强机械研发与应用,解决人工回收效率低下的问题。现有的地膜回收机械多依赖钉齿耙等工具,结合农机作业时,地膜回收率稳定在70%~80%。

养殖业清洁生产技术主要如下。

①源头控制技术。该技术从养殖源头角度出发,一方面注重养殖结构的合理规划,将集约化养殖与农牧模式相结合,以便于养殖业污染物的收集、处理、消纳和控制;根据实际情况限制饲养量,以降低污染物对土壤造成的负荷,减少氮、磷等营养素或有毒残留物、病原体等对水体、土壤的污染。另一方面,致力于研究、开发、引进和推广优质品种,实施科学饲养与配料,并应用高效促生长添加剂以及高新技术手段改变饲料品质及物理形态,如生物制剂处理、饲料颗粒化、饲料膨胀化或热喷技术等。

②削减技术。在养殖过程中,削减技术也占据重要地位。一方面,需遵循绿色食品标准,使用环保型饲料及添加剂,以调节畜禽体内营养均衡,提升饲料转化率,从而减少含氮、磷等物质的废弃物的排放。另一方面,推广人工清粪方式,以减少用水量,进而节约水资源及后续处理设备的工程费用。

③末端控制技术。该技术主要用于养殖污染物的处理环节。一方面,利用发酵技术将牛粪和干渣转化为优质有机肥,并结合种植业与养殖业的合理规划,实现粪污发酵产物的有效消纳。另一方面,运用高效固液分离技术,实现污染物处理的减量化目标。

### 4)农业清洁生产技术设计

农业清洁生产技术的核心包含三个方面:清洁的原料投入、清洁的生产操作以及清洁的产品产出。在实施过程中,应深入分析并充分利用当地自然环境、资源与经济条件的优势,识别并解决农业清洁生产所面临的制约因素。在农业生产的全过程中,应积极采用环保的农艺与养殖手段,实现种植与养殖的协调共生,以促进资源的高效利用和农业废物的内部循环,从而降低农业污染,达成农业清洁生产的目标,进而实现经济、环境与社会效益的和谐统一。农业清洁生产技术设计路线如图9.3所示。

种植业系统可通过精量播种、合理密植减少种子用量,最大化资源利用率;运用农艺防控技术及合理施用农药降低病虫害;通过秸秆还田、扩大绿肥种植面积改善土壤。利用配方施肥减少化肥流失;实施节水灌溉提高水资源利用率;采用抗老化地膜与适时揭膜技术提升回收率,减少污染。此外秸秆、地膜回收也可减少农业废物对环境的危害。

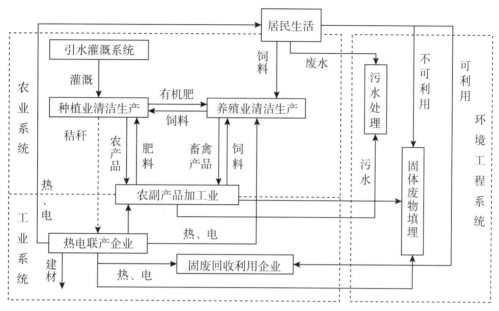

**图9.3 农业清洁生产技术设计路线**

养殖业系统可通过实施一系列优化措施有效促进资源循环利用与环境保护。如回收再利用经过处理的污水,降低对新鲜水源的依赖;加强畜禽的日常管理工作,致力于病虫害的预防与控制,进而减少兽药的使用量。此外,粪便的发酵,可以生成沼气,为养殖过程提供部分能源,实现能源的可持续利用。在喂养管理方面,清洁生产倡导合理喂养原则,旨在提升饲料的利用效率,直接减少粪便及臭气的产生量,维护养殖环境的清洁与卫生。同时,引入并推广先进的清粪技术与方法,能够显著降低污水处理系统的负荷,促进养殖业的绿色可持续发展。畜禽养殖业清洁生产技术设计路线如图9.4所示。

种植业系统与养殖业系统之间存在着密切的物质与能量交换机制。种植业系统中产生的秸秆,经过适当处理,可转化为畜禽养殖业系统的重要饲料来源。相反,畜禽养殖业系统产生的粪便,经过有机化处理,可成为种植业系统所需的优质有机肥。此外,这两个系统还通过生产链的延伸,实现了高附加值产品的共享与消费。系统中的污水,在经过严格处理后,可作为灌溉用水重新回归种植业系统,实现水资源的循环利用;而生产活动中的下脚料等废弃物,则可通过技术手段转化为肥料,进一步促进种植业的发展;同时,农产品加工过程中产生的油粕、谷壳以及富含高蛋白的其他物质等,也为畜禽养殖业系统提供了丰富的饲料资源。这些相互联系形成了种植业与畜禽养殖业之间的良性循环。

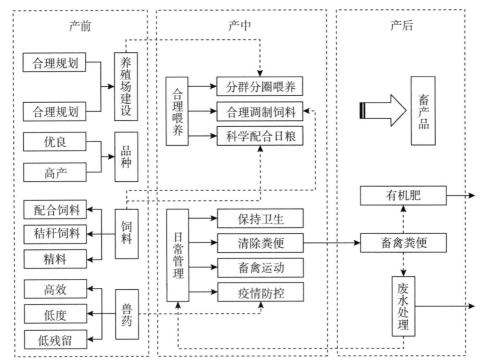

**图9.4 畜禽养殖业清洁生产技术设计路线**

## 9.2.2 循环经济技术及应用

### 9.2.2.1 循环经济概述

(1)循环经济的产生背景

循环经济的概念起源于20世纪60年代的环境保护运动,美国经济学家肯尼思·博尔丁(Kenneth Boulding)提出的"太空船地球"(spaceship earth)概念①为其奠定了基础。他主张以循环式经济取代传统的单程式经济,推动经济活动从线性模式向生态循环模式转变。自80年代起,发达国家开始采取资源化手段处理废弃物,但对污染的根本性问题缺乏深刻洞察。1992年联合国环境与发展大会后,全球对可持续发展达成共识,环境污染治理已从末端处理转向源头预防与全过程控制,这一理念现已成为发达国家环境政策的核心。过去三十余年,中国在环保领域虽然取得了显著成就,但由于经济快速发展带来的环境压力持续增加,污染治理形势依然严峻。在此背景下,强调资源高效利用和污染源头控制的循环经济理念应运而生,为解决环境污染问题提供了系统性解决方案。

注:①"太空船地球"是指将地球类比为孤立飞行的飞船,强调在有限资源约束下,人类经济活动必须遵循循环模式。

（2）循环经济的概念

循环经济是一种生态经济模式，强调物质的循环使用，旨在建立可持续的物质流动体系。学术界对循环经济有不同的理解，将其分为狭义和广义循环经济。狭义循环经济侧重于废弃物的循环利用，而广义循环经济则强调资源的合理开发和持久利用，涵盖更广泛的资源范畴。循环经济的技术原则包括减量化、再利用和再循环。减量化原则旨在减少物质使用和污染排放，再利用原则提倡多次使用物质，延长废物产生周期，再循环原则则强调废物的再生利用，减少环境压力。

### 9.2.2.2　循环经济的应用

（1）循环经济工业园应用实例——枣庄能源产业循环经济体系

基于丰富的煤炭资源，枣庄经济技术开发区与枣庄高新区积极构建并优化能源产业的循环经济体系。枣庄经济开发区在热电企业的环保与资源循环利用方面取得了显著进展，成功实施了废水零排放的环保方案。该方案通过高效处理热电废水，实现了其作为冷却水的循环利用，大幅降低了自然水资源的消耗。同时，枣庄经济开发区还致力于电厂废物的资源化利用，建立了完善的废物转化机制。如脱硫石膏作为电厂脱硫过程中的副产品，被转化为石膏板等环保建材，实现了废物的有效再利用；粉煤灰与炉渣等废物也被充分利用，成为砌块、水泥等建筑材料的生产原料，既减少了环境污染，又促进了相关产业的绿色发展。枣庄经济技术开发区不断探索从粉煤灰与炉渣中提取贵金属、未燃炭等高价值成分的技术，构建废物资源化利用产业体系（图9.5），以进一步提升资源利用效率，推动能源产业的可持续发展，有助于实现经济效益与环境效益的双赢，更为区域经济的转型升级注入了新的动力。

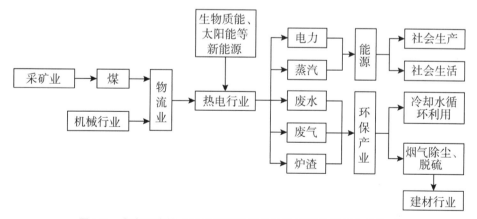

图9.5　枣庄经济技术开发区热电产业废物资源化利用产业体系

枣庄高新区在提升资源利用效率方面取得了显著成效，初步构建了煤炭-电力-

橡胶制品制造及煤–煤化工两大生态产业链。

1)煤炭–电力–橡胶制品制造生态产业链

八一煤矿以科技进步和技术革新为引领,不断突破企业核心竞争力,成功引入了水煤浆热电联产和子午轮胎制造项目。在项目运行中,企业巧妙地将热电厂的余热用于轮胎硫化过程,有效降低了单位能耗,构建了煤炭转化为水煤浆,再供给热电厂,最终生产轮胎的循环经济链条(图9.6)。

**图9.6 煤炭–电力–橡胶制品制造生态产业链**

2)煤–煤化工生态产业链

鲁南高科技化工园区在强化环保管理的同时,积极推进循环经济发展,致力于构建生态友好型企业。目前,园区已初步形成三条生态产业链:一是利用副产的氨水和二氧化碳生产碳酸钾,形成煤化工生态产业链;二是将炉渣和粉煤灰转化为标准砖、水泥等建材产品,形成炉渣综合利用生态产业链;三是依托玉米芯原料生产木糖醇,并进一步利用木糖渣制作活性炭,形成精细化工产业链(图9.7)。

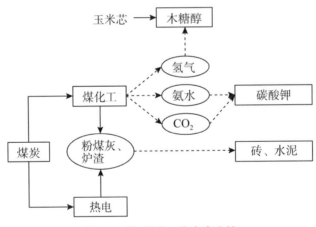

**图9.7 煤–煤化工生态产业链**

(2)山西沁州黄农业园区循环农业发展实例

1)发展现状和运作模式

山西沁州黄农业园区位于山西沁县的松村,拥有暖温带大陆性季风气候的显著特点。山西夏季炎热湿润,温度30℃以上,降水丰沛,主要集中在7月—9月;而冬季则寒冷干燥,风力较强;春秋两季气候温和,降水量适中。凭借这样的自然环境优势,山西逐渐形成了以小杂粮种植为主,肉驴与肉鸡养殖为辅的农业产业格局,为循环农业经济的持续健康发展奠定了稳固的基础。

山西沁州黄农业园区推行的"谷-禽-畜-菜"循环农业模式(图9.8),是一种创新的农业生产体系。该模式将谷类作物种植、家禽饲养、畜牧业发展、蔬菜栽培巧妙整合,形成了一个闭环的资源利用链条。这种一体化的种养模式不仅极大地提高了农业生产资源的利用效率,有效解决了农业废弃物处理和资源浪费的问题,还进一步促进了农业经济效益与社会效益的双提升,为农业的可持续发展探索出了一条新路径。

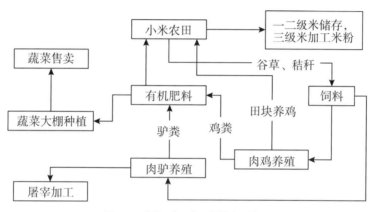

图 9.8    "谷-禽-畜-菜"循环模式

2)经济效益分析

① 单独种养模式效益分析。小米种植成本为 33427.5 元/ha/年,产量 3750~4500kg/ha,脱壳率 75%。2022 年 6 月,小米市价 14 元/kg,年利润 19027.5~29572.5元。白羽肉鸡成本主要在于饲料,饲料费用 12.64 元/只,鸡苗 3 元/只,药物费用 4 元/只。年成本约 128.7 万元,年出栏 60000 只;2022 年 6 月,肉鸡市价 16 元/kg,年利润63.3 万~116.1 万元。蔬菜种植成本低于养殖,种植收入受市场影响大。生菜、马铃薯、番茄、花椰菜、甜椒产量分别为 22500kg/ha、33750kg/ha、67500kg/ha、60000kg/ha、64500kg/ha;2022 年 10 月,生菜、马铃薯、番茄、花椰菜、甜椒利润分别约为 27 万元/ha、16.2 万元/ha、24 万元/ha、42 万元/ha、49.2 万元/ha。肉驴养殖成本高,以饲料和人员工资为主,出栏期 10—11 个月,体重 300kg,日耗饲料 6 元/只,肉驴养殖总成本约603.9 万元,存活率 90%,2022 年 8 月,市价 50 元/kg,公顷利润约 1016.1 万元。

② "谷-禽-畜-菜"模式综合效益分析。沁州黄实施"小米-鸡-驴-有机蔬菜"循环农业模式,有效利用资源,实现了生态与经济双重收益。鸡在小米田放养,可除草除虫;以小米和秸秆为饲料,减少了疾病发生,降低了饲料和运输成本;蔬菜大棚可

借助鸡群控制害虫,保护蔬菜生长,部分蔬菜又被用于饲养鸡、驴;此外,鸡粪和驴粪发酵生成的有机肥料也可用于蔬菜种植,节约化肥农药成本,形成闭环生态。该模式产出的鸡、驴肉质佳,富含营养。在该模式中,废弃物和秸秆也被制成了生物有机肥,减少了化肥使用,提升了土壤和作物品质,有助于实现可持续发展。具体而言,该模式降低了肉驴和白羽肉鸡饲料成本,总成本约713.9万元。小米田养鸡存活率达90%。蔬菜大棚年均产量约37500kg,其中22500kg用作饲料,15000kg用于销售。驴肉和有机蔬菜售价分别为52.8元/kg和25元/kg。小米种子投入减少,脱壳率提高至80%,产品附加值也得到增加。年度利润约1332.1万元。

各种养模式每公顷利润率见表9.1。"谷-禽-畜-菜"模式与单一种养模式对比,蔬菜种植,特别是大棚种植利润最高,但风险也大;小米种植虽利润较低但稳定;养殖类利润适中但成本高。"谷-禽-畜-菜"模式在经济上降低了成本,提升了利润;生态上循环利用资源,保护了环境;社会层面上增加了农民收入,释放了劳动力。对大型农业企业和山西沁县附近村集体而言,是优选模式。

表9.1　各种养模式每公顷利润率

| 模式 | 成本(万元) | 净利润(万元) | 公顷利润率 |
| --- | --- | --- | --- |
| 小米种植 | 3.34 | 1.90~2.96 | 0.57~0.88 |
| 白羽肉鸡养殖 | 128.70 | 63.30~116.10 | 0.49~0.90 |
| 蔬菜种植 | 10.74 | 29.91 | 2.78 |
| 肉驴养殖 | 603.90 | 1016.10 | 1.68 |
| "谷-禽-畜-菜"模式 | 713.91 | 1332.07 | 1.84 |

③各种养模式综合评价。循环农业模式的综合经济评估包括总产值、总成本、净产值以及利润等多个指标(表9.2)。在五种种养模式中,"谷-禽-畜-菜"模式总产值为2069.49万元,排名第一;其次是肉驴养殖模式,其总产值为1635.0万元;白羽肉鸡养殖模式总产值为231.30万元;蔬菜种植与小米种植模式的总产值分别为42.17万元和6.21万元。从利润层面分析,"谷-禽-畜-菜"模式表现最优,利润额高达1332.07万元;而肉驴养殖模式的利润也达到了1016.10万元,位列第二;其后依次为白羽肉鸡养殖、蔬菜种植及小米种植。在综合评分方面,"谷-禽-畜-菜"模式获得了0.88的高分,被评为"良";肉驴养殖模式则以0.76的评分被评为"中";相比之下,白羽肉鸡养殖、蔬菜种植及小米种植模式的综合评分分别为0.67、0.69和0.51,均被评为"差"。再次说明循环农业模式相较于传统单一种养模式具有显著优势。

表9.2 各种养模式经济指标和综合评价

| 经济指标 | 小米种植 | 白羽肉鸡养殖 | 蔬菜种植 | 肉驴养殖 | "谷-禽-畜-菜"模式 |
|---|---|---|---|---|---|
| 总产值(万元) | 6.21 | 231.30 | 42.17 | 1635.00 | 2069.49 |
| 净产值(万元) | 2.82 | 107.58 | 31.43 | 1040.12 | 1351.91 |
| 利润/万元 | 2.43 | 89.70 | 29.91 | 1016.10 | 1332.07 |
| 物化成本率 | 0.86 | 0.88 | 0.95 | 0.97 | 0.98 |
| 劳动净产率 | 6.45 | 2.27 | 2.81 | 5.60 | 4.79 |
| 成本产值率 | 1.85 | 1.79 | 3.92 | 2.71 | 2.87 |
| 投资产值率 | 2.02 | 2.75 | 1.41 | 1.61 | 1.55 |
| 成本净产率 | 0.73 | 0.69 | 2.78 | 1.67 | 1.85 |
| 投资净产率 | 0.81 | 0.83 | 2.89 | 1.76 | 1.96 |
| 成本利用率 | 0.82 | 0.90 | 2.99 | 1.87 | 2.07 |
| 投资利用率 | 0.98 | 0.96 | 3.07 | 1.94 | 2.17 |
| 综合评分 | 0.51 | 0.67 | 0.69 | 0.76 | 0.88 |
| 等级 | 差 | 差 | 差 | 中 | 良 |

## 9.2.3 低碳发展技术及应用

### 9.2.3.1 低碳经济概述

(1)低碳经济的产生背景

随着工业化的快速推进,人类对自然资源的开发导致了环境破坏。如化石燃料的使用推动了社会生产力,但也引发了大气污染等环境问题。人们开始反思并寻求与自然和谐共生的方式,希望通过技术创新和制度变革实现可持续发展,低碳经济概念应运而生。自1978年改革开放以来,中国取得了显著进步,但经济发展模式仍存在不足,资源消耗和低成本劳动力依赖严重。目前,中国成为世界第二大经济体,但能源消耗和二氧化碳排放量也居世界前列。低碳经济要求经济增长与环境保护并重,其发展得到全球越来越多的国家和地区的重视。

(2)低碳经济的概念

英国专家鲁宾斯德(Rubinsde)认为,低碳经济是一种以市场机制为基础,通过制度和政策创新促进能效提升和温室气体减排技术发展,旨在实现高效、节能、低碳的社会经济转型。中国环境与发展国际合作委员会将低碳经济定义为一种新的经济、技术和社会体系,它在生产和消费领域都更有效地节约能源和减少温室气体排放,同时维持经济和社会的持续发展。低碳经济是基于人们对气候变化和能源安全的关注提出的,并随着实践的深入在不断发展。

### 9.2.3.2 低碳经济的应用

#### (1)铜工业低碳经济生态产业模式

铜工业生态共生网络系统涵盖了供应链上各节点企业内部的生态化系统以及关键种企业,废旧有色金属回收、拆解、再生企业,处理铜生产过程中废弃物的化工、建材企业等的生态化系统。通过生态链接,形成了废弃物循环利用、能源梯级利用、水资源梯级和循环利用三条生态产业链。其中,废弃物循环利用生态产业链包括固废、液体废物和气体废物循环利用生态产业链,这些又与相关工业产业链相互关联。

实现铜工业低碳经济生态产业模式的途径是,依据有色金属工业生态链接相关模型,通过生态链接关键共性技术,构建了一个具有网状结构的动脉产业链接静脉产业的铜工业生态链网(铜工业生态群落)模型。该模型链接了包括铜材深加工产业链、钢铁产业链、铝产业链及塑料产业链在内的16条相关行业产业链(图9.9)。

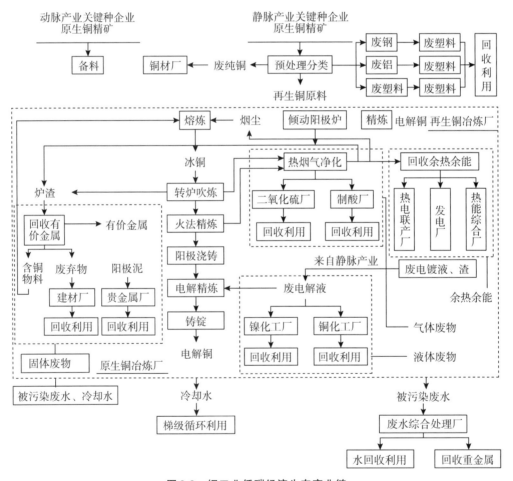

图9.9 铜工业低碳经济生态产业链

(2)煤炭行业低碳经济生态产业模式

煤炭产业需贯彻"一体化、多元化"的发展战略,构建煤炭产业低碳环保的工业发展总体框架;实施"规模化、集团化"的发展战略,积极推进产业联合和重组,加强煤炭产业低碳环保工业发展的实体支撑;执行"集群化、基地化"的发展战略,科学规划产业空间布局,形成低碳环保工业发展的重要板块;坚持"高端化、精细化"的发展战略,拓展煤炭产业链条,打造"煤-电-化""煤-焦-化""煤-气-化""煤-液-化"四大产业链。实现伴生矿、煤矸石、粉煤灰等资源的最大化利用(图9.10)。

煤炭产业的低碳环保工业发展模式主要包括:采用"先抽后采"或"边抽边采"的方法,进行矿井瓦斯发电;利用矿井水进行煤炭洗选,以减少水资源的浪费;将煤矿排放的煤矸石及其他共伴生资源,用于矸石发电、稀有金属提取、高岭土煅烧、微晶玻璃生产、氧化铝提取、建材生产等。

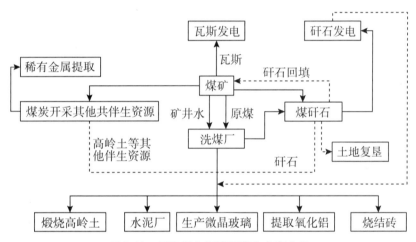

图9.10 煤炭行业低碳经济生态产业链

(3)电力行业低碳经济生态产业模式

以山西为例,该省电力产业专注于省内及跨省电力市场的开拓,积极推进晋北、晋中、晋东南三大煤电基地的建设进程。作为实施主体的企业,必须将环境保护和资源高效综合利用作为核心,依托科技进步,强化科学管理,优化调整电力产业结构,完善电力产品综合利用的管理体系。以特高压骨干网和山西大煤电能源基地建设为契机,提升电网资源配置的优化能力。利用资源优势,积极推进风能、水能、煤层气、生物质等可再生能源的开发和利用。遵循提升能效、调整结构、综合利用、多元发展的原则,构建促进电力行业低碳经济生态工业发展的有效体制和长效机制。

电力行业低碳经济生态工业的典型模式应包括:大力发展可再生能源发电,减少化石能源如煤炭的消耗;对发电过程中产生的粉煤灰、脱硫石膏等固废进行资源化利用;有效回收和利用电厂的余热余压,以减少煤炭在供热等方面的使用。

**【思考题】**

1.简述一种你认为最有前景的环境生态工程新型技术,并说明其原理和主要应用领域。

2.智能监测技术在环境生态工程中的作用越来越重要,请阐述其如何实现对环境质量的实时监测和预警,并举例说明其在实际项目中的应用。

3.新能源(如太阳能、风能等)技术如何与环境生态工程相结合,以实现可持续的环境治理和资源利用?

4.从环境伦理的角度,思考新型技术在环境生态工程应用中应遵循哪些原则,以确保技术的发展与环境保护目标相协调。

5.请预测未来环境生态工程新型技术的发展趋势,并探讨如何应对可能出现的新问题和挑战。

# 主要参考文献 •·······················································

[1] 白林，李学伟，张林，等．家蝇幼虫处理猪粪的营养物质和能量转化规律研究[J]．中国畜牧杂志，2007，43(23)：59-62．

[2] 鲍艳宇，陈佳广，颜丽，等．堆肥过程中基本条件的控制[J]．土壤通报，2006，37(1)：164-169．

[3] 曹丽，陈娜，胡朝辉，等．垃圾填埋场：世界最大的生态修复案例——以武汉市金口垃圾填埋场为例[J]．城市管理与科技，2016，18(3)：24-27．

[4] 曹馨，梁希超，钱媛，等．多源煤基固废协同共生利用的环境效益研究综述[J]．福建师范大学学报(自然科学版)，2022，38(4)：32-38．

[5] 陈江珊．水虻转化农业有机废弃物过程中氮素形态及转化效率研究[D]．武汉：华中农业大学，2021．

[6] 陈启，白莉．雾霾对太阳辐射的影响研究——以北京市为例[J]．北方建筑，2024，9(2)：3-6，11．

[7] 杜长沛，鞠旻佳．基于生境单元制图法提升鸟类多样性的湿地营造策略——以徐州九里湖湿地为例[J]．中国资源综合利用，2023，41(11)：28-33．

[8] 冯宗炜．酸沉降对生态环境的影响及其生态恢复[M]．北京：中国环境科学出版社，1999．

[9] 郭勇．郓城县农业有机废弃物资源调查和环保昆虫转化处理模式探究[D]．泰安：山东农业大学，2020．

[10] 韩泽宇．山西沁州黄农业园区循环农业模式的评价与推广研究[D]．新乡：河南科技学院，2023．

[11] 何勇田，熊先哲．复合污染研究进展[J]．环境科学，1994，15(6)：79-83．

[12] 何江波，谢翠．浅谈海洋石油污染及防治[J]．科技与企业，2013 (9)：153．

[13] 何安恩，解姣姣，苑春刚．大气颗粒物重金属形态分析[J]．化学进展，2021，33(9)：1627-1647．

[14] 胡庆玲．卤阳湖湿地生态系统服务功能价值评估[J]．渭南示范学院学报，2018，33(8)：22-27．

[15] 胡新军．利用大头金蝇幼虫生物转化餐厨垃圾的研究 [D]．广州：中山大学，2012．

[16]季科敏,赵阳.矿山废弃地生态修复中3S技术的应用[J].世界有色金属,2022(17): 193-195.

[17]姜连馥,孙改涛.基于工业生态学的建筑业生态链构建及代谢分析研究[J].科技进步与对策,2009, 26(21): 53-55.

[18]李来庆,张继琳,许靖平,等.餐厨垃圾资源化技术及设备[M].北京:化学工业出版社,2013.

[19]李敏稚,尹亚森.基于地域文化和可持续发展理念的绿色城市设计思考与实践[J].建筑与文化,2023(12):92-95.

[20]李国政.新时代矿山地质修复模式的升级与重塑:基于"地质修复3.0"的概念分析[J].西北地质,2019, 52(4): 270-278.

[21]李逵,杨启志,雷朝亮,等.我国利用昆虫转化有机废弃物的发展现状及前景[J].环境昆虫学报,2017, 39(2): 453-459.

[22]李强,艾锋,王玺,等.煤基固废协同矿山土壤生态修复的理论解析与实践探索——以陕西榆林市为例[J].西北地质,2023, 56(3): 70-77.

[23]李端.基于3S技术的南宁市武鸣区生态环境变化研究[J].农村科学实验,2024(14): 21-23.

[24]雷朝亮.昆虫资源学理论与实践 [M].北京:科学出版社,2015: 149-152.

[25]廖利,冯华,王松林.固废处理与处置[M].武汉:华中科技大学出版社,2010.

[26]林锦.农业固体有机废弃物蚯蚓堆制处理技术研究[D].福州:福建农林大学,2013.

[27]刘砚华,张朋,高小晋.我国城市噪声污染现状与特征[J].中国环境监测,2009, 25 (4): 88-90.

[28]刘学林.利用亮斑扁角水虻转化餐厨剩余物条件及产物应用[D].武汉:华中农业大学,2011.

[29]刘晓森.浅谈城市环境噪声污染的特征与防治对策[J].资源节约与环保,2017(1): 51,56.

[30]刘蕴芳,洪伟,文静,等.3S技术在生态环境损害调查中的应用及案例分析[J].环境生态学,2023, 5(2): 70-74.

[31]龙坤.蝇蛆转化畜禽粪便的生态效应和低碳效应研究[D].武汉:华中农业大学,2014.

[32]罗兵,孙惠娟,盛蕾,等.太湖地区低碳生态高效循环农业生产模式[J].现代农业科技,2016(3): 288-289,291.

[33]马景波.山西省高碳行业的低碳生态工业模式研究[D].太原:山西大学,2012.

[34]马朝阳,齐树亭,李斯,等.中国近海海域石油烃类污染及生物防治[J].应用化工,2016, 45(S2): 103-109.

[35]聂帅.产业园区循环经济发展模式的实证研究[D].济南:山东师范大学,2009.

[36]乔岳,郭宪章.沼气工程系统设计与施工运行[M].北京:人民邮电出版社,2011.

[37]郄永波,苏新月,张长锁,等.大型露天坑生态修复固废回填工艺探讨[J].中国

矿业, 2021, 30(S2): 99-103.

[38]萨特 G W. 生态风险评价[M].尹大强, 林志芬, 刘树深,等译.北京:高等教育出版社, 2014.

[39]宋春敬, 宋春娟, 段昌群. 分子生物学技术及其在污染生态学中的应用研究进展[J].云南大学学报(自然科学版), 2003, 25 (2): 67-74.

[40]宋希茜. 超积累型东南景天SaCAD基因的克隆及其功能分析[D]. 北京:中国林业科学研究院, 2016.

[41]宋慧平, 安全, 申午艳, 等. 固废基土壤调理剂的制备及其矿区生态修复效果[J]. 环境工程, 2022, 40(12):187-195,230.

[42]寿晓鸣,徐佰岭,李勇.湿地水生态处理工程景观化研究——以台州湾湿地水生态工程为例[J].浙江园林, 2021(3):25-28.

[43]孙铁珩, 周启星. 污染生态学的研究前沿与展望 [J]. 农村生态环境, 2000,16 (3): 42-45,50.

[44]孙铁珩, 周启星, 李培军. 污染生态学[M].北京:科学出版社, 2001.

[45]孙铁珩, 周启星. 污染生态学研究的回顾与展望[J]. 应用生态学报, 2002,13 (2): 221-223.

[46]孙艺香. 基于国土空间规划视域下的工矿城镇发展模式——以陕北煤炭资源集中开采区为例[J]. 西北地质, 2021, 54(1): 247-255.

[47]谭徽松, 岑学奋. 光污染和光学天文台址保护[J]. 天文学进展, 2002, 20(1): 1-6.

[48]田超. 粉煤灰、气化细渣对风沙土的改良效果及治理沙漠化的途径研究[D]. 银川:宁夏大学, 2022.

[49]王焕校. 污染生态学[M], 北京: 高等教育出版, 2012.

[50]王珊珊, 徐明伟, 韩宇, 等.杭州湾南岸滩涂湿地多年蓝碳分析及情景预测[J].中国环境科学. 2022,42(9):4380-4388.

[51]王小云. 大头金蝇产卵定位及转化分解猪粪的效率与机制研究[D]. 武汉:华中农业大学, 2018.

[52]王玉洁, 朱维琴, 金俊, 等. 农业固体有机废弃物蚯蚓堆制处理及蚓粪应用研究进展[J]. 湖北农业科学, 2010, 49(3): 722-726.

[53]魏样. 土壤石油污染的危害及现状分析[J]. 中国资源综合利用, 2020, 38 (4): 120-122.

[54]伍柯,吕晓蓓,余妙.温哥华绿色城市战略行动、经验及其启示[J/OL].国际城市规划,2024.https://doi.org/10.19830/j.upi.2022.683.

[55]吴芝瑛,陈鋆. 小流域水污染治理示范工程——杭州长桥溪的生态修复[J].湖泊科学,2008,20(1):33-38.

[56]夏北成. 污染生态学的三级相关关系的原理[J]. 生态学杂志, 1998, 17(3): 31-37,42.

[57]熊晓莉, 邵承斌, 李宁, 等. 黄粉虫处理鸡粪[J]. 环境工程学报, 2013, 7(11): 4564-4568.

[58]徐文龙,卢英方,鲁道夫 W,等.城市生活垃圾管理与处理技术[M].北京:中国建筑工业出版社,2006.

[59]徐媛.南京水阁垃圾填埋场景观重建设计研究[D].镇江:江苏大学,2022.

[60]徐亚,王京京,李淑,等.黄河流域固废治理现状、问题与对策建议[J].环境科学研究,2023,36(2):373-380.

[61]严文保,曾庆友,王宗绪.某木板加工企业清洁生产审核案例分析[J].设备管理与维修,2024(14):173-175.

[62]杨韬.南京水阁有机废弃物处理场1号填埋库区封场工程设计[D].上海:上海交通大学,2009.

[63]杨诚,刘玉升,徐晓燕,等.白星花金龟幼虫对醇化玉米秸秆取食效果的研究[J].环境昆虫学报,2015,37(12):122-127.

[64]杨森.热带地区连续培养亮斑扁角水虻(*Hermetia illucens* L.)和生物转化猪粪研究[D].武汉:华中农业大学,2010.

[65]叶子易,王杰.城市垃圾填埋场的生态建设——以上海老港垃圾填埋场工程为例[J].园林,2013(12):34-37.

[66]俞梅,姚佳斌,田文钢,等.石油污染土壤修复技术及其发展综述[J].环境与发展,2020,32(12):99,102.

[67]章琳.基于GIS技术的水质评价与变化预测研究——以杭州四港四河地区为例[D].南京:南京师范大学,2011.

[68]张建玲.有色金属行业生态化低碳经济产业链模型[J].中国有色冶金,2012,41(2):79-83.

[69]张佳欣.光污染:星空下的隐形威胁[N].科技日报,2024-05-11(4).

[70]张其全.我国污泥处理处置技术发展历程[J].山西化工,2024,44(6):45-48,264.

[71]曾甯,姚建,唐阵武,等.典型废旧塑料处置地土壤中多溴联苯醚污染特征[J].环境科学研究,2013,26(4):432-438.

[72]郑澜.石油污染土壤修复技术的研究现状[J].化工管理,2023(27):58-61.

[73]张汉波,任维敏,邵启雍,等.重金属污染环境中的节杆菌群体遗传结构分化[J].生态学报,2005,25(10):2569-2573.

[74]张林燕.海上石油污染的现状及防治的法律对策[J].新西部,2019(9):81,98.

[75]张陆,钱建平,刘津瑞,等.土壤重金属形态提取方法研究现状及发展趋势[J].地球科学前沿,2024,14(1):30-37.

[76]张茂林.城市道路交通噪声污染特征分析与管理对策研究[J].资源节约与环保,2021(5):76-77.

[77]赵江,王云康,王建友,等.榆林市工业固体废弃物现状与应用进展[J].工业催化,2022,30(3):1-7.

[78]周芬.亮斑扁角水虻三个品系的生活周期及其对畜禽粪便转化效果的比较[D].武汉:华中农业大学,2009.

[79]周振华, 周培疆, 吴振斌. 复合污染研究的新进展[J]. 应用生态学报, 2001, 12 (3): 469-473.

[80]周启星, 孙铁珩. 污染生态学研究的回顾与展望[C]//中国生态学会. 生态学与全面·协调·可持续发展——中国生态学会第七届全国会员代表大会论文摘要荟萃. 中国科学院沈阳应用生态研究所陆地生态过程重点实验室, 中国科学院沈阳应用生态研究所陆地生态过程重点实验室, 2004: 2.

[81]周巧巧, 任勃, 李有志, 等. 中国河湖水体重金属污染趋势及来源解析[J]. 环境化学, 2020, 39 (8): 2044-2054.

[82]Bell J N B, Treshow M. Air Pollution and Plant Life[M]. West Sussex: John Wiley, 2003.

[83]Bliss C I. The toxicity of poisons applied jointly[J]. Annals of Applied Biology, 1939, 26(3): 585-615.

[84]Bonelli M, Bruno D, Caccia S, et al. Structural and functional characterization of *Hermetia illucens* larval midgut[J]. Frontiers in Physiology, 2019, 10: 204.

[85]Čičková H, Newton G L, Lacy R C, et al. The use of fly larvae for organic waste treatment[J]. Waste Management, 2015, 35: 68-80.

[86]Conti G O, Ferrante M, Banni M, et al. Micro- and nano-plastics in edible fruit and vegetables. The first diet risks assessment for the general population[J]. Environmental Research, 2020, 187: 109677.

[87]Diez-Del-Molino D, Garcia-Berthou E, Araguas R M, et al. Effects of water pollution and river fragmentation on population genetic structure of invasive mosquitofish[J]. Science of the Total Environment. 2018, 637-638(1): 1372-1382.

[88]Eriko Y, Nobuyoshi Y, Sachi T, et al. Bisphenol A and other bisphe nol anal ogues including BPS and BPF in surface water samples from Japan, China, Korea and India[J]. Ecotoxicology and Environmental Safety, 2015, 122: 565 - 572.

[89]Falchi F, Cinzano P, Dan D, et al. The new world atlas of artificial night sky brightness[J]. Science Advances, 2016, 2(6): 16-32

[90]Grossule V, Lavagnolo M C. The treatment of leachate using Black Soldier Fly (BSF) larvae: Adaptability and resource recovery testing[J]. Journal of Environmental Management. 2020, 253: 109707.

[91]Guo H, Zheng X, Ru S, et al. Size-dependent concentrations and bioaccessibility of organophosphate esters (OPEs) in indoor dust: A comparative study from a megacity and an e-waste recycling site[J]. Science of the Total Environment, 2019, 650:1954-1960.

[92]Metcalf& Eddy Inc. Waste Water Engineering: Treatmentand Reuse[M]. Bei-

jing: Tsinghua University Press, 2003.

[93] La Merrill M A, Vandenberg L N, Smith M T. et al. Consensus on the key characteristics of endocrine-disrupting chemicals as a basis for hazard identification[J]. Nature Reviews Endocrinology, 2020, 16: 45-57.

[94] Li Z, Yang D, Huang M, et al. *Chrysomya megacephala* (Fabricius) larvae: A new biodiesel resource[J]. Applied Energy, 2012, 94: 349-354.

[95] Marking L. Method for assessing additive toxicity of chemical mixture[J]. American Society for Testing and Materials, 1977, 634:99-108.

[96] Robert R. Monitoring moisture in composting systems[J]. Biocycle, 2000, 14 (10): 53-58.

[97] Salimnezhad A, Soltani-Jigheh H, Soorki A A. Effects of oil contamination and bioremediation on geotechnical properties of highly plastic clayey soil[J]. Journal of Rock Mechanics and Geotechnical Engineering, 2021, 13 (5): 653-670.

[98] Sven, E J. Ecotoxicology: A Derivative of Encyclopedia of Ecology[M]. Amst erdam: Academic Press, 2008.

[99] Ungherese G, Mengoni A, Somigli S, et al. Relationship between heavy meta ls pollution and genetic diversity in Mediterranean populations of the sandhopper Talitrus saltator (Montagu) (Crustacea, Amphipoda)[J]. Environ-mental Pollution. 2010, 158(5): 1638-1643.

[100] Urech R, Bright R L, Green P E, et al. Temporal and spatial trends in adult nuisance fly populations at Australian cattle feedlots[J]. Austra-lian Journal of Entomology, 2012, 51(2): 88-96.

[101] Wang C, Zhu L, Zhang C. A new speciation scheme of soil polycyclic arom atic hydrocarbons for risk assessment[J]. Journal of Soils and Sedime nts, 2015, 15: 1139-1149.

[102] Wu D, Ren D, Li, Q, et al. Molecular linkages between chemodiversity and MCPA complexation behavior of dissolved organic matter in paddy soil: Effects of land conversion[J]. Environmental Pollution, 2022, 311: 119949.

[103] Yang S, Liu Z. Pilot-scale biodegradation of swine manure via *Chrysomya megacephala* (Fabricius) for biodiesel production[J]. Applied Energy, 2014, 113(22): 385-391.

[104] Zhang Y, Wang K, Chen W, et al. Effects of land use and landscape on the occurrence and distribution of microplastics in soil, China[J]. Science of the Total Environment, 2022, 847: 157598.